工业和信息化普通高等教育"十二五"规划教材立项项目

安徽省教育厅组编计算机教育系列教材

新编Visual Basic 程序设计教程

A New Visual Basic Programming Course

孙家启 主编

万家华 刘书影 副主编

姚成 王骏 姜文彪 曾莉 参编

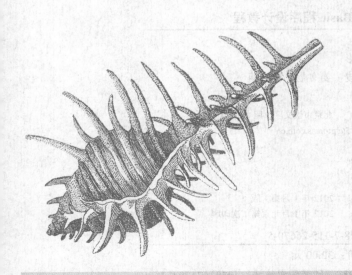

高校系列

人民邮电出版社

北京

图书在版编目（ＣＩＰ）数据

新编Visual Basic程序设计教程 / 孙家启主编. --
北京 : 人民邮电出版社，2012.1
21世纪高等学校计算机规划教材. 高校系列
ISBN 978-7-115-26670-5

Ⅰ．①新… Ⅱ．①孙… Ⅲ．①
BASIC语言－程序设计－高等学校－教材 Ⅳ．①TP312

中国版本图书馆CIP数据核字(2011)第260703号

内 容 提 要

本书根据教育部高等学校计算机基础课程教学指导委员会分委会发布的《关于进一步加强高等学校计算机基础教学的几点意见》中的课程体系和教学基本要求，并参照安徽省教育厅组编的《全国高等学校（安徽考区）计算机基础教育教学（考试）大纲》的内容组织编写的。本书在 2003 年被列为安徽省教育厅组编的计算机教学系列教材。全书分 9 章，主要内容有：Visaul Basic 程序设计概述、简单 Visual Basic 程序设计、Visual Basic 语言基础、数组、用户界面设计、菜单设计、鼠标与键盘事件、文件处理、数据库访问技术等。本书以 Microsoft 公司的中文 Visual Basic6.0 版本为标准，由浅入深、循序渐进地介绍了 Visual Basic 的基本知识、结构化程序、界面设计以及面向程序设计的方法，强调培养学生基本的程序设计能力，向学生介绍可视化面向对象的编程技术。本书例题、习题丰富，并配套有上机实验教程、电子教案、源程序代码及样题等。

本书可作为高等学校本科非计算机专业和高职各专业"计算机程序设计"课程教材，也可作为广大程序设计爱好者自学参考书。

本书是全国高等学校（安徽考区）计算机水平考试（二级）Visual Basic 程序设计指定参考书。

21 世纪高等学校计算机规划教材

新编 Visual Basic 程序设计教程

◆ 主　　编　孙家启
　　副 主 编　万家华　刘书影
　　参　　编　姚　成　王　骏　姜文彪　曾　莉
　　责任编辑　董　楠

◆ 人民邮电出版社出版发行　　北京市崇文区夕照寺街 14 号
　　邮编　100061　　电子邮件　315@ptpress.com.cn
　　网址　http://www.ptpress.com.cn
　　北京铭成印刷有限公司印刷

◆ 开本：787×1092　1/16
　　印张：15.75　　　　　　　　2012 年 1 月第 1 版
　　字数：408 千字　　　　　　 2012 年 1 月北京第 1 次印刷

ISBN 978-7-115-26670-5

定价：32.00 元

读者服务热线：(010)67170985　印装质量热线：(010)67129223
反盗版热线：(010)67171154

计算机教育系列教材编委会

前　言

"Visual Basic 程序设计"是"大学计算机基础"的后续课程。

本书自 2000 年第一版出版以来，在安徽各高校得到了广泛使用，深受广大读者欢迎。随着计算机科学技术的发展，尤其是 Visual Basic 程序语言的发展，在广大读者的敦促下，2003 年、2007 年我们先后对《Visual Basic 程序设计教程》进行了二次修订，出版第二、第三版；本次修订，出版第四版。

Visual Basic 程序设计语言既继承了先前程序语言所具有的简单易用的特点，又在其编程系统中引入面向对象机制，用一种巧妙的方法把 Windows 编程的复杂性封装起来，提供一种可视化界面的设计方法，用户直接使用窗体和控件设计应用程序界面，极大提高了应用程序开发的效率。为了提高高等学校本科非计算机专业和高职各专业学生的计算机程序设计能力，我们及时地编写了这本《新编 Visual Basic 程序设计教程》教材。

本书的目的是让学生对 Visual Basic 6.0 程序设计语言有一定认识，初步了解面向对象程序设计的基本原理和方法，能编写基本的 Visual Basic 程序。

本书不求"大而全"，力求"小而精"，同时考虑学生的具体情况，将 Visual Basic 6.0 中相对较难掌握的部分舍去，保留了 Visual Basic 6.0 的大多数常用的功能。

本书是根据教育部高等学校计算机基础课程指导委员会分委会发布的《关于进一步加强高等学校计算机基础教学的几点意见》中的课程体系和教学基本要求，并参照安徽省教育厅组编的《全国高等学校（安徽考区）计算机基础教育教学（考试）大纲》的内容组织编写。各兄弟院校对第三版教材的提高提出了许多宝贵意见，在保持第三版教材主要内容、框架结构的同时，继承了其由浅入深、循序渐进、通俗易懂的特点，2011 年再次组织修改并出版。

本书配有大量的图例和源程序代码，以便于学生学习和理解。在每章后有适量的习题，并配有电子教案，另外还有与本书配套的上机实验教程，以便于学生巩固所学内容。

全书共 9 章。由孙家启任主编并最后统稿，万家华、刘书影任副主编。孙家启编写第 1 章及附录，刘书影编写第 2、第 9 章，王骏编写第 3、第 6 章，万家华编写第 4、第 5 章，姜文彪编写第 7 章，姚成编写第 8 章。

本书在编写过程中得到了安徽省内高校同行专家的大力支持，特别是本次（第四版）修订和出版得到了安徽新华学院教务处领导的大力支持，另外，曾莉等老师参与全书的实例素材准备、文字校对等工作，在此一并表示感谢。

由于编写时间仓促，加之水平有限，难免有疏误之处，欢迎广大读者批评指正。

编　者

2011 年 10 月

　　根据安徽省教育厅的指示，为了推动高校计算机基础教育改革与建设，促进计算机基础课程教学与水平考试向纵深发展，我们按照计算机文化基础教育、技术基础教育和应用基础教育三个层次，组织编写了计算机基础教育系列教材。这套教材囊括了计算机文化基础、高级语言（QBasic，Visual Basic，C，Visual C++，PASCAL，FORTRAN77，FORTRAN90，FoxPro 2.5b For Windows，Visual FoxPro 6.0 等）程序设计、计算机软件技术基础、微型计算机原理、计算机网络、网页设计、Auto CAD 2000、数据库技术、微型机组装与维护、CAI 课件制作及应用等方面内容，涵盖全国高校计算机水平考试的一、二、四级（全国等级考试的一、二、三级），因而具有广泛的适应性。这套教材所具有的突出特点是：紧扣计算机基础教育教学大纲（即计算机水平考试大纲），兼具普通教材与考试辅导材料的双重功能；立意创新，内容简练，其大量针对性极强的习题和典型例题分析为其他教材所少见；编写人员都是教学、科研第一线有着丰富教学与实践经验的教师，他们深谙相关知识的张弛取舍。我们还聘请了三位知名专家担任高级顾问，以确保本系列教材的编写质量。

　　本系列教材的先期版本现已问世，第一辑各册已于 1999 年底全部出齐。由于计算机技术的发展比人们想象的还要快，所以本系列教材在使用过程中，根据计算机技术的发展及教学要求，不断进行了多次修订，增加了不少新内容，今后我们还将不断调整教材内容、平台和版本，与时代的发展相适应，使该系列教材以更新更好的面目呈现在读者面前。

　　本系列教材编写目的明确，它特别适合于作为普通高校非计算机专业的本、专科教学用教材或成人教育、职业教育计算机专业的教材，也可供我省计算机水平考试考点使用，还可供广大计算机自学者、工程技术人员参考。

编写委员会

2000 年 5 月

目 录

第1章
Visual Basic 程序设计概论

本章主要针对 Visual Basic 的特色、基本概念及开发环境作一简单介绍，以便读者对 Visual Basic 有一个总体的了解。

1.1　概　　述

1.1.1　Visual Basic 简介

Visual Basic（简称 VB）是一种由美国微软公司开发的可视化的、面向对象的、采用事件驱动的高级程序设计语言。它可用于开发 Windows 环境下的各种应用程序。

Visual 意为"可视化的"，在这里是指一种开发图形用户界面（GUI）的方法。在 VB 中引入了窗体和控件等对象的概念，窗体和每个控件都由若干个属性来控制其外观形状、工作方法。这样，在使用 VB 编程时，就无需编写大量的代码去描述用户界面元素的外观和位置，而只要把预先建立的控件添加到用户窗体上。BASIC 是 Beginners All-purpose Symbolic Instruction Code（初学者通用符号代码）的缩写，它是一种计算机高级编程语言。VB 使用了 BASIC 语言作为代码，所以 VB 是一种基于 BASIC 的可视化程序设计语言。VB 一方面继承了其前辈 BASIC 程序设计语言所具有的简单易用的特点，另一方面在其编程系统中采用了面向对象、事件驱动的编程机制，用一种巧妙的方法把 Windows 的编程复杂性封装起来，提供了一种所见即所得的可视化程序设计方法。专业人员可以用 VB 实现其他任何 Windows 编程语言的功能，而初学者只要掌握几个关键词，就可以建立实用的应用程序。

VB 最早是由 Microsoft 公司在 1991 年推出的，当时的版本是 VB1.0，刚推出的 VB 存在一些缺陷，功能也相对较少。经过 Microsoft 公司的不断努力，于 1992 年、1993 年、1995 年和 1997 年相继推出了 VB2.0，VB3.0，VB4.0 和 VB5.0 这 4 个版本。在 1998 年秋季，随着 Windows98 的发行，Microsoft 公司又推出了功能更强、更完善的 VB6.0 版本，该版本在创建自定义控件、对数据库的访问，以及对 Internet 的访问等方面都得到进一步加强、完善和提高。2002 年，Microsoft 公司又推出了基于.NET 框架开发的新一代 Visual Basic—VB.NET2002（VB7.0），在此基础上，2003 年推出 VB.NET2003（V7.1），2005 年推出 VB.NET2005（V8.0）。本书主要介绍当前 Windows 上最流行的 VB6.0 中文版。

VB6.0 包括 3 个版本，分别为学习版（Learning）、专业版（Professional）和企业版（Enterprise）。
（1）学习版。VB6.0 的基本版，包括所有的内部控件以及连接网络、数据绑定等控件，适用于初学者。

（2）专业版。主要针对计算机专业开发人员，除了具有学习版的全部功能外，还包括 ActiveX 和 Internet 控件开发工具之类的高级特性。

（3）企业版。VB6.0 的最高版本，除具有专业版的全部功能外，还包括一些特殊的工具。

这些版本是在相同的基础上建立起来的，以满足不同层次的用户需要，对大多数用户来说，专业版可以满足需要，本书选用的是 VB6.0 中文企业版，但其内容可用于专业版和学习版，所有程序可以在专业版和学习版中运行。

1.1.2　Visual Basic 特色及编程优势

1. 可视化的程序设计

VB 率先采用了可视化（Visual）的程序设计方法。利用系统提供的大量可视化控件，可以方便地以可视化方式直接绘制用户图形界面，并可直观、动态地调整界面的风格和样式，直到满意为止，从而克服了以前必须用大量代码去描述界面元素的外观和位置的传统编程模式。

用 VB 开发程序，就像搭积木盖房子一样，系统提供的可视化控件如同盖房子要用的钢筋、砖瓦等原材料，通过不同控件的搭配组合，可方便地构造出所需的应用程序。

2. 面向对象的程序设计思想

面向对象的程序设计是伴随 Windows 图形界面的诞生而产生的一种新的程序设计思想，与传统程序设计有着较大的区别，VB 采用了面向对象的程序设计思想。所谓"对象"就是现实生活中的每一个人、每一个可见的实体。同样，在 VB 中，用来构成用户图形界面的可视化控件，也可视为是一个对象。不同的对象，在程序中所赋给它的功能是不同的，比如在图形界面上有两个命令按钮，一个用来实现数据的统计计算，另一个用来实现数据的打印，这两个按钮就可视为是两个不同的对象，为了实现这两个对象各自不同的功能，接下来就应该分别针对这两个对象编写程序代码，这种编程的思想和方法即为所谓的"面向对象的程序设计"。

3. 事件驱动的编程机制

VB 采用了事件驱动的编程机制。在 VB 中，对象与程序代码通过事件及事件过程来联系，对象的活跃性则通过它对事件的敏感性来体现。一个对象（控件）往往可以感知和接收多个不同类型的事件，每个事件均能驱动一段程序（事件过程），完成对象响应事件的工作，从而实现一个预编程的功能。比如命令按钮是编程常用的一个对象，若用鼠标在它上面单击一下，便会在该对象上产生一个鼠标单击事件（Click），与此同时，VB 系统就会自动调用执行命令按钮对象的 Click 事件过程，从而实现事件驱动的功能。VB 编程没有明显的主程序概念，程序员所要做的就是面向不同的对象分别编写它们的事件过程，若希望某对象在某事件发生后能做出预测，则只需在该对象的该事件过程中编写相应的程序代码即可。整个 VB 应用程序就是由这些彼此相互独立的事件过程构成，事件过程的执行与否以及执行的顺序，取决于操作时用户所引发的事件，若用户未触发任何事件，则系统将处于等待状态。

4. 高度的可扩充性

VB 是一种高度可扩充的语言，除自身强大的功能外，还为用户扩充其功能提供了各种途径，主要体现在以下 3 个方面。

（1）支持第三方软件商为其开发的可视化控制对象：VB 除自带许多功能强大、实用的可视化控件以外，还支持第三方软件商为扩充其功能而开发的可视化控件，这些可视化控件对应的文件扩展名为 OCX。只要拥有控件的 OCX 文件，就可将其加入到 VB 系统中，从而大大增强 VB 的编程实力。

（2）支持访问动态链接库（Dynamic Link Library，DLL）：VB 在对硬件的控制和低级操作等方面显得力不从心，为此，VB 提供了访问动态链接库的功能。可以利用其他语言，如 visual C++ 语言，将需要实现的功能编译成动态链接库（DLL），然后提供给 VB 调用。

（3）支持访问应用程序接口（API）：应用程序接口（Application Program Interface， API）是 Windows 环境中可供任何 Windows 应用程序访问和调用的一组函数集合。在微软的 Windows 操作系统中，包含了 1000 多个功能强大、经过严格测试的 API 函数，供程序开发人员编程时直接调用。VB 提供了访问和调用这些 API 函数的能力，充分利用这些 API 函数，可大大增强 VB 的编程能力，并可实现一些用 VB 语言本身不能实现的特殊功能。

5. 支持大型数据库的连接与存取操作

VB 提供了强大的数据库管理和存取操作的能力，尤其是企业版的 VB，利用它可轻松开发出各种大型的客户/服务器应用程序。

另外，VB 还支持动态数据交换、对象的链接与嵌入等编程技术。

1.2 Visual Basic 的安装与启动

1.2.1 Visual Basic 的运行环境

1. 硬件最低要求

（1）微处理器：486DX66 或更高，建议使用 Pentium 或更高的微处理器。

（2）内存：在 Windows95/98 下至少 16MB 以上，Windows NT 4.0 至少需要 32MB 以上。

（3）硬盘空间：标准版，典型安装 48MB，完全安装 80MB；专业版，典型安装 48MB，完全安装 80MB；企业版，典型安装 128MB，完全安装 147MB。

安装 VB 帮助文件所必需的 MSDN（Microsoft Developer Network Library，微软的开发商网络技术支持库）至少需要 67MB。

另外可根据需要安装一些附加控件，这时可根据需要选择。

（4）显示设备：VGA（视频图像阵列）或更高分辨率的显示器，建议使用 SuperVGA。

（5）读入设备：CD-ROM 驱动器。

2. 软件最低要求

（1）操作系统：Windows95/98/Me/2000/XP 或 Windows NT4.0 以及更高版本。

（2）网络浏览器：Microsoft Internet Explorer 4.01（或更高的版本）。

1.2.2 Visual Basic 的安装

1. VB6.0 安装

VB6.0 中文企业版包括一张安装盘、两张 MSDN。下面以此为例，介绍如何安装。（本例使用的操作系统为 Windows XP。）

（1）将 VB6.0 的安装光盘插入 CD-ROM 驱动器，并运行安装程序 Setup.exe。

（2）在进入安装程序后，用户要阅读一份"最终用户许可协议"，此时要单击"接受协议"按钮，才能进行下一步安装。

（3）接下来系统会要求用户输入姓名、公司名称和产品的 ID 号，输入回答完毕，连续单击"下一步"按钮，系统验证产品的 ID 号后，进入"安装程序"。

（4）在进行一些必要的步骤之后，将显示一个安装类型选择窗体，在该窗体中用户可以有两种安装方式选择，分别是"典型安装"和"自定义安装"，如图 1.1 所示。

自定义安装是一种较好的安装方式，用户可根据需要选择要安装的组件。典型安装包含了 VB 的一些常用组件。一般情况下，可选择"典型安装"选项，单击"典型安装"命令按钮，即开始程序的安装，安装完毕，重新启动 Windows 以配置系统。

（5）重新启动 Windows 后，系统提示是否安装 MSDN，如果不安装，将"安装 MSDN"复选框设置为未选，单击"下一步"按钮完成安装；如果安装，直接单击"下一步"按钮进行 MSDN 的安装。这时会在 Windows 的开始菜单中添加"Microsoft visual Basic 6.0 中文版"程序组。

图 1.1　安装方式和路径的选择

（6）由于 VB6.0 是 1998 年发行的，所以建议你到 http://www.microsoft.com/china 微软（中国）有限公司去下载 2004 年发行的 VB6.0 SP6 补丁包 VS6SP6.EXE，安装完了，可以修正早期的很多错误。

2．VB6.0 卸载

VB6.0 具有自动卸载的功能，当不需要该软件时，可以很方便地把它从硬盘上删除。卸载步骤如下。

（1）进入"控制面板"。双击"添加或删除程序"图标，打开如图 1.2 所示的对话框。选取"Microsoft Visual Basic 6.0 中文企业版（简体中文）"选项，单击"更改/删除"按钮，显示如图 1.3 所示的 VB6.0 对话框，其中有以下 3 种选择。

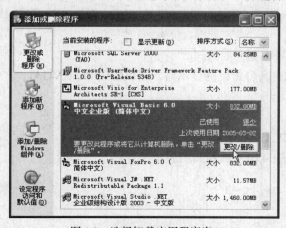

图 1.2　选择卸载应用程序窗口

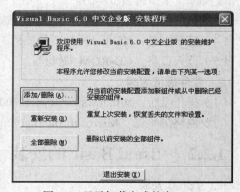

图 1.3　显示卸载方式的窗口

● "添加/删除"按钮：用户要添加新的部件或删除已安装的部件，这时会弹出"维护"对话框，用户根据需要选中或清除部件前的复选框。

- "重新安装"按钮：以前安装的 VB6.0 有问题，重新安装。
- "全部删除"按钮：将 VB6.0 从系统中全部删除。

（2）单击"全部删除"按钮，可以卸载全部组件。

（3）执行"全部删除"命令后，出现一个警告对话框，单击"是"按钮，所有组件将被删除。

（4）所有组件被删除后，需要重新启动 Windows 以便更新系统。重新启动后，卸载彻底完成。

1.2.3　启动与退出 Visual Basic

1. Visual Basic 的启动

（1）单击 Windows 的"开始"按钮。

（2）在弹出的菜单中选择"程序"选项。

（3）将鼠标指针移向"Microsoft Visual Basic 6.0 中文版"子菜单标题。

（4）在弹出菜单中单击"Microsoft Visual Basic 6.0 中文版"选项，启动 VB。

2. Visual Basic 的退出

打开 VB 的"文件"菜单，选择其中的"退出"选项，即可退出 VB。

1.3　Visual Basic 的集成开发环境

VB 拥有一个集成开发环境（IDE），所有的图形界面设计和代码的编写、调试、运行、编译均在其中完成。为使读者能尽快熟悉和掌握 VB 的集成开发环境，本节将对其中的主窗口、窗体窗口、工程资源管理器窗口、属性窗口、工具箱窗口、窗体布局窗口、对象浏览器窗口和代码编辑器窗口进行详细介绍。

启动 VB 后，首先会弹出一个"新建工程"对话框，如图 1.4 所示，询问用户要创建的工程类别。系统默认创建工程类别为"标准 EXE"文件，直接单击对话框中的"打开"按钮，之后就可进入 VB 默认的集成开发环境，如图 1.5 所示。

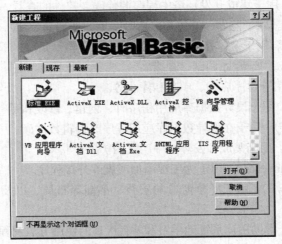

图 1.4　"新建工程"窗口

主窗口　　　　　窗体窗口　　　　工程资源管理器窗口

工具箱窗口

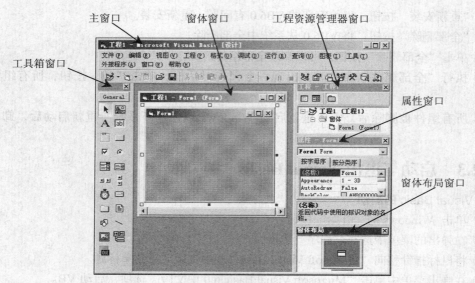

属性窗口

窗体布局窗口

图 1.5　Visual Basic 的集成开发环境

1.3.1　主窗口

主窗口位于整个开发环境的顶部，由标题栏、菜单栏和工具栏组成。

1．标题栏

标题栏中的标题为"工程 1-Microsoft Visual Basic［设计］"，说明此时集成开发环境处于设计模式，在进入其他状态时，方括号中的文字将做相应的变化。VB 有 3 种工作模式：设计（Design）模式、运行（Run）模式和中断（Break）模式。同 Windows 系统中的用户界面一样，标题栏的最左端是窗口控制菜单；标题栏的右端是最大化、最小化和关闭按钮。

2．菜单栏

菜单栏包括 13 个下拉菜单，其中有程序开发过程中需要的命令。

（1）文件（File）。用于创建、打开、保存、显示最近的工程及生成的可执行文件。

（2）编辑（Edit）。用于程序源代码的编辑。

（3）视图（View）。用于集成开发环境中程序源代码、控件的查看。

（4）工程（Project）。用于控件、模块和窗体等对象的处理。

（5）格式（Format）。用于窗体控件的对齐等格式化操作。

（6）调试（Debug）。用于程序调试、查错。

（7）运行（Run）。用于程序启动、中断和停止等。

（8）查询（Query）。用于设计数据库应用程序时，创建、修改和运行 SQL 查询的命令。

（9）图表（Diagram）。用于在设计数据库应用程序时编辑数据库。

（10）工具（Tools）。用于集成开发环境中工具的扩展。

（11）外接程序（Add—Ins）。用于为工程添加或删除外接程序。

（12）窗口（Windows）。用于屏幕窗口的层叠、平铺等布局，以及列出所有已打开的文档窗口。

（13）帮助（Help）。帮助用户系统地学习和掌握 VB 的使用方法及程序设计方法。

常用的命令和功能在以后将会陆续介绍。

3. 工具栏

VB 的工具栏有许多种，可以在工具栏上单击鼠标右键来选择，默认的是"标准"工具栏，它提供了一些常用菜单项的快捷按钮，如果想运行某一菜单项，单击相应的快捷按钮即可。"标准"工具栏中各快捷按钮的作用如表 1.1 所示。

表 1.1　　　　　　　　　　　　　　"标准"工具栏快捷按钮列表

工具栏图标	功能	快捷键
	添加 Standard EXE 工程——用来添加一个新的工程到工程组中。单击其右边的下三角按钮，将弹出一个下拉菜单，可以从中选择想添加的工程类型	无
	添加窗体——默认情况下添加一个窗体到用户的工程中，也可单击其右边的下三角按钮，从弹出的下拉菜单中选择想添加的对象。例如可以添加 MDI 窗体、用户控件等	无
	菜单编辑器——用来显示菜单编辑器对话框	Ctrl+E
	打开工程——用于打开存在的工程文件	Ctrl+O
	保存工程——用于保存当前工程	无
	剪切——把对象或文本剪切到剪贴板上	Ctrl+X
	复制——把对象或文本复制到剪贴板上	Ctrl+C
	枯贴——把剪贴板的内容粘贴到当前窗口中	Ctrl+V
	查找——打开"查找"对话框	Ctrl+F
	撤销——撤销前面的操作	Ctrl+Z
	重复——重复撤销的操作	无
	启动——开始运行当前工程	F5
	中断——中断当前运行的工程	Ctrl+Break
	结束——结束运行当前的工程	无
	工程资源管理器——打开"工程资源管理器"窗口	Ctrl+R
	属性——打开"属性"窗口	F4
	窗体布局窗口——打开"窗体布局"窗口	无
	对象浏览器——打开"对象浏览器"窗口	F2
	工具箱——打开"工具箱"窗口	无
	数据视图窗口——打开"数据视图窗口"窗口	无
	可视化部件管理器——打开"可视化部件管理器"窗口	无

VB6.0 采用了平面式工具栏，当鼠标移动到某个按钮上时，系统会自动弹出相应的功能提示。在工具栏的末端，显示的是设计的窗体左上角在电脑屏幕中的坐标位置和窗体目前的宽度和高度，在 VB 中，默认的坐标度量单位采用的是一种名为 Twips（缇）的新型单位，该单位是与屏幕分辨率无关的。

```
1Twips=1/567cm = 1/20point（点）
```

1.3.2　窗体窗口

窗体窗口如图 1.5 中间部分所示。窗体窗口具有标准窗口的一切功能，可被移动、改变大小及缩成图标。窗体是 VB 应用程序的主要部分，用户通过与窗体上的控制部件交互来得到结果。一个程序可以拥有许多窗体窗口，每个窗体窗口必须有一个唯一的窗体名字，建立窗体时默认名为 Form1，Form2…。在设计状态下窗体是可见的，窗体的网格点间距可以通过"工具"菜单的"选项"命令，在"通用"标签的"窗体网格设置"中输入"宽度"和"高度"来改变。运行时可通过属性控制窗体的可见性（窗体的网格始终不显示）。

1.3.3　工程资源管理器窗口

在 VB 中，把开发一个应用程序视为一项工程，用创建工程的方法来创建一个应用程序，利用工程资源管理器窗口来管理一个工程。因此，工程资源管理器窗口中包含了创建一个应用程序所需的所有文件的列表，它含有 6 类文件，即工程组文件（.vbg）、工程文件（.vbp）、窗体文件（.frm）、标准模块文件（.bas）、类模块文件（.cls）和资源文件（.res）。添加了标准模块、类模块后的工程资源管理器窗口如图 1.6 所示。

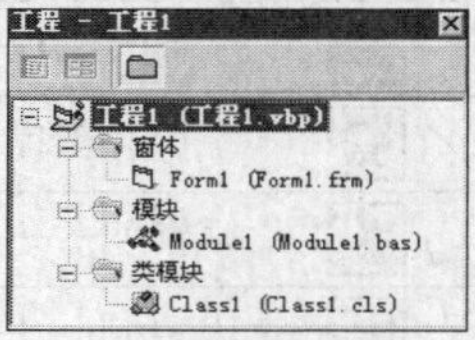

在工程资源管理窗口中，工程的所有文件以类别按层次结构图的方式显示，通过单击含"+"的接点，可展开一层，单击含"−"的接点，可折叠分支。若要打开某窗体，只需用鼠标双击该窗体文件即可。

图 1.6　工程资源管理器窗口

工程创建好以后，可通过 VB 文件菜单下的"保存工程"菜单项进行存盘，将其保存到一个工程文件中。在 VB 中，工程文件的扩展名为.vbp，以后若要打开该工程，也是通过打开该工程文件来实现的。待完成工程的全部文件之后，就可通过"文件"菜单下的"生成工程.exe"选项，将工程编译生成可执行的 EXE 文件。

在工程资源管理窗口中，括号外是工程组、工程、窗体、标准模块、类模块、资源文件等的名称，括号内是它们相应的存盘文件名。

值得注意的是，工程文件保存的仅是该工程所需的所有文件的一个列表，并不保存用户图形界面和程序代码。用户图形界面、各控件的属性设置值以及程序代码等，均保存在各窗体对应的窗体文件中，窗体文件的扩展名为.frm，因此保存工程时别忘了保存窗体文件。

1.3.4　属性窗口

在 VB 中，属性窗口显示了一个对象在设计阶段有效的所有属性，通过属性窗口，可以设置或修改对象的属性取值。用于显示和设置属性的窗口，即为属性窗口。如图 1.7 所示。在属性窗口中，属性的显示顺序可按字母顺序，也可按分类顺序，默认方式为字母顺序，可通过单击排列方式选项卡来切换。

选中一个对象后，按快捷键 F4 或单击工具栏上的 📋 属性按钮，即可弹出该对象的属性窗口。在属性列表的第 1 栏，显示的是属性名称，第 2 栏显示的是对应属性的当前取值，单击选中要修改的属性后，就可在第 2 栏的对应位置输入或选择属性的具体取值。同时，选中某项属性后，在属性窗口的底部有对该属性功能的一些简单说明。

图 1.7　属性窗口

1.3.5　工具箱窗口

开发环境左边是 VB 的工具箱，其中含有许多可视化的控制对象（控件），如表 1.2 所示，用户可以从工具箱中选取所需的控件，并将它添加到窗体中，以绘制所需的图形用户界面。工具箱中的控件越多，意味着 VB 的开发能力也就越强。

表 1.2　　　　　　　　　　　　　　　　标准控件列表

图标	功能
	Pointer（指针）——这是工具箱中用来选择对象的工具。在某一控件被加入到窗体后，可以移动它的位置，改变大小。当指针被选定后，只能移动控件以及改变大小。当向窗体中添加某一控件后，指针将被自动选定
	PictureBox（图片框）——用来显示一幅图画。也可作为一个容器，接收图形方法的输出，还可以像窗体一样作为其他控件的载体
A	Label（标签）——用来显示不想让其他用户改变的文本，例如一幅画的标题
	TextBox（文本框）——用来显示可以进行编辑的文本。与 Label（标签）控件相比，用户可以改变文本框中的内容
	Frame（框架）——用来建立一个组合的功能框架。可以把某些控件放入其中，实现某一个特定功能。当 Frame 移动时，放置在里面的控件也跟着移动，并且控件不能从 Frame 中移出
	CommandButton（命令按钮）——这是一个比较常用的控件，用来建立实现命令的按钮
	CheckBox（复选框）——这个控件给用户一个 True/False 或者 Yes/No 的选择。使用复选框控件组可以实现多重选择。从复选框控件组中，用户能选择一个或多个选项，也能在程序中设置它们的值
	OptionButton（单选按钮）——这个控件是对话框中常见的组成部分之一。当在对话框中放置了多个 OptionButton 控件后，程序运行时用户只能从中选中一个
	ComboBox（组合框）——将 TextBox（文本框）与 ListBox（列表框）功能组合在一起，能在文本框中输入信息或选取列表框中的内容
	ListBox（列表框）——用来显示可做单一或多个选择的列表项。如果列表项太多，一个滚动条将自动加到列表框中
	HSrollBar 水平滚动条——提供一个可视的工具，用它可以快速浏览一个具有很多条目的列表框或拥有大量信息的文本框，也可以作为一个输入的指示设备，例如控制电脑游戏中的声音
	VSrollBar（竖直滚动条）——它的功能和水平滚动条基本相同，只是显示的方向不同
	Timer（时钟）——实现以规则的时间间隔执行程序代码来触发某种事件，它在程序运行阶段是不可见的
	DriveListBox（驱动器列表框）——使用这个控件能够显示在系统中所有可用驱动器的列表，用户可以在运行阶段选择一个可用的驱动器
	DirListBox（目录列表框）——它和驱动器列表框的作用很相似，用于显示目录及路径
	FileListBox（文件列表框）——用于显示当前目录中所有文件的列表框。它和驱动器列表框、目录列表框结合起来使用，可以实现文件的查询功能
	Shape（形状）——在设计程序时可以在 Form 窗口中绘制各种图形，例如长方形、正方形、椭圆、圆、带有圆角的矩形和正方形等
	Line（直线）——设计程序时，可以在 Form 窗体中画线
	Image（图像框）——可以在窗口中显示一个位图成图标。与 PictureBox（图片框）相比，图像框中的 Stretch（伸展）属性可以使图片适应图像框的大小而做全幅显示
	Data（数据）——通过 Form 窗口的约束控制，从数据库里存取数据
	OLE Container（OLE 容器）——可以在某一应用程序中嵌入其他应用程序对象

VB 启动时，一般仅在工具箱中装载一些基本的控件，这些控件称为标准控件，除了第一个指针外，共有 20 个标准控件，如图 1.8 所示。若要新增控件，可通过 VB "工程"菜单下的 "部

件"选项来实现。单击"部件"选项，此时将弹出"部件"对话框，在"控件"列表框中，找到要添加的控件列表项，单击列表项左边的方框，以选中该控件（此时方框中会出现"√"标志），然后单击对话框的"确定"按钮，被选中的控件就会添加到工具箱中，这些控件称为 ActiveX 控件。添加了 ActiveX 控件的工具箱如图 1.9 所示。

图 1.8　标准工具箱　　　　图 1.9　添加了 ActiveX 控件后的工具箱

其他类型的高级控件和 ActiveX 控件将在后面的章节中详细介绍。若要在窗体中加入某控件，可以使用两种方法：一种方法是单击工具箱中的该控件，这时被选中的控件变为凹状。当鼠标指针移到 Form 窗体中时将变为十字形，这时按下鼠标左键并拖动，画出一个方框，然后松开鼠标左键，一个四周带有黑点的控件将出现在窗体中；另一种方法是双击工具箱中的该控件，这时一个四周带有黑点的控件将出现在窗体的中央。用鼠标左键按住控件四周的小黑点拖动，可以调整其大小（或者使用键盘"Shift+方向键"）；用鼠标左键单击工具箱中的指针，可以在窗体中选择控件，如果单击某控件，则该控件被选中，如果框选可以选中多个控件（或者按住键盘"Ctrl"键，然后用指针单击多个控件）。如果用指针按住控件中的区域拖动，可以改变其在窗体中的位置（或者使用键盘"Ctrl+方向键"）。如图 1.10 所示，窗体上引入了 CommandButton（命令按钮）控件、Label（标签）控件和 TextBox（文本框）控件，并且全部选中。对于控件的格式化操作，可以使用"格式"菜单，读者可以自己去操作。

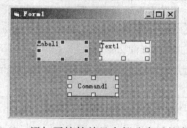

图 1.10　添加了控件并且全部选中后的窗体

1.3.6　窗体布局窗口

窗体布局窗口用于指定程序运行时的初始位置，主要为使所开发的应用程序能够在各个不同分辨率的屏幕上正常运行，在多窗体应用程序中较有用。此窗口在屏幕的右下角，如图 1.11 所示，用鼠标拖动 Form1，可以改变启动时窗体在电脑屏幕中的位置。

图 1.11　窗体布局窗口

1.3.7　对象浏览器窗口

对象浏览器窗口，如图 1.12 所示。它显示对象库中类的属性和方法，并且可以显示模块及过程，也可以用于寻找和使用自己创建的对象。

单击工具栏中的"对象浏览器"快捷按钮进入"对象浏览器"，下面介绍它的使用方法。

在"对象浏览器"窗口左上角，上面的叫做下拉式列表框，它的作用是选择"工程/库"，显示与设计程序有关的工程和所引用的对象库，可以在"引用"对话框中添加库。默认情况下选择"所有库"，如果在列表框中选择了一个工程或者对象库，在"类列表"中显示所有可用的类，在"类列表"中选择某个类，在"成员列表"中将显示有关的元素（方法、属性、事件或常数）。可以在"搜索文字"组合框中输入想查找的字符串，例如在其中键入"Name"，回车后窗口状态如图 1.13 所示，搜索结果被显示出来，可以清楚地看到"Name"所在的库与类。在"对象浏览器"窗口的下方是详细数据框，在框中能看到类或类中成员的一些属性和作用。

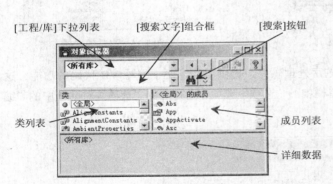

图 1.12　"对象浏览器"窗口

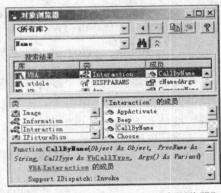

图 1.13　查找字符串后的"对象浏览器"

在"对象浏览器"窗口的右上方是两排工具栏。从左至右、从上到下依次是："向后"、"向前"、"复制到剪贴板"、"查看定义"、"帮助"、"搜索"和"显示/隐藏搜索结果"按钮。下面将依次介绍每个按钮的功能。

（1）"向前"和"向后"按钮，用来在对象浏览器的库或类中移动。

（2）"复制到剪贴板"按钮把一个方法或属性以及 VB 代码模块复制到剪贴板上，然后可以使用"粘贴"命令把它们复制到一个过程中。

（3）"查看定义"按钮用来查看工程文件中某一对象的代码。

（4）"帮助"按钮用于提供某一项的在线帮助主题。

（5）"搜索"按钮用来开始查找在搜索文字框中输入或选中的字符串。

（6）"显示/隐藏搜索结果"按钮用来隐藏或显示搜索字符串的结果。

1.3.8　代码编辑器窗口

用户图形界面设计完毕后，第 2 阶段的工作是针对要响应用户操作的对象编写程序代码。在 VB 中，专门为程序代码的书写提供了一个代码编辑窗口，选中要编程的对象，按快捷键 F7，或者直接双击要编程的对象，就可弹出该对象的代码编辑窗口，接下来就可在该窗口的事件过程中书写程序代码了，如图 1.14 所示。

在编辑窗口中，通常会自动显示该对象的一个默认事件过程框架，在上面的编辑窗口中，就显示了窗体对象的 Load 事件的过程。若要更改编程的对象，或者更改对象所要响应的事件，可通过代码编辑窗口顶部的两个下拉列表框来实现，对象列表框用于选择要编程的对象，过程列表框用于选择该对象所要响应的事件过程的事件名称，单击列表框右边的下三角按钮，即可弹出相应的列表选项，如图 1.15 所示。对象和对象要响应的事件确定后，代码编辑区中的事件过程框架就会自动产生，接下来就可在事件过程框架中编写实现具体功能的程序代码，然后单击编辑窗口的"关闭"按钮，将其关闭即可。若要观察运行效果，按快捷键 F5 或单击工具栏上的"启动"按钮，即可运行该程序。

图 1.14　Visual Basic 代码编辑窗口 　　　　　　　　图 1.15　事件的选择方法

代码编辑器窗口像一个高度专门化的字处理软件，提供了许多便于编写 VB 代码的功能，这些功能的设置可以通过单击"工具"菜单栏中的"选项"选项，在打开的"选项"对话框中的"编辑器"选项卡中设置，如图 1.16 所示。

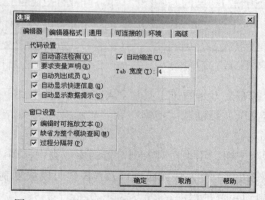

图 1.16　"选项"对话框（"编辑器"选项卡）

"编辑器"选项卡分为"代码设置"和"窗口设置"两部分，功能如下所述。

（1）代码设置

● "自动语法检测"：如果选择该项，VB 将自动校验键入的程序行的语法是否正确。

- "要求变量声明"：如果选择该项，强制显式地声明变量，所有的变量必须先声明才能使用。
- "自动列出成员"：选择该项后，可以自动填充语句、属性和参数，即在输入代码时，编辑器列出适当的选择、语句、函数原型或值。例如，当在代码中输入一个控件名并跟有一个句点时，将自动列出这个控件的属性列表，如图 1.17 所示。此时键入属性名的前几个字母，就可以从表中选中该属性名标，按"Tab"键即可完成输入。如果没有在"编辑器"选项卡中选中该项，可以用"Ctrl+J"快捷键设置。
- "自动显示快速信息"：选择该项后，将自动显示语句和函数的语法，如图 1.18 所示。输入合法的 VB 语句或函数名之后，将在当前行的下面显示相应的语法，并用黑体字显示它的第一个参数。在输入第一个参数值之后，显示第二个参数……"自动显示快速信息"可以用"Ctrl+I"快捷键设置。

图 1.17 "自动列出成员"功能

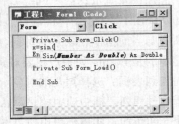

图 1.18 "自动显示快速信息"功能

- "自动显示数据提示"：选择该项后，当光标位于某个变量上时，自动显示该变量的值。
- "自动缩进"：选择该项后，当输入代码时，后续行以前一行的缩进位置为起点。
- "Tab 宽度"：设置制表符宽度，其范围为 1～32 个空格；默认值是 4 个空格。

（2）窗口设置

- "编辑时可拖放文本"：如果选择该项，则可从"代码"窗口向"立即"或者"监视"窗口内拖放文本（代码）。
- "缺省为整个模块查阅"：选择该项后，将为新模块设置默认状态，可以在"代码"窗口内同时查看多个过程，其作用与代码窗口左下角的"全模块查看"按钮相同。
- "过程分隔符"：显示或者隐藏出现在"代码"窗口中每个过程结尾处的分割符条。只有当"缺省为整个模块查阅"被选中时它才起作用。

1.4 Visual Basic 编程及关键性概念

VB 作为一种面向对象的程序设计语言，与传统的 DOS 程序设计有较大的区别，本节将通过具体编程实例介绍 VB 程序设计的基本方法、步骤和相关的关键性概念。

1.4.1 编写第一个 VB 应用程序——使用窗体

【例 1.1】编写一个 VB 程序，在运行时若用鼠标点击窗体，在窗体上会显示出"我的第一个 VB 程序！"一行文字，运行结果如图 1.19 所示。

要用 VB 实现一个任务，必须解决以下两类问题。

（1）设计一个用户操作界面。用户输入或输出信息都在这个界面中进行。当然，用户界面应当使用户感到方便美观。

（2）设计程序代码。使程序运行后能按规定的目标和步骤进行操作，以达到题目的要求。

每当用户创建一个新的工程文件时，VB 会自动给出默认名为 Form1 的窗体。窗体是用来设计应用程序用户界面的，在它的上面可以添加各种控件，最终形成美观实用的用户界面。对本例来说，用户界面无特殊要求，只要求在窗口中输出一行文字，因此不必专门设计用户界面，也不必使用工具箱中的控件，只需编写程序代码，使其输出所要求的文字即可。

编写程序代码要在"代码编辑器窗口"中进行。而当前看到屏幕中的窗口是 Form1 窗口（窗体窗口），从 Form1 窗口进入代码窗口有两种途径如下所述。

● 双击当前窗体。（对于控件也一样，这在前面已经介绍过。）

● 选中当前窗体后，按热键 F7。用鼠标双击窗体，屏幕上就会出现与该窗体相对应的代码编辑器窗口，如图 1.14 所示。这个代码编辑器窗口有一个标题栏，显示窗体的名字（图 1.14 中"工程 1"之后的"Form1"表示窗体的名字，以 Code 表明是代码窗口）。下面有两部分。左边对象列表框包含所有与当前窗体相联系的对象。由于我们是双击窗体进入代码编辑器窗口的，所以对象列表框中显示的是 Form。如果现在要对其他对象进行编码，应单击该对象列表框右侧的下三角按钮，打开对象列表框，选择需要的对象。右边显示了与当前选中的对象相关的所有事件过程列表框。我们看到过程列表框中选中的是默认的 Load（装载）事件，而题目要求是单击事件，所以单击右侧的下三角按钮，用鼠标单击所需的事件名 Click，如图 1.15 所示，这时代码编辑器窗口立即自动出现相应的 Form _ Click（ ）过程的框架，如下所示。

```
Private Sub Form_Click()

End Sub
```

这时就可以在两行之间输入程序语句：Print "我的第一个 VB 程序！"，如图 1.20 所示。

图 1.19　例 1.1 的运行界面

图 1.20　例 1.1 的 Click 事件代码窗口

以上 Print 语句的作用是将双引号中的内容原样输出到窗体上，其具体应用请参考后面的章节（其中英文 Print 输入，时可以用一个英文的问号?代替）。在 VB 中，Print 被称为一种"方法"。关于"方法"的概念，将在以后介绍。至此，已经编写出了一个对窗体单击事件的响应过程，也就是说，在运行程序时，若用户单击窗体，发生了单击窗体事件，系统就会执行下面的过程。

```
Private Sub Form_Click()
Print "我的第一个 VB 程序！"
End Sub
```

在屏幕的窗体上输出"我的第一个 VB 程序！"一行文字。其中：关键字 Private（私用）表示该过程只能在本窗体文件中被调用，应用程序中的其他窗体或模块不可调用它。关键字 Sub 是过程的标志，Form_Click()是过程名，它由两部分组成：对象和事件名，两者之间用下划线连接。End Sub 表示过程结束。在编写好程序后怎样运行一个程序呢？在 VB 中提供了几种运行程序的方法（本章后面将介绍），其中之一是从"运行"菜单中选择"启动"命令。本程序进入运行状态后，用鼠标单击窗体，窗体上就出现一行"我的第一个 VB 程序！"，再单击一次就会再显示一行。

当用户从"运行"菜单中选择"结束"命令后，程序结束运行。

1.4.2　Visual Basic 的对象

到目前为止，我们已经遇到了几个新名词。读者自然会问：什么是 VB 的对象？什么是对象的属性？什么是对象的事件？什么是对象的方法？

1. 对象概念

在现实生活中，任何一个可见的实体都可以视为一个对象（Object）。如一只气球是一个对象，一台电脑也是一个对象。在 VB 中，工具箱窗口中包含了 20 个标准控件（Control），例如文本框、标签框、命令按钮等，这些控件就是一种"对象"。称为"对象"的还有窗体，也就是说，在 VB 中常用的对象是窗体和控件。除此之外，VB 还提供了其他一些对象，包括打印机（Printer）、调试窗口（Debug）、剪贴板（Clipboard）、屏幕（Screen）等一些可访问的实体。

2. 对象的属性

每个对象都有一组特征，称为属性。不同的对象有不同的属性，如小孩玩的气球所具有的属性包括可以看到的一些性质：直径、颜色以及描述气球状态（充气的或未充气的）等。还有一些不可见的性质，如它的寿命等。通过定义，所有气球都具有这些属性，当然这些属性的值会因气球的不同而不同。

在可视化编程中，每一种对象都有一组特定的属性。有许多属性可能为大多数对象所共有，如 Name 属性定义对象的名称。还有一些属性只局限于个别对象，如只有图像框（Image）才有 Stretch 属性，该属性用来决定是否调整图形的大小以适应图像控件。

每一个对象属性都有一个默认值，如果不明确地改变该值，程序将使用它。通过修改对象的属性，能够控制对象的外观和性质。对象属性的设置一般有两条途径，如下所述。

（1）选定对象，然后在属性窗体中找到相应的属性名称直接设置属性值。选这种方法的特点是简单明了，每当选择一个属性时，在属性窗口的下部就显示该属性的一个简短提示，缺点是不能设置所有需要的属性。

（2）在代码中通过编程设置，格式为

对象名.属性名 = 属性值

例如在例 1.1 中，可以直接选定窗体 Form1，然后在属性窗口中将它的标题 Caption 属性改为"例题"；也可以在代码窗口中的程序中添加一行语句：

```
Form1.Caption = "例题"
```

3. 对象的事件

事件（Event）就是对象上所发生的事情。比如一个吹大的气球，用针扎它一下，结果圆圆的气球变成了一个瘪壳。把气球看成一个对象，那么刺破它是气球上发生的事件，气球对刺破它的响应是放气，对气球松开手，事件的响应是升空。

在 VB 中，事件是预先定义好的、能够被对象识别的动作，如对象上的单击（Click）事件、双击（DblClick）事件、装载（Load）事件、鼠标移动（MouseMove）事件等，不同的对象能够识别不同的事件。当事件发生时，VB 将检测两条信息，即发生的是哪种事件和哪个对象接收了事件。

每种对象能识别一组预先定义好的事件，但并非每一种事件都会产生结果，因为 VB 只是识别事件的发生。为了使对象能够对某一事件做出响应，就必须编写事件过程。

事件过程是一段独立的程序代码，它在对象检测到某个特定事件时执行（响应该事件）。一个对象可以响应一个或多个事件，因此可以使用一个和多个事件过程对用户或系统的事件作出响应。程序员只需编写必须响应的事件过程，而其他无用的事件过程则不必编写，例如在例 1.1 中，窗体 Form1 可以识别许多事件，但我们只编写了"单击"（Click）事件的事件过程，因此，程序运行时，它只对"单击"（Click）事件作出响应。

事件过程的名称是由对象名和事件名两部分组成，两者之间用下划线连接，其一般格式为：对象名_事件名（注意：如果对象是窗体则为 Form 或者 MDIForm）；事件过程的格式为：

```
Private Sub 对象名_事件名()
    ……
End Sub
```

其中，Sub 是定义过程开始的语句，End Sub 是定义过程结束语句，关键字 Private 表示该过程是局部过程。具体编程时，用户可以在过程开始语句和结束语句之间添加实现具体功能的程序代码。在例 1.1 中，我们正是在单击事件过程中添加了在窗体上输出字符串的功能语句：Print "我的第一个 VB 程序！"。

4．对象的方法

VB 中的对象除拥有自己的属性和事件外，还拥有属于自己的方法（Method）。"方法"是 VB 中的一个术语，所谓"方法"实际上是 VB 提供的一种特殊的子程序，用来完成一定的操作，或实现一定的功能。例如 Print 就是一种方法，它是用来输出信息的专用过程。每个方法完成某个功能，但其实现步骤和细节，用户既看不到，也不能修改，用户能做的工作就是按照约定直接调用它们。

调用"方法"的形式与调用一般的过程或函数不同，应该指明是哪个对象调用的。其调用格式如下：

    [对象名.]方法名[可选参数项]

其中括号"[ ]"代表中间的内容为可选项。例如，Form1.Hide 表示由 Form1 对象调用 Hide 这个方法，其执行结果是将窗体 Form1 隐藏起来。同样，Form1.Print "我的第一个 VB 程序！"的作用是将字符串"我的第一个 VB 程序！"显示在窗体 Form1 内，其中"我的第一个 VB 程序！"就是可选参数。如写成 Printer.Print "我的第一个 VB 程序！"，则要在打印机上打印出该字符串。在上面的调用格式中，如果省略了对象名，则隐含指窗体。如在例 1.1 中的 Form_Click 事件过程中是直接使用：Print "我的第一个 VB 程序！"，调用 Print 方法的。在这里就隐含表示要在窗体 Form1 上输出该字符串。为了不致搞混，最好都在"方法名"之前加上"对象名"为好。另外，还应注意，每一种对象所能调用的"方法"是不完全相同的。

1.4.3　编写第二个 VB 应用程序——使用 VB 控件

【例 1.2】设计一个程序，用户界面由 3 个命令按钮和一个文本框组成。当用户单击其中一个命令按钮，在文本框上显示文本内容"我的第二个 VB 程序！"；单击另一个命令按钮，清除文本框内容；单击第三个命令按钮，结束程序的运行。

根据题目要求，用户界面设计如图 1.21 所示。

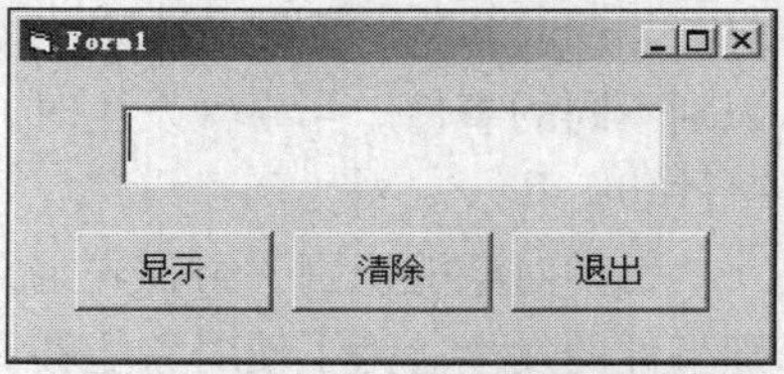

首先进入 VB 编程环境，建立一个新工程，再将一个文本框和 3 个命令按钮加到窗体 Form1 上，命令按钮和文本框是最常用的 VB 控件。在窗体上添加了上述几个控件后，就可以开始设置窗体和各控件的属性了。本例题中需要设置的

图 1.21　例 1.3 运行界面

属性如表 1.3 所示。

表 1.3　　　　　　　　　　　　　例 1.3 对象属性设置

对象	属性名称	属性值
窗体	Caption （名称）	Forml Forml
文本框	（名称） Text FontName FontSize	Text1 空 隶书 三号
命令按钮 1	Caption （名称） FontSize	显示 cmdShow 五号
命令按钮 2	Caption （名称） FontSize	清除 cmdClear 五号
命令按钮 3	Caption （名称） FontSize	退出 cmdEnd 五号

在本例中，窗体的 Caption（标题）和名称属性均使用了系统给定的默认值，故不需要重新设置。设置控件的属性时，首先单击窗体上某一控件，使其成为当前控件。（请注意：当前控件的四周有 8 个蓝色小方块。）然后在属性窗口中找到需要设置的属性，再指定属性值。例如，要把命令按钮 1 的 Caption（标题）属性设为"显示"，就应该先单击命令按钮 1，使其成为当前控件，再到属性窗口中找到 Caption 属性栏。可以看到系统事先为命令按钮 1 设置的属性值（称为默认值）是"Command1"。单击此行，可以看到此行变为醒目（蓝色）显示。为了改变系统给定的标题，在这里可以删除字符 Command1，并用汉字重新输入"显示"，这时可以看到命令按钮 1 上的文字已由 Command1 改变为"显示"，该命令按钮的 Caption 属性就设置好了。

从属性表中找到"名称"属性，用鼠标单击名称属性，其属性值为"Command1"（系统默认值），将其删除，修改为"cmdShow"。为了改变命令按钮上显示文字的大小，可以设置命令按钮的 Font 属性。在属性窗口中找到 Font 属性，并单击它，右侧会出现一个有三点（…）的按钮。单击该按钮，会打开一个"字体"设置对话框，如图 1.22 所示，其中包括"字体"、"字体样式"、"大小"等。在这里可以把"大小"中的"小五"（系统默认值）改为"五号"，然后用鼠标单击图 1.22 中的"确定"按钮，退出此对话框。用同样的方法按表 1.3 中的要求设置其余两个命令按钮的有关属性。

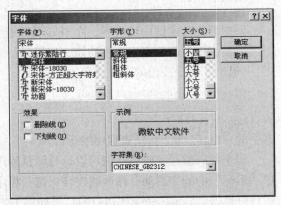

图 1.22　"字体"设置对话框

文本框可以用来显示文字信息。文本框的 Text 属性值就是文本框中所显示的内容。用鼠标单击窗体上的文本框，使其成为当前控件，从属性表中找到 Text 属性，用鼠标单击名称属性，其属性值为 Text1（系统默认值），将其删除，即清空文本框，使文本框中不显示任何信息。最后将文本框的字体"大小"属性设置为"三号","字体"为"隶书"。

在这里,应注意到属性"标题"(Caption)和"名称"的不同作用。"标题"的内容显示在对象上,用户可以在屏幕上看到它,以便识别不同的对象。而"名称"不显示在对象上,它是用来给程序识别的。例如,本例中第一个命令按钮的 Caption 属性值是"显示",它显示在窗体中的命令按钮上。该命令按钮的"名称"属性值是"cmdShow",它在屏幕上是看不到的,只供程序识别,在后面将会看到 cmdShow 这个名字出现在程序代码中。另外,还应注意到文本框控件没有"标题"(Caption)属性,文本框中显示的内容是它的"Text"属性值。

属性设置完成以后,就可以编写事件过程代码了。过程代码也称程序代码,它是针对某个对象事件编写的。本例题要求单击"显示"命令按钮后,在窗体上的文本框内输出字符串。也就是说,需要对该命令按钮的单击事件编写一段代码,以指定用户单击该按钮时要执行的操作。为了编写程序代码,必须使屏幕显示出代码窗口。可以双击该命令按钮,进入代码窗口,也可以按 F7 键进入代码窗口,此时代码窗口就会出现:

```
Private Sub cmdShow_Click()

End Sub
```

表示对名为 cmdShow 的对象(即显示按钮)的单击事件(Click)进行代码设计。根据题义应在上述两行命令之间输入:Text1.Text = "我的第二个 VB 程序!",即

```
Private Sub cmdShow_Click()
Text1.Text = "我的第二个 VB 程序!"
End Sub
```

其中 Text1 是文本框的名称的属性值,即文本框的名字。Text 是文本框的文本属性,上面赋值语句的目的是修改文本框的 Text 属性的值,即把右边字符串赋给文本框的 Text 属性,这样在窗体的文本框中就显示出这个字符串了。它的作用和我们在属性表中为窗体、命令按钮或文本框等对象设置属性值是一样的。也就是说,可以通过两种方法修改对象的属性值。一是设计阶段在属性表中进行,例如在上面所做的控件属性值设置。另外是在程序运行过程中用语句来实现,如本例中的 Text1.Text = "我的第二个 VB 程序!"。

下面是另一个事件过程。若用户单击"清除"按钮,就使文本框清空:

```
Private Sub cmdClear_Click()
Text1.Text = ""
End Sub
```

要想清除文本框中的内容,将 Text 属性置空即可,其实在前面的属性表中为文本框设置属性时,已经实现过清空文本框的功能,这里只是通过程序语句来实现罢了。

"退出"命令按钮的事件过程如下:

```
Private Sub cmdEnd_Click()
End
End Sub
```

其中的"End"命令将结束程序的运行。

程序代码编写完成后,就可以运行调试程序了。选择菜单"运行"中的"启动"命令或按 F5 键,程序开始运行。运行时单击"显示"命令按钮后的结果如图 1.23 所示。若再单击"清除"按钮,文本框中无任何文字显示。单击"退出"按钮,程序就会结束运行。

图 1.23 单击"显示"按钮的运行界面

1.4.4　开发 VB 应用程序的基本步骤

总结上述两个简单例题，开发一个 VB 应用程序应包括以下步骤。

1.　设计用户界面

从例题 1.2 已经体会到，首先是确定用户界面有几个对象，本例的界面共有 5 个对象、1 个窗体和 4 个控件，然后进入 VB 编程环境，程序自动产生一个工程名为"工程 1"、工程文件名为"工程 1.vbp"的工程文件和一个窗体名为"Form1"、窗体文件名为"Form1.frm"的窗体文件，接下来可以从工具箱窗口中添加控件，在窗体上按用户需要画出用户界面。

2.　设置窗体和控件的属性

有关属性设置在前面已作了初步介绍。在属性窗口中所进行的是属性初始值设置，用户也可在程序中对它们进行设置或修改，正如前面的例题所述。

　　　　不是所有的属性都可以通过程序设置或修改，那些不能通过程序设置或修改的属性称为"只读"属性，例如：Name 属性就是只读属性。

3.　编写事件过程代码

这里的过程指的是一组 VB 语句。一个事件过程是为响应在一个对象上发生的"事件"所进行的操作。例如，在前两个例子中用到了单击（Click）事件，当单击窗体或命令按钮时，就执行相应的事件过程以完成相应的操作。这些操作在过程中是用 VB 语句实现的，例如语句 Text1.Text = "我的第二个 VB 程序！"。

4.　运行、调试工程

为了运行一个程序，可以通过以下几种途径。

● 从菜单栏中选择"运行"菜单的"启动"命令。

● F5 功能键。

● 按下工具栏中的"启动"三角按钮。

如果想终止程序的运行，可从菜单栏中选择"运行"→"结束"命令，或从工具栏中选择"结束"图标。

调试工程包括修改在程序运行过程中暴露出的错误、修改对象的属性和代码，也可以添加新的对象和代码，直到满足工程的设计需要为止。

5.　保存工程

设计好的应用程序在调试正确以后，需要保存工程，即以文件的形式保存在磁盘上。前面说过，一个 VB 程序称为一个"工程"（即一个项目），一个工程中往往包含多个不同类型的文件，如工程文件（*.vbp）、窗体文件（*.frm）、模块文件（*.bas）等，这些文件集合在一起才能构成完整的应用程序。应特别注意一个工程中包含的不同文件需要分别保存。

具体保存的方法是从菜单栏中选择"文件"→"保存工程"和"保存 XXX.frm"命令，或从工具栏中选择"保存"图标，系统会提示保存不同类型文件的对话框，这样就有选择文件存放位置和选取合适文件名的问题。建议在保存工程时，将同一工程中的所有类型文件存放在同一文件夹中，文件名一般不要用系统提供的默认文件名，而是输入自己指定的文件名，以便于修改和管理程序文件。同时建议你把保存文件的工作放在第 1 步后面去做，并且在设计过程中经常单击工具栏中的"保存"按钮，这样避免中途编程中断而前功尽弃。

6. 工程的编译

一个独立运行的 VB 程序，是可以在没有 VB 的环境下，直接在 Windows 或 DOS 下运行的。

前面举的例题都是在 VB 的环境中用解释方式运行的。当一个应用程序开始运行后，VB 解释程序就开始对程序逐行解释，逐行执行。如果要想使应用程序不在 VB 环境中运行，就必须对应用程序进行编译，生成 exe 文件。具体操作参阅本章第 5 节内容。

1.5　生成可执行文件和制作安装盘

程序运行通过后，可将工程编译成能脱离 VB 环境而独立运行的 EXE 应用程序。执行"文件"→"生成….exe"菜单命令（这里的省略号代表工程名），系统弹出"生成工程"对话框，以确定要生成的应用程序的文件名，如图 1.24 所示，单击"确定"按钮后，系统将工程编译、链接生成对应的 EXE 程序。

在"生成工程"对话框底部，有一"选项（O）…"按钮，单击该按钮，将显示"工程属性"对话框，在"工程属性"对话框中，可进一步设置待生成的 EXE 文件的相关信息。如图 1.25 所示。

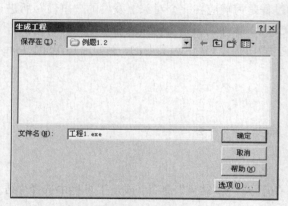

图 1.24　"生成工程"对话框

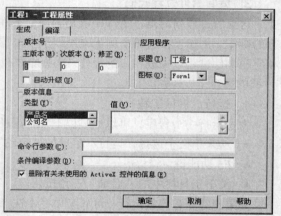

图 1.25　"工程属性"对话框

VB 生成的 EXE 文件，在最终运行时，还需要一些基本的动态链接库（.DLL）的支持，因此，在发布应用程序时，还需一同发布其所需的运行库。可利用 VB 的应用程序安装向导，将应用程序制作成安装盘再发布。

用鼠标单击 Windows 的"开始"按钮，选择"程序"→"Microsoft Visual Basic 6.0 中文版"→"Microsoft Visual Basic 6.0 中文版工具"→"Package & Deployment 向导"菜单命令，如图 1.26 所示，单击后，显示如图 1.27 所示"打包和展开向导"对话框。再单击"浏览"按钮找到你要打包的工程文件，这时在"选择工程"输入框中将会自动填入欲制成安装盘的工程文件名，然后单击"打包"按钮，再根据向导提示的内容进行若干步的选择后，按下向导最后一页的"完成"按钮，系统经过一段时间处理后，即在你指定的目录下生成所选择类型的发布文件。

图 1.26　执行打包向导的菜单命令

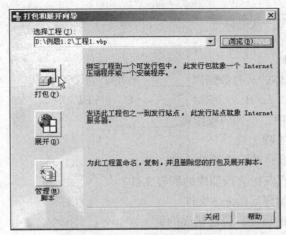

图 1.27　"打包和展升向导"对话框

本章小结

通过本章的学习，可以了解 Visual Basic 的演变、发展，认识 Visual Basic 的作用，正确理解面向对象的方法，掌握事件驱动的原理，掌握使用 Visual Basic 创建程序的一般步骤，熟悉 Visual Basic 集成开发环境。

习　题　1

一、单项选择题

1. VB 作为一种编程语言，是基于以下＿＿＿＿种版本语言。

　A.FoxBASE　　　　　B.C　　　　　　C.BASIC　　　　　D.PASCAL

2. 以下叙述中错误的是＿＿＿＿。

　A. 在工程资源管理器窗口中只能包含一个工程文件及属于该工程的其他文件

　B. 以.BAS 为扩展名的文件是标准模块文件

　C. 窗体文件包含该窗体及其控件的属性

　D. 一个工程中可以含有多个标准模块文件

3. 在代码编辑窗口内，将表单 Form1 的 "Caption" 属性设置为 "时钟"，正确的书写形式是＿＿＿＿。

　A. Form1.Caption"时钟"　　　　　　B. Form1.Caption="时钟"

　C. .Caption="时钟"　　　　　　　　D. Form1.Caption("时钟")

4. VB6.0 的标准化控件位于 IDE（集成开发环境）中的＿＿＿＿项窗口内。

　A. 工具栏　　　　B. 工具箱　　　　C. 对象浏览器　　　D. 窗体设计器

5. 下列操作不能打开代码编辑窗口的是＿＿＿＿。

　A. 选中对象，单击鼠标右键，在弹出菜单中选择 "查看代码"

    B. 选中对象，双击鼠标左键

    C. 按功能键 F7

    D. 按功能键 F4

6. 保存文件时，窗体的所有数据以_____存储，整个工程以_____储存。

    A. *.PRG   B. *.FRM   C. *.VBP   D. *.EXE

7. 要保存 VB 源程序，正确的操作是_____。

    A. 只需要保存工程文件

    B. 只需要保存窗体和标准模块文件

    C. 需要保存工程资源管理器中的所有文件

    D. 只需要保存编译后的.exe 文件

8. 关于 VB 中控件的属性，说法错误的是_____。

    A. 大多数可以在设计时设置

    B. 大多数可以在运行时设置

    C. 大多数既能在设计时设置，也能在运行时设置

    D. 所有控件的所有属性既能在设计时设置，也能在运行时设置

9. 关于 VB "方法" 的概念错误的是_____。

    A. 方法是对象的一部分

    B. 方法是预先规定好的操作

    C. 方法是对事件的响应

    D. 方法用于完成某些特定功能

10. 关于 VB 应用程序，正确的叙述是_____

    A. VB 程序运行时，总是等待事件被触发

    B. VB 程序设计的核心是编写事件过程的程序代码

    C. VB 程序是以线性方式顺序执行的

    D. VB 的事件可以由用户随意定义，而事件过程是系统预先设置好的

二、填空题

1. VB 是一种面向_____的可视化程序设计语言，采取了_____的编程机制。

2. VB 的对象主要分为_____和_____两大类。

3. 在 VB 中，用来描述一个对象外部特征的量称之为对象的_____。

4. 在 VB 中，设置或修改一个对象的属性的方法有两种，它们分别是：_____和_____。

5. 在 VB 中，工程文件、窗体文件和模块文件的扩展名分别是_____、_____和_____。

6. 在 VB 中，事件过程的名字由_____、_____和_____所构成。

7. 程序运行时，若用户单击了窗体 Form1，则此时将被执行的事件过程的名字应为：_____。

8. VB 有 3 种工作模式，即_____、_____和_____。

9. VB 默认的集成开发环境主要由 6 个部分组成，它们分别是：_____、_____、_____、_____、_____、_____。

10. 在不同的环境中，VB 应用程序的运行方法有两种，分别是：_____和_____。

三、判断题

1. VB 的对象就是指控件。（   ）

2．无需任何操作，VB 的控件工具箱就自动包括了各种标准控件和 ActiveX 控件。（　　　）

3．在 VB 中编译生成的可执行文件可以直接复制到任何一台安装有 Windows 系统的计算机上运行。（　　　）

4．在 VB 中打开工程文件时，在资源管理器窗口可以看到工程中所有的文件，所以可以认为工程文件包括了工程中所有的文件，只要保留工程文件即可，其他文件可以不必保留。（　　　）

5．VB 中的对象只有窗体和控件。（　　　）

四、简答题

1．什么是对象？什么是对象的属性、事件和方法？什么是对象的事件过程？事件过程的一般格式是怎样的？如何编写对象的事件过程？

2．在窗体中绘制控件有哪几种方法？如何调整控件的大小和位置？

3．设置或修改对象的属性有哪两种方法，具体如何设置？

4．如何保存 VB 工程，保存工程时应注意什么问题？

5．VB 程序开发的一般步骤和方法是怎样的？

五、编程题

1．建立一新工程，在窗体上添加一标签（Label1）。标签框的边框风格属性（BorderStyles）值为 1。单击窗体时，在标签框中显示"我喜欢 VB"的字样，如图 1.28 所示。

图 1.28　第 1 题图

2．建立一新工程，在窗体上添加一标签（Label1）、文本框（Text1）和两个命令按钮（Command1、Command2）。运行窗体后，单击按钮"显示标题"（Command1），在标签中显示"Visual Basic 编程"的字样，单击按钮"显示内容"（Command2），在文本框中显示"我的 Visual Basic 程序"的字样，如图 1.29 所示。

图 1.29　第 2 题图

第 2 章
简单 Visual Basic 程序设计

本章主要介绍面向对象的程序设计中的一些基本概念，及 Visual Basic 中常用控件的基本属性、事件和方法，并通过简单例子说明设计一个 Visual Basic 应用程序的一般过程。

2.1　Visual Basic 中的一些基本概念

在用 Visual Basic 进行程序设计之前，首先要正确理解 Visual Basic 中对象、属性、事件、方法等几个重要概念。正确理解这些概念是设计 Visual Basic 应用程序的基础。

2.1.1　对象与类

对象（Object）是客观世界存在，并且可以相互区分的事物，它可以是具体的，也可以是抽象的，它是代码和数据的集合。现实生活中的一个客观存在的事物就是一个对象，如一支钢笔、一部电影、一个构思、一台计算机都是一个对象。一台计算机可以拆分为主板、CPU、内存、外设等部件，这些部件又都分别是对象，因此计算机对象可以说是由多个"子"对象组成的，它可以称为是一个对象容器（Container）。

在 Visual Basic 6.0 中，对象可以由系统设置好，直接供用户使用，也可以由设计人员自己设计。Visual Basic 设计好的对象有窗体、各种控件、菜单、显示器、剪贴板等。用户使用最多的是窗体和控件。

人类在认识客观事物时，通常把众多纷杂的事物进行归纳分类，把具有相同性质的事物归为一类，得出一个抽象的概念。

类（Class）是具有相同属性的事物的集合，是一个整体概念，也是创建对象实例的模板，而对象则是类的实例化。例如，"学生"是一个抽象的类，是一个整体概念，我们把"学生"看成一个类，而一个具体的学生，如"张三"、"李四"等，就是这个类的实例，也是"学生"类的"具体"对象，因为他们的某些特征是可以相互区分的。

类与对象是面向对象程序设计语言的基础，类是从相同类型的对象中抽象出来的一种"数据类型"，它是对所有具有相同性质的对象的抽象，类的构成不仅包含描述对象属性的数据，还有对这些数据进行操作的事件代码，即对象的行为（或操作），类的属性和行为是封装在一起的，所谓的"封装"是指对用户是隐蔽的，仅通过可控的接口与外界交互。而对象则是类的实例化的结果。

Visual Basic 系统将类分为两种：容器类和控件类。

容器类：可以容纳其他对象，并允许访问其所包含的对象。

控件类：不能容纳其他对象，由控件类实例化的对象是不能单独使用和修改的，它只能作为容器类中的一个元素，通过容器类来创造、修改和使用。

下面以"汽车"为例，说明类与对象的关系。

汽车是一个笼统的名称，是整体概念，我们把汽车看成一个"类"，一辆辆具体的汽车（如你的汽车、我的汽车）是这个类的实例，是属于这个类的对象。

严格地说，工具箱的各种控件并不是对象，而是代表了各个不同的类。通过类的实例化，可以得到真正的对象。当在窗体上放置一个控件时，就将类转换为对象，即创建了一个控件对象，简称为控件。

例如，图 2.1 中左边工具箱上凸起的矩形块即 命令按钮，代表 CommandButton 类，它确定了 CommandButton 的属性、方法和事件。窗体上显示的是两个 CommandButton 对象，是类的实例化，它们继承了 CommandButton 类的特征，也可以根据需要修改各自的属性，如字体、颜色、大小等。

图 2.1　Visual Basic 中的类与对象

2.1.2　属性

从面向对象的观点来看，所有面向对象的应用程序都是由一个一个的对象来组成的，也就是说，对象是面向对象的应用程序的基本组成单位，它是由一组属性和一组行为构成。

对象中的数据保存在属性中。属性是用来描述和反映对象静态特征的参数。属性不仅决定了对象的外观，也决定了对象的行为。例如，"控件名称"（Name）、"颜色"（Color）及"是否可见"（Visible）等属性决定了对象展现给用户的界面具有什么样的外观及功能。不同的对象具有不同的属性，如命令按钮有"Caption"属性而无"Text"属性，文本框无"Caption"属性而有"Text"属性。

在设计应用程序时，通过改变对象的属性值来改变对象的外观和行为。对象属性的设置可以通过以下两种方法来实现。

（1）在设计阶段，利用属性窗口直接设置对象的属性。

（2）在程序代码中通过赋值语句设置对象的属性，其格式为：

对象名.属性名=属性值

例如，给一个对象名为"Lable1"的标签的"Caption"属性赋值为字符串"我的 VB 程序"，在程序代码中的书写格式为：

Lable1.Caption="我的 VB 程序"

2.1.3　事件及事件过程

1．事件

事件即对象可以识别和响应的某些行为和动作。每个对象都有一系列预先定义好的对象事件，如鼠标单击（Click）、双击（DblClick），对象失去焦点（LostFocus）、获取焦点（GetFocus）等。

对象与对象之间、对象与系统之间及对象与程序之间的通信都是通过事件来进行的。例如窗体上有一个名为"CmdOK"的命令按钮对象，当鼠标在该对象上单击时，系统跟踪到指针所指的对象上，并给该对象发送一个 Click 事件，系统则执行这个代码所描述的过程。执行结束后，控制权交还给系统，并等待下一个事件。

通常，一个对象可以识别和响应一个或多个事件。

2. 事件过程

事件过程是指附在该对象上的程序代码，是事件的处理程序，用来完成事件发生后所要做的动作。当用 Visual Basic 创建一个应用程序，实际上开始了事件驱动方式编程的工作，即通过"事件过程"来定义事件的代码，所有事件代码将会在用户与应用程序交互时，或在对象间"消息"传递时，或在系统传递"消息"时被执行。

事件过程定义语句格式：

```
Private Sub 对象名_事件过程名[（参数列表）]
    …（事件过程代码）
End Sub
```

其中：

"对象名"指的是对象名称属性定义的标识符，这一属性只能在属性窗口中定义；

"事件过程名"是 Visual Basic 系统定义好的一组能够被对象识别和响应的事件；

"事件过程代码"是 Visual Basic 系统提供的操作语句及特定的方法。

在 Visual Basic 系统中，一个对象可以识别和响应一个或多个事件。多数情况下，事件是通过用户的操作行为引发的（如单击控件、移动鼠标、按下键盘等），一旦事件发生，将执行包含在事件过程中的代码。

例如，对于窗体的单击事件编写了如下代码，当程序运行后，单击窗体，即在窗体中打印输出两个数据之和。

```
Private Sub Form_Click()
    Dim X As Integer, Y As Integer, Z As Integer   ' 定义变量
    X = 20: Y = 30
    Z = X + Y
    Print "Z=": Z                               '打印输出
End Sub
```

例如，单击名为"cmdHide"的命令按钮，使命令按钮变为不可见，则对应的事件过程如下：

```
Private Sub cmdHide_Click()
        CmdHide.Visible=False
End Sub
```

Visual Basic 具有可视化的编程机制，在程序设计时，可按要求"画"出各种对象来设计图形用户界面，程序员只需编写各对象要完成相应功能的程序。实际上，在图形用户界面的应用程序中，是由用户的动作即事件控制着程序运行的流向，每个事件都能驱动一段程序的运行。程序员只需编写响应用户动作的代码，而各个动作之间不一定有联系。这样的应用程序代码一般较短，程序既易于编写，又易于维护。这种事件驱动的编程机制是非常适合图形用户界面的编程方式，是 Visual Basic 的一个突出特点。

2.1.4　方法

方法是面向对象程序设计语言为编程者提供的用来完成特定操作的过程和函数。在 Visual

Basic 中已将一些通用的过程和函数编写好，并封装起来，作为方法供用户直接调用，这给用户的编程带来了极大的方便。因为方法是面向对象的，所以在调用时一定要指明对象。对象方法的调用格式为：

[对象.]方法[参数名表]

其中，若省略了对象，表示是当前对象，一般指窗体。

例如，在窗体 Form1 上打印输出"VB 程序设计"，可使用窗体的 Print 方法：

Form1.Print " VB 程序设计"

若当前窗体是 Form1，则可改写为：Print " VB 程序设计"。

在 Visual Basic 中，窗体和控件是具有自己的属性、方法和事件的对象。可以把属性看作对象的性质，把方法看作对象的动作，而把事件看作对象的响应。

举个日常生活中简单的例子，有助于理解这些抽象的概念。例如你对同伴说："请把那辆蓝色的别克 2000 型轿车开过来"，其实这句话里就包含了 Visual Basic 的对象、属性和方法，其中对象就是那辆"轿车"，也就是这件事情中的目标物；"蓝色"、"别克 2000 型"是用来描述轿车特征的，它就是轿车的属性；"开过来"就是对轿车实施的处理，即方法。

2.2　窗体的常用属性、事件和方法

窗体（Form）也就是平时所说的窗口，就是呈现于计算机屏幕上的各种"工作窗口"，或者说在 Windows 应用程序中的大多数工作窗口都是窗体。它是 Visual Basic 编程中最常见的对象，是程序设计的基础，也是构成程序的核心。窗体是所有控件的容器及载体，各种控件对象必须建立在窗体上，一个窗体对应一个窗体模块。

窗体同样也是对象的一种，本节将介绍窗体的常用属性、事件和方法。

2.2.1　属性

窗体属性决定了窗体的外观与操作。同 Windows 环境下的应用程序窗口一样，Visual Basic 中的窗体在默认设置下具有控制菜单、标题、"最大化/还原"按钮、"最小化"按钮、"关闭"按钮、边框等，如图 2.2 所示。

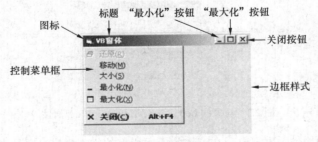

图 2.2　窗体外观

窗体的许多属性既可以通过属性窗口设置，也可以在程序中设置。有些属性（如 MaxButton、BorderStyle 等会影响窗体外观的属性）只能在设计状态设置。有些属性（如 CurrentX、CurrentY 等属性）只能在运行期间设置。

1. 窗体的基本属性

窗体的基本属性有 Name, Caption, Left, Top, Height, Width, Visible, Enabled, Font, ForeColor, Backcolor 等。在 Visual Basic 中的大多数控件基本上都有这些属性。

（1）Name 属性。Visual Basic 中任何对象都有 Name 属性，在程序代码中就是通过该属性来引用、操作具体对象的。

首次在工程中添加窗体时，该窗体的名称被默认为 Form1；添加第 2 个窗体，其名称被默认为 Form2，依此类推。最好给 Name 属性设置一个有实际意义的名称，如给一个程序的主控窗体命名为"MainFrm"。这样在程序代码中的意义就很清楚，也会增强程序的可读性。

（2）Left、Top 属性。窗体运行在屏幕中，屏幕是窗体的容器，因此窗体的 Left、Top 属性值是相对屏幕左上角的坐标值。对于控件，Left、Top 属性值则是相对"容器"左上角的坐标值，其默认单位是 twip。

1twip=1/20 点=1/1440 英寸=1/567 厘米

（3）Height、Width 属性。返回或设置对象的高度和宽度。对于窗体，指的是窗口的高度和宽度，包括边框和标题栏，是用来确定窗体自身的大小。

屏幕（Screen）、窗体（Form1）和命令按钮（OK）的 Left、Top 、Height、Width 属性表示如图 2.3 所示，读者要注意，Left、Top 属性值是相对"容器"左上角的坐标值。在 Visual Basic 中，除了屏幕、窗体可作为"容器"外，还有框架和图片框对象可作为"容器"。

【例 2.1】在窗体 Form1 被加载时，将其大小设置为屏幕大小的 50%，并居中显示。通过窗体的 Load 事件来实现的程序代码如下。

```
Private Sub Form_Load ()
    Form1.Width = Screen.Width * .5              ' 设置窗体的宽度
    Form1.Height = Screen.Height * .5            ' 设置窗体的高度
    ' 在水平方向上居中显示
    Form1.Left = (Screen.Width - Form1.Width) / 2
    ' 在垂直方向上居中显示
    Form1.Top = (Screen.Height - Form1.Height) / 2
End Sub
```

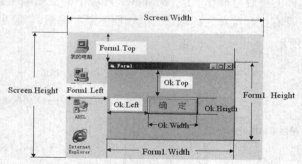

图 2.3　对象的 Left、Top、Height、Width 属性

（4）Caption 标题属性。决定出现在窗体的标题栏上的文本内容，也是当窗体被最小化后出现在窗体图标上的文本。图 2.2 中窗体的 Caption 属性值是"VB 窗体"，而图 2.3 中窗体的 Caption 属性值是"form1"(默认值)。

（5）字体 Font 属性组。

FontName 属性是字符型，决定对象上正文的字体（默认为宋体）。

FontSize 属性是整型，决定对象上正文的字体大小。

FontBold 属性是逻辑型，决定对象上正文是否是粗体。

FontItalic 属性是逻辑型，决定对象上正文是否是斜体。

FontStrikeThru 属性是逻辑型，决定对象上正文是否加删除线。

FontUnderLine 属性是逻辑型，决定对象上正文是否带下划线。

● FontName 属性。返回或设置对象中显示文本所用的字体。该属性的默认值取决于系统，Visual Basic 中可用的字体取决于系统的配置、显示设备和打印设备。与字体相关的属性只能设置为真正存在的字体的值。

● FontSize 属性。返回或设置对象中显示文本所用的字体大小。Visual Basic 中以磅为单位指定字体尺寸。

● FontBold，FontItalic，FontStrikethru，FontUnderline 属性。按下述格式返回或设置字体样式：**Bold**，*Italic*，~~Strikethru~~和 U̲n̲d̲e̲r̲l̲i̲n̲e̲。对于图片框控件、窗体和打印机（Printer）对象，设置这些属性不会影响在控件或对象上已经绘出的图片和文本；对于其他控件，改变字体将会在屏幕上立刻生效。

（6）Enabled 属性。用于确定一个窗体或控件是否能够对用户产生的事件作出反应。通过在运行时把 Enabled 属性设置为 True 或 False，来使窗体和控件成为有效或无效。

如果使窗体或其他"容器"对象无效，则其所包含的所有控件也将无效。

【例 2.2】在下面的程序中，当文本框 Text1 不包含任何文本时，使命令按钮 Command 无效。

```
Private Sub Text1_Change ()
    If  Text1.Text = "" Then         ' 查看文本框是否为空
        Command1.Enabled = False     ' 使按钮无效
    Else
        Command1.Enabled = True      ' 使按钮有效
    End If
End Sub
```

（7）Visible 属性。用于确定一个窗体或控件为可见或隐藏。要在启动时隐藏一个对象，可在设计时将 Visible 属性设置为 False，也可在代码中设置该属性，使控件在运行时隐藏。

（8）BackColor 属性和 ForeColor 属性。BackColor 属性用于返回或设置对象的背景颜色，ForeColor 属性用于返回或设置在对象里显示图片和文本的前景颜色。它们是十六进制长整型数据，在 Visual Basic 中通常用 Windows 运行环境的红—绿—蓝（RGB）颜色方案，使用调色板或在代码中使用 RGB 或 QBColor 函数指定标准 RGB 颜色。

例如，将窗体 Form1 的背景色设置为红色，则可使用：

```
Form1.BackColor = RGB(255, 0, 0)
```

也可用十六进制长整型数据或 Visual Basic 系统内部常量给 BackColor 属性赋值。例如：

```
Form1.BackColor = &HFF&
```

它等价于：

```
Form1.BackColor = vbRed
```

2．窗体的其他常用属性

（1）MaxButton 最大化按钮和 MinButton 最小化按钮。当值为 True 时，有最大或最小化按钮；

值为 False，则无此按钮。

（2）Icon 控制图标属性。返回或设置窗体左上角显示的图标或最小化时显示的图标。它必须在 ControlBox 属性设置为 True 才有效。默认设置的图标是 ，单击属性窗口中 Icon 属性值后面的按钮，打开"加载图标"对话框，允许打开一个图标文件（*.Ico 和*.Cur）作为这个属性的值，如图 2.4 所示。

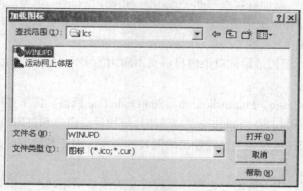

图 2.4　加载图标

（3）ControlBox 控制菜单栏属性。如设置值为 True，则有控制菜单；如设置为 False，则无控件菜单，同时即使 MaxButton 属性和 MinButton 属性均设置为 True，窗体也无最大化按钮和最小化按钮。

（4）Picture 图片属性。设置窗体中要显示的图片。加载图片的操作同加载 Icon 控制图标的操作。

（5）BorderStyle 边框风格属性。通过改变 BorderStyle 属性，可以控制窗体如何调整大小，它可取 6 种值，如表 2.1 所示。

表 2.1　　　　　　　　　　　　窗体对象 BorderStyle 属性的取值及意义

属性值		意义
数值	系统常量	
0	VbBSNone	无（没有边框或与边框相关的元素）
1	VbFixedSingle	固定单边框。可以包含控制菜单栏、标题栏、"最大化"按钮和"最小化"按钮。只有使用"最大化"和"最小化"按钮才能改变窗体大小
2	VbSizable	（默认值）可调整大小的边框
3	VbFixedDoubleialog	固定对话框。可以包含控制菜单栏和标题栏，不包含"最大化"按钮和"最小化"按钮，不能改变窗体尺寸
4	VbFixedToolWindow	固定工具窗口。不能改变窗体尺寸，显示"关闭"按钮，并用缩小的字体显示标题栏，窗体不在任务栏中显示
5	VbSizableToolWindow	可变尺寸工具窗口。可以改变窗体大小，显示"关闭"按钮，并用缩小的字体显示标题栏，窗体不在任务栏中显示

（6）WindowsState 属性。设置窗体运行的状态，它可取 3 个值，对应于 3 个状态，如表 2.2 所示。

表 2.2 WindowsState 属性的取值

属性值		说明
数值	系统常量	
0	VbNormal	正常窗口状态，有窗口边界
1	vbMinimized	最小化状态，以图标方式运行
2	vbMaximized	最大化状态，无边框，充满整个屏幕

（7）AutoRedraw 属性。该属性决定窗体被隐藏或被另一窗口覆盖之后重新显示时，是否重新还原该窗体被隐藏或覆盖以前的画面，即是否重画如 Circle，Line，Pset 和 Print 等方法的输出。当为 True 时，重新还原该窗体以前的画面；当为 False 时，则不重画。

在窗体 Load 事件中，如果要使用 Print 方法在窗体上打印输出，就必须先将窗体的 AutoRedraw 属性设置为 True，否则窗体启动后将没有输出结果。这是因为窗体是在 Load 事件执行完后才显示的。

读者一下子要记住这些属性是有一定困难的；要熟悉并应用这些窗体属性，最好的办法是上机实践，在"属性"窗口中更改窗体的一些属性，然后运行该应用程序，并观察修改后的效果。如果想得到关于每个属性的详细信息，可以选择该属性，并按 F1 键查看联机帮助。

2.2.2　事件

窗体事件是窗体识别的动作。与窗体有关的事件较多，Visual Basic 6.0 中有 30 多个，但平时在编程序时，并不需要对所有事件都编写代码，读者只需掌握一些常用事件，了解这些事件的触发机制即可。下面介绍几个常用的窗体事件。

1．Click 事件

在程序运行时单击窗体内的某个位置，Visual Basic 将调用窗体 Click 事件。如果单击的是窗体内的控件，则调用的是相应控件的 Click 事件。

2．DblClick 事件

程序运行时双击窗体内的某个位置，就触发了两个事件：第 1 次按鼠标时，触发 Click 事件；第 2 次按鼠标时，产生 DblClick 事件。

3．Load 事件

程序运行时，窗体被装入工作区，将触发它的 Load 事件，所以该事件通常用来在启动应用程序时对属性和变量初始化。

4．Unload 事件

卸载窗体时触发该事件。

5．Resize 事件

无论是用户交互，还是通过代码调整窗体的大小，都会触发一个 Resize 事件。

例如，可在窗体的 Resize 事件中编写如下代码，使窗体在调整大小时，始终位于窗体的正中：

```
Private Sub Form_Resize()
    Form1.Left = Screen.Width / 2 - Form1.Width / 2
    Form1.Top = Screen.Height / 2 - Form1.Height / 2
End Sub
```

上面程序中 Screen 是系统屏幕对象。

2.2.3 方法

窗体常用的方法有 Print（打印输出）、Cls（清除）、Move（移动）、Show（显示）、Hide（隐藏）等。

1. Print 方法

Print 方法以当前所设置的前景色和字体在窗体上输出文本字符串。Print 方法的调用格式为：

```
[<对象名>].Print  [｛Spc(n)|Tab(n)｝  表达式列表]
```

对象名：可以是窗体、图片框的 Name 属性所定义的名称标识。在立即窗口可省略[<对象名>]或写"Debug"。在窗体中，若省略对象名，则表示在当前窗体上输出。

Spc(n)：内部函数，用于在输出表达式前插入 n 个空格，允许重复使用。

Tab(n)：内部函数，用于将指定表达式的值从窗体第 n 列开始输出，允许重复使用。

Spc 和 Tab 函数的作用类似，可以互相替代。其区别在于，Tab 函数从对象的左端开始计数，而 Spc 函数表示两个输出项之间的间隔。

表达式列表：是由一个或多个数值或字符类型的表达式组成，若省略表达式列表，则只在当前位置输出一个空行。当表达式列表由多个表达式组成时，表达式之间必须用空格、分号或逗号隔开，空格和分号等价。分号和逗号用来决定下一个表达式在窗体上显示的光标位置，分号为紧凑格式，即光标定位在上一个显示字符之后；逗号为标准格式，即光标定位在下一个打印区的开始位置，每隔 14 列为一个打印区的开始位置。

【例 2.3】在窗体 Form1 的单击事件中写入如下代码。

```
Private Sub Form_Click()
    a = 10: b = 3.14
    Print "a="; a, "b="; b
    Print "a="; a, "b="; b
    Print "a="; a, "b="; b
    Print                           ' 空一行
    Print "a="; a, "b="; b
    Print "a="; a, Tab(18); "b="; b     ' 从第 18 列开始打印输出 b=
    Print "a="; a, Spc(18); "b="; b     ' 输出 a 值后，插入 18 个空后，输出 b=
    Print                           ' 空一行
    Print "a="; a, "b="; b
    Print Tab(18); "a="; a, "b="; b     ' 从第 18 列开始打印输出
    Print Spc(18); "a="; a, "b="; b     ' 空 18 列，即从第 19 列开始打印输出
End Sub
```

程序的运行结果如图 2.5 所示。

2. Cls（清除）方法

Cls 方法用来清除运行时在窗体上显示的文本或图形。它的调用格式为：

```
窗体名.Cls
```

Cls 只能清除运行时在窗体上显示的文本或图形，而不能清除窗体设计时的文本或图形，当使用 C1s 方法后，窗体的当前坐标属性 CurrentX 和 CurrentY 被设置为 0。

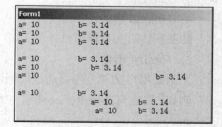

图 2.5　Print 方法的使用

3. Move（移动）方法

Move 方法用来在屏幕上移动窗体。它的调用格式如下。

```
窗体名.Move  Left[,Top[,Width[,Height]]]
```

其中，Left、Top、Width、Height 均为单精度数值型数据，分别用来表示窗体相对于屏幕左边缘的水平坐标、相对于屏幕顶部的垂直坐标、窗体的新宽度和新高度。

Move 方法至少需要一个 Left 参数值，其余均可省略。如果要指定其余参数值，则必须按顺序依次给定前面的参数值，不能只指定 Width 值，而不指定 Left 和 Top 值，但允许只指定前面部分的参数，而省略后面部分。例如，允许只指定 Left 和 Top 值，而省略 Width 和 Height 值，此时窗体的宽度和高度在移动后保持不变。

【例 2.4】使用 Move 方法移动一个窗体。双击窗体，窗体移动并定位在屏幕的左上角，同时窗体的长宽也缩小一半。

为了实现这一功能，可以在窗体 Forml 的"代码"窗口中输入下列代码。

```
Private Sub Form_DblClick()
    Form1.Move 0, 0, Form1.Width / 2, Form1.Height / 2
End Sub
```

4．Show（显示）方法

Show 方法用于在屏幕上显示一个窗体，使指定的窗体在屏幕上可见。调用 Show 方法与设置窗体 Visible 属性为 True 具有相同的效果。

其调用格式如下。

```
窗体名.Show  [vbModal | vbModeless]
```

说明：

（1）该方法有一个可选参数，它有两种可能的值：0（系统常量 VbModeless）或 1（系统常量 VbModal）。若未指定参数，则默认为 VbModeless。Show 方法的可选参数表示从当前窗口或对话框切换到其他窗口或对话框之前用户必须采取的动作。当参数为 VbModal 时，要求用户必须先关闭显示的窗口或对话框，才能在本应用程序中做其他操作，当参数为 VbModeless 时，用户可以不对显示的窗口或对话框进行操作，就可以在本应用程序中做其他操作。

（2）如果要显示的窗体事先未装入，该方法会自动装入该窗体再显示。

5．Hide（隐藏）方法

Hide 方法用于隐藏指定的窗体，但不从内存中删除窗体。其调用格式为：

```
窗体名.Hide
```

当一个窗体从屏幕上隐去时，其 Visible 属性被设置成 False，并且该窗体上的所有控件也被隐去，但对运行程序间的数据引用无影响。若要隐去的窗体没有装入，则 Hide 方法会装入该窗体但不显示。

下面是一个使用 Hide 和 Show 方法的例子。

【例 2.5】实现将指定的窗体在屏幕上进行显示或隐藏的切换。

为了实现这一功能，可以在窗体 Forml 的"代码"窗口中输入下列代码。

```
Private Sub Form_Click()
    Form1.Hide                              ' 隐藏窗体
    MsgBox  "单击确定按钮，使窗体重现屏幕"      ' 显示信息
    Forml.Show                              ' 重现窗体
End Sub
```

窗体还有 Line、Pset、Circle 和 Refresh 等方法。这些方法将在第 5 章图形操作中详细讨论。

2.3 命令按钮、标签、文本框

2.3.1 命令按钮（CommandButton）

在 Visual Basic 应用程序中，命令按钮是使用最多的控件之一，常常用它来接收用户的操作信息，激发某些事件，实现一个命令的启动、中断、结束等操作。

大多数 Visual Basic 应用程序中都有命令按钮，用户可以单击按钮来执行预定的操作。当命令按钮被单击时，该按钮不仅能执行相应的操作，而且看起来就像是被按下或松开一样，因此有时也称其为下压按钮。

命令按钮接收用户输入的命令可以有以下 3 种方式。

- 鼠标单击。
- 按 Tab 键焦点跳转到该按钮，再按 Enter 键。
- 使用快捷键（Alt+有下划线的字母）。

1. 基本属性

Name，Height，Width，Top，Left，Enabled，Visible，Font 等属性与在窗体中的属性相同。

2. 常用属性

在窗体上添加了命令按钮后，就可对它进行属性设置。命令按钮和窗体类似，也有其自身的属性。在程序设计中，常用属性主要有以下几种。

（1）Caption 属性。该属性用于设置命令按钮上显示的文本。它既可以在属性窗口中设置，也可以在程序运行时设置。在运行时设置 Caption 属性，将动态更新按钮文本。Caption 属性最多包含 255 个字符。若标题超过了命令按钮的宽度，文本将会折到下一行。如果内容超过 255 个字符，则超出部分被截去。

可通过 Caption 属性创建命令按钮的访问键快捷方式，其方法是在作为快捷访问键的字母前添加一个连字符（ & ）。例如，为标题为"Print"的命令按钮创建快捷访问键"Alt+P"，则该命令按钮的 Caption 属性应设为"&Print"。运行时，字母 P 将带下划线，按"Alt+P"快捷键就可选定命令按钮。

（2）Default 和 Cancel 属性。通常，在一组按钮中，对于"确定"和"取消"操作的按钮，Windows 应用程序使用 Enter 键和 Esc 键来进行选择。Visual Basic 通过对命令按钮这两种属性的设置来实现这一功能。

指定一个默认命令按钮，应将其 Default 属性设置为 True。只要用户按 Enter 键，就相当于单击此默认命令按钮。同样，通过 Cancel 属性可以指定默认的取消按钮。在把命令按钮的 Cancel 属性设置为 True 后，按 Esc 键，就相当于单击此默认按钮。

 一个窗体只能有一个命令按钮的 Default 属性设置为 True，也只能有一个命令按钮的 Cancel 属性设置为 True。

（3）Value 属性。在程序代码中也可以触发命令按钮，使之在程序运行时自动按下；只需将该按钮的 Value 属性设置为 True，即可触发命令按钮的 Click 事件，执行命令按钮的 Click 事件过程。

（4）Style 属性。确定显示的形式，设置为 0 只能显示文字，设置为 1 则文字、图形均可显示。

（5）Picture 属性。使按钮可显示图片文件（.bmp 和.ico），此属性只有当 Style 属性值设为 1 时才有效。

（6）ToolTipText 属性。凡是使用过 Windows 应用软件的用户都非常熟悉这种情况，当不是十分清楚软件中某些图标按钮的作用时，可以把光标移到这个图标按钮上，停留片刻，在这个图标按钮的下方就立即显示一个简短的文字提示行，说明这个图标按钮的作用，当把光标移开后，提示行立刻消失。命令按钮的 ToolTipText 属性即可实现这一功能，在运行或设计时，只需将该项属性设置为需要的提示行文本即可。

例如，在命令按钮的属性窗口，将一命令按钮的 Caption 属性设置为"取消"，FontSize 设置为 18 磅，Style 属性值设为 1，给 Picture 属性加载一图形（*.bmp 或*.gif）文件，ToolTipText 属性值设置为"单击此命令按钮可取消以前操作"。程序运行后，将鼠标指针移动到命令按钮上的情况如图 2.6 所示。

图 2.6　命令按钮属性设置

3. 常用方法

在程序代码中，通过调用命令按钮的方法来实现与命令按钮相关的功能。与命令按钮相关的常用方法主要有以下两种。

（1）Move 方法。该方法的使用与窗体中的 Move 方法一样。Visual Basic 系统中的所有可视控件都有该方法，不同的是窗体的移动是对屏幕而言，而控件的移动则是相对其"容器"对象而言。

（2）SetFocus 方法。该方法设置指定的命令按钮获得焦点。一旦使用 SetFocus 方法，用户的输入（如按 Enter 键）被立即引导到成为焦点的按钮上。使用该方法之前，必须要保证命令按钮当前处于可见和可用状态，即其 Visible 和 Enabled 属性应设置为 True。

4. 常用事件

对命令按钮控件来说，Click 事件是最重要的触发方式。单击命令按钮时，将触发 Click 事件，并调用和执行已写入 Click 事件中的代码。多数情况下，主要是针对该事件过程来编写代码。

2.3.2　标签控件（Label）

标签控件是用来显示文本的控件，该控件和文本框控件都是专门对文本进行处理的控件，但标签控件没有文本输入的功能，且其所显示的文本信息不能被编辑，一般用于在窗体上进行文字说明。

标签控件在界面设计中的用途十分广泛，它主要用来标注和显示提示信息，通常是标识那些本身不具有标题（Caption）属性的控件。例如，可用 Label 控件为文本框、列表框、组合框的控件添加描述性的文字，或者用来显示如处理结果、事件进程等信息。

既可以在设计时通过属性窗口设定标签控件显示的内容，也可以在程序运行时通过代码改变控件显示的内容。

1. 基本属性

Name、Height、Width、Top、Left、Enabled、Visible、Font、ForeColor、BackColor 等属性与在窗体中的使用相同。

2. 常用属性

（1）Caption 属性。Caption 属性用来设置 Label 控件中显示的文本。Caption 属性允许文本的长度最多为 1024 字符。默认情况下，当文本超过控件宽度时，文本会自动换行，而当文本超过控件高度时，超出部分将被裁剪掉。

（2）Alignment 属性。用于设置 Caption 属性中文本的对齐方式，共有 3 种可选值：值为 0 时，左对齐（Left Justify）；值为 1 时，右对齐（Right Justify）；值为 2 时，居中对齐（Center Justify）。

（3）BackStyle 属性。该属性用于确定标签的背景是否透明。有两种情况可选：值为 0 时，表示背景透明，标签后的背景和图形可见；值为 1 时，表示不透明，标签后的背景和图形不可见。

（4）AutoSize 和 WordWrap 属性。AutoSize 属性确定标签是否会随标题内容的多少自动变化。如果值为 True，则随 Caption 内容的多少自动调整控件本身的大小，且不换行；如果值为 False，表示标签的尺寸不能自动调整，超出尺寸范围的内容不予显示。

Wordwrap 属性用来设置当标签在水平方向上不能容纳标签中的文本时是否折行显示文本。当其值为 True 时，表示文本折行显示，标签在垂直方向上放大或缩小以适合文本的大小，标签水平方向的宽度保持不变；其值为 False 时，表示文本不换行。

这两个属性主要用来确定文本如何在标签中显示。有时候，标签中的文字内容会动态地变化，此时，若想保持标签水平方向的长度不变，应同时使 Wordwrap 和 AutoSize 属性为 True；若仅仅希望在水平方向上改变标签的大小，只需将 AutoSize 属性设为 True，而 Wordwrap 属性保持为 False 即可。

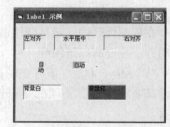

图 2.7　标签框的常用属性设置的效果

【例 2.6】在窗体上，放置 5 个标签，其名称使用默认值 Label1～Label7，它们的高度与宽度相同，在属性窗口中按表 2.3 所示设置它们的属性，运行后的界面如图 2.7 所示。

表 2.3　　　　　　　　　　　　　　标签控件的属性设置

对象	属性（属性值）	属性（属性值）
Label1	Caption（"左对齐"）	Alignment（0），BorderStyle（1）
Label2	Caption（"水平居中"）	Alignment（2），BorderStyle（1）
Label3	Caption（"右对齐"）	Alignment（1），BorderStyle（1）
Label4	Caption（"自动"）	AutoSize（True），WordWarp（False），BorderStyle（1）
Label5	Caption（"自动"）	AutoSize（True），WordWarp（True），BorderStyle（0）
Label6	Caption（"背景白"）	BackColor（&H00FFFFFF&），BorderStyle（0）
Label7	Caption（"前景红"）	ForeColor（&H000000FF&），BorderStyle（0）

2.3.3　文本框控件（TextBox）

文本框控件有时也称作编辑字段或者编辑控件。文本框控件有两个作用，一是用于显示用户输入的信息，作为接收用户输入数据的接口；二是在设计或运行时，通过对控件的 Text 属性赋值，作为信息输出的对象。

利用文本框控件可以设计一个简易的文本编辑器，它可以提供最基本的文字处理功能，如长文本的滚动浏览、文本的选择与剪贴等。

1. 基本属性

Name、Height、Width、Top、Left、Enabled、Visible、Font、ForeColor、BackColor 等属性与在标签控件的使用相同。

2．常用属性

（1）Text 属性。该属性是文本框控件的主要属性，其值就是文本框控件内显示的内容。当程序运行时，用户可以通过键盘输入文本信息，保存在 Text 属性中，也可以用赋值语句来改变 Text 属性的值。通常，Text 属性所包含字符串中字符的个数不超过 2048 个。

（2）MultiLine 属性。通常，文本框中的文本只能够单行输入，当输入的字符串的长度超过文本框的宽度时，便无法完整地显示文本内容。MultiLine 属性的设置便可以实现多行文本的显示。默认时，MultiLine 属性为 False，表示只允许单行输入；当把 MultiLine 属性设为 True 时，表示允许多行输入，当文本长度超过文本框宽度时，文本内容会自动换行。因此，允许输入的字符个数也会增加。

（3）ScrollBars 属性。当文本框的 MultiLine 属性为 True 时，仍可能出现文本框无法完全显示文本内容的情况，ScrollBars 属性为浏览文本提供了解决方法。ScrollBars 属性指定是否在文本框中添加水平和垂直滚动条，它有如下 4 种取值。

0-None：无滚动条。

1-Horizontal：水平滚动条。

2-Vertical：垂直滚动条。

3-Both：水平和垂直滚动条同时存在。

　　　　　ScrollBars 属性生效的前提是 MultiLine 属性必须为 True。一旦设置 ScrollBars 属性为非零值，文本框中的自动换行功能将消失，要使文本能在文本框中换行，必须键入回车键。

（4）MaxLength 属性。该属性用于设置在文本框中所允许输入的最大字符数，默认值为 0，表示无字符数限制，若给该属性赋一个具体的值，该数值就作为文本的长度限制；当输入的字符数超过设定值时，文本框将不接受超出部分的字符，并发出警告声。

（5）PassWordChar 属性。设置 PassWordChar 属性为了设置掩盖文本框中输入的字符的掩码。若 PassWordChar 的属性值为"*"，则无论用户在文本框中输入什么内容，文本框中只显示用户设置替代的字符，显示形式为 ｜**********｜。如要恢复文本在文本框中的正常显示，只需将该属性设置为空串。

　　　　　PassWordChar 属性的设置不会影响 Text 属性的内容，它只会影响 Text 属性在文本框中的显示方式；当 Multiline 属性为 True 时，PassWordChar 属性失效。

（6）Locked 属性。该属性设置文本框的内容是否允许编辑。如果 Locked 属性为 True，则文本框中的文本即为只读文本，这时和标签控件类似，文本框只能用于显示，不能进行输入和编辑操作。

3．常用事件

（1）Change 事件。当用户在文本框中输入新的信息或在程序运行时将文本框的 Text 属性设置为新值时，触发该事件。用户每向文本框输入一个字符就引发一次该事件，因此，Change 事件常用于对输入字符类型的实时检测。

（2）LostFocus 事件。当文本框失去焦点时，便触发该事件。通常，可用该事件来检查文本框中用户输入的内容。

（3）KeyPress 事件。当进行文本输入时，每一次键盘输入，都将使文本框接收一个 ASCII 码字符，发生一次 KeyPress 事件，因此，通过该事件对某些特殊键（如回车键和 Esc 键等）进行处理是十分有效的。

2.4　Visual Basic 程序的组成及工作方式

2.4.1　Visual Basic 应用程序的组成

在 Visual Basic 开发应用程序中，会产生一系列的文件来保存应用程序的各种数据信息。这一系列的文件是由工程统一管理的。一个 Visual Basic 的应用程序也称为一个工程文件，其扩展名为.vbp，工程是用来管理构成应用程序的所有文件。工程文件一般主要由窗体文件（.frm）、标准模块文件（.bas）、类模块文件（.cls）组成，它们的关系如图 2.8 所示。

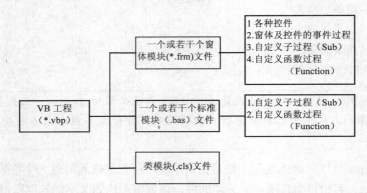

图 2.8　Visual Basic 应用程序中各文件的关系

说明：

（1）窗体文件。每个工程至少有一个窗体文件，也可有多个窗体文件。每个窗体文件（也称窗体模块）包含窗体本身的数据（属性）、方法和事件过程（即代码部分，其中有为响应特定事件而执行的指令）。窗体还包含控件，每个控件都有自己的属性、方法和事件过程集。除了窗体和各控件的事件过程，窗体模块还可包含通用过程，是用户自定义的子过程或函数过程。

（2）标准模块文件。标准模块是工程中共享的部分，包括工程中共享的通用过程和函数。如果一个过程可能用来响应几个不同对象中的事件，应该将这个过程放在标准模块中，而不必在每一个对象的事件过程中重复相同的代码，从而提高代码的重用性。

（3）类模块文件。类模块与窗体模块类似，只是没有可见的用户界面。可以使用类模块创建含有方法和属性代码的对象，这些对象可被应用程序内的过程调用。标准模块只包含代码，而类模块既包含代码又包含数据，可视为没有物理表示的控件。在 Visual Basic 中，类模块是对象编程的基础。类模块是可选项，在工程中可以默认。

除了上面的文件外，一个工程还包括以下几个附属文件，在工程资源管理窗口中查看或管理。

● 窗体的二进制数据文件（.frx）：如果窗体上控件的数据属性含有二进制属性（如图片或图标），当保存窗体文件时，就会自动产生同名的.frx 文件。这些文件是不可编辑的，都是自动生成的。

● 资源文件（.res）：包含不必重新编辑代码就可以改变的位图、字符串和其他数据，该文件是可选项。一个工程最多包含一个资源文件。

● ActiveX 控件的文件（.ocx）：ActiveX 控件也是一个对象，在 Visual Basic 6.0 中，不仅提供标准控件，还提供 ActiveX 控件。ActiveX 控件的文件是一段设计好的可以重复使用的程序代码和数据，可以添加到工具箱，并可像其他控件一样在窗体中使用，该文件是可选项。在一个工程中，可以没有 ActiveX 控件文件，也可以有一个或多个 ActiveX 控件文件。

2.4.2　Visual Basic 应用程序的工作原理

Visual Basic 应用程序采用的是以事件驱动应用程序的工作方式。

事件是窗体或控件所有识别的动作。Visual Basic 为每一个窗体和控件都预先定义一个事件集。在响应事件时，事件驱动应用程序执行相应事件的代码。如果其中有一个事件发生，并且在关联的事件过程中存在代码，Visual Basic 则调用并执行该代码。

尽管 Visual Basic 中的对象能自动识别预定义的事件集，但是每一个事件所要处理的内容则由用户编写代码实现。代码部分（即事件过程）与每个事件对应。若想让控件响应某一事件，则应把相关代码写入这个事件的事件过程之中。

虽然每一种控件对象均有其所能识别的事件集，但多数控件能识别同一类型的事件。例如，大多数对象都能识别 Click 事件，如果单击窗体，则执行窗体的单击事件过程中的代码；如果单击命令按钮，则执行命令按钮的 Click 事件过程中的代码。事件的名称可能一样，但其中所能实现的功能不同，故所对应的事件过程（即代码）也不一样。

下面是事件驱动应用程序中的典型工作方式。

（1）启动应用程序，装载和显示窗体。

（2）窗体（或窗体上的控件）接收事件。事件可由用户引发（如通过键盘或鼠标操作），可由系统引发（如定时器事件），也可由代码间接引发（如当代码装载窗体时的 Load 事件）。

（3）当某一事件被触发时，如果在相应的事件过程中已编写了相应的程序代码，则执行该代码。

（4）应用程序等待下一次事件。

有些事件伴随其他事件发生。例如，在 DblClick 事件发生时，Click、MouseDown 和 MouseUp 事件也会发生。

2.4.3　创建应用程序的步骤

创建 Visual Basic 应用程序一般有以下几个步骤。

（1）分析问题，确定目标。

（2）进行 Visual Basic 的集成开发环境。

（3）新建工程。创建一个应用程序首先要创建一个新的工程。

（4）创建应用程序界面。界面是应用程序与用户交互的桥梁，根据用户的功能需求，及用户与应用程序之间的信息交互的需要，确定界面上需要哪些控件，整体规划界面的布局。使用工具箱在窗体上放置所需控件。其中，窗体是用户进行界面设计时其他控件的容器，它是创建应用程序界面的基础。

（5）设置界面上各个控件对象的属性，通过这一步骤来改变对象的外观和行为。大多数控件的属性既可通过属性窗口设置，也可通过程序代码设置。

（6）对象事件过程的编程。界面仅仅决定应用程序的外观，若实现一些在接受外界信息后做出的响应、信息处理等功能，还需要通过编辑代码来完成。

（7）保存文件。一个 Visual Basic 应用程序就是一个工程文件，在该工程中包含若干个其他文件，包括窗体文件、类模块文件、标准模块文件等。因此，在运行调试程序之前，一般要先保存这些文件。

（8）程序运行与调试。测试所编程序，若运行结果有错或对用户界面不满意，可通过前面的步骤修改，继续测试，直到运行结果正确，用户满意为止，然后再次保存修改后的程序。

（9）生成可执行程序。为使应用程序可以脱离 Visual Basic 的运行环境，通过"文件"菜单中的"生成工程 1.exe"命令即可生成可执行文件（.exe 文件），此后该文件便可独立运行。

2.5 一个简单 Visual Basic 应用程序的创建实例

本节通过一个简单 Visual Basic 程序的建立与调试实例，向读者介绍 Visual Basic 应用程序的开发过程和 Visual Basic 集成开发环境的使用，使读者初步掌握 Visual Basic 程序的开发过程，理解 VB 程序的运行机制。读者可以通过上机，自己动手建立一个简单的 VB 程序。

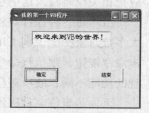

【例 2.7】设计一个简单的应用程序，在窗体上放置 1 个文本框、2 个命令按钮，用户界面如图 2.9 所示。程序功能是：当单击第 1 个命令按钮（Command1）"确定"时，在文本框中显示"欢迎来到 VB 的世界！"，当单击第 2 个按钮（Command2）"结束"时，应用程序结束。

图 2.9 程序运行界面

2.5.1 新建工程

启动 Visual Basic 6.0，将出现"新建工程"对话框，从中选择"标准 EXE"选项，单击"确定"按钮，即进入 Visual Basic 的"设计工作模式"，这时 Visual Basic 创建了一个带有单个窗体的新工程。系统默认工程为"工程 1"，如图 2.10 所示。

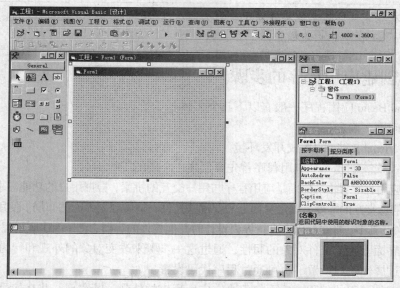

图 2.10 Visual Basic 6.0 的 IDE 设计工作模式

如果已在 Visual Basic 的集成开发环境中，则可单击文件菜单中的"新建工程"命令，从"新建工程"对话框中选定"标准 EXE"选项，单击"确定"按钮，同样可进入如图 2.10 所示的集成环境。

2.5.2　程序界面设计

1．在窗体上放置控件

在窗体上绘制文本框控件（TextBox）和命令按钮控件（Command）有两种方法。

（1）单击工具箱中的 TextBox 控件图标，则图案变亮且凹陷下去，此时鼠标变成十字形。把十字形的鼠标指针移动到设计窗体上面，选定适当位置按下鼠标左键拖动出一个矩形框，矩形框的右下角显示所拖动点的位置。如图 2.11 所示。

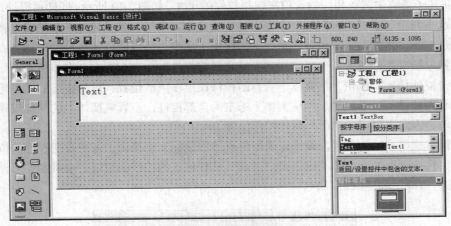

图 2.11　放入文本框后的设计界面

（2）双击工具箱中的 TextBox 控件图标，系统在窗体中央自动创建一个尺寸默认值的控件对象。

文本框控件的名称被系统自动命名为"Text1"，文本框的文本属性（"Text"属性）自动设为 Text1。

使用同样的方法在窗体上放置两个命令按钮，控件上默认显示为（控件的标题"Caption"属性）Command1 和 Command2，如图 2.12 所示。通过属性窗口可以看到系统默认控件名控件的"Name"属性为 Command1 和 Command2。

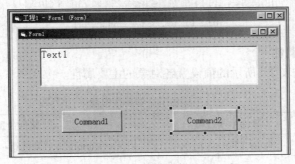

图 2.12　程序设计界面

2．调整控件的大小、位置和锁定控件

（1）调整控件的尺寸。单击要调整尺寸的控件，选定的控件上出现尺寸句柄。图 2.12 所示是

Command2 命令按钮被选中的情况。

　　将鼠标指针定位到尺寸句柄上，拖动该尺寸句柄直到控件达到所希望的大小为止。角上的尺寸句柄可以同时调整控件水平和垂直方向的大小，而边上的尺寸句柄可以调整控件一个方向的大小。如果选定了多个控件（要选定多个控件，可先按下 Ctrl 键或 Shift 键，再单击欲选择的控件），则不能使用此方法改变多个控件的大小，但可以用 Shift 键加光标移动键（→、←、↑、↓）来调整选定控件的尺寸大小。

　　（2）移动控件的位置。可用鼠标把窗体上的控件拖动到一个新位置，也可在"属性"窗口中通过改变控件对象的"Top"和"Left"属性的值实现。还可在选定控件后，用 Ctrl 键加光标移动键（→、←、↑、↓）每次移动控件一个网格单元。如果该网格关闭，控件每次移动一个像素。

　　（3）统一控件尺寸、间距和对齐方式。选定要进行操作的控件，选择"格式"→"统一尺寸"命令，并在其子菜单中选取相应的选项来统一控件的尺寸，如图 2.13 所示。同样可以通过选择"格式"→"水平间距"或"垂直间距"命令下的各子命令，来统一多个控件在水平或垂直方向上的布局。通过选择"格式"→"对齐"命令下的各项子命令，可以调整多个控件的对齐方式。

　　（4）锁定所有控件位置。选择"格式"→"锁定控件"命令，或在"窗体编辑器"工具栏上单击"锁定控件切换"按钮，把窗体上所有的控件锁定在当前位置，以防止已处于理想位置的控件因不小心而被移动。本操作只锁住窗体上选定的全部控件，不影响窗体上的其他控件。这是一个开关菜单，因此也可用此菜单来解锁控件位置。

　　（5）调节锁定控件的位置。被锁定的控件直接用鼠标无法移动，若想改变控件的位置，可按住 Ctrl 键，再按合适的光标移动键，可"微调"已获焦点的控件的位置，也可在"属性"窗口中改变控件的"Top"和"Left"属性。

图 2.13　统一选定控件的尺寸

3. 设置各对象的属性

由题意的要求，按表 2.4 所示的值设置各对象的主要属性。

表 2.4　　　　　　　　　　　　　　　　各对象的主要属性设置

对象	属性（属性值）	属性（属性值）
窗体	Name（Form1）	Caption（"我的第一个 VB 程序"）
文本框	Name（Text1）	Text（""）
命令按钮 1	Name（Command1）	Caption（"确定"）
命令按钮 2	Name（Command2）	Caption（"结束"）

例如,选中"Command2",再通过"属性"窗口来设置控件的属性,将"Command2"的"Caption"属性设置为"结束",如图 2.14 所示。也可以通过"属性"窗口来设置选中控件的大小("Width"和"Height"属性值)和在窗体上的位置("Left"和"Top"属性值),如图 2.15 所示。

图 2.14　设置"Caption"属性

图 2.15　设置"Left"属性

当所有控件的属性设置好后,Visual Basic 应用程序的界面也设置好了,可通过按 F5 键,选择"运行"→"启动"命令,或单击工具栏中的 ▶ 按钮,查看运行界面。本例运行后的界面如图 2.16 所示,但此时程序不能响应用户的操作,还需要编写相关事件的代码。

注意

有些对象系统本身已封装了某些操作,如窗体的"最大化"、"关闭"等操作。

图 2.16　程序运行最初界面

2.5.3　编写相关事件的代码

双击命令按钮进入代码编辑窗口编写程序代码。单击"选择对象"下拉列表框的下三角按钮 ⏷ ,从中选择"Command1"对象,再从"选择事件"下拉列表框中选择"Click"事件,则在代码窗口中会出现事件过程的框架,如图 2.17 所示。

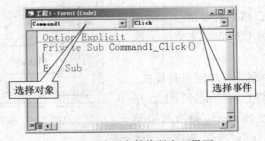

图 2.17　编写事件代码窗口界面

在命令按钮的单击事件中写入如下代码。

```
Private Sub Command1_Click()
Text1.FontSize=14                    '设置文本框中文本内容的字号
Text1.Text="欢迎来到VB的世界！"      '设置文本框内文本信息内容
End Sub

Private Sub Command2_Click()
End
End Sub
```

2.5.4　保存工程

选择"文件"→"工程保存"命令，或者直接单击工具栏上的"保存"按钮 ，Visual Basic
系统就会提示将所有内容保存，保存类型可为"类
模块文件"、"标准模块文件"、"窗体文件"、"工程
文件"等。对本例而言，保存包括"窗体文件
（*.frm）"和"工程文件（*.vbp）"。如果是第1次
保存文件，Visual Basic 系统会出现"文件另存为"
对话框，如图 2.18 所示，要求用户选择保存路径
和文件名。

如果不是第1次保存文件，则系统将直接以原
文件名保存工程中的所有文件。若要将更新后的工

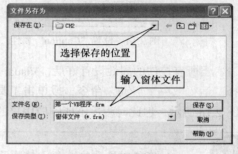

图 2.18　保存窗体文件

程以新的文件名保存，则可从文件菜单中选择"工程另存为"命令，同样将出现"文件另存为"
对话框，即可用新的文件名保存此工程文件。

本例将窗体以第一个VB程序.frm 文件名、工程以 test2_7.Vbp 文件名保存在 D:盘的"VB 练
习\CH2"文件夹中，如图 2.18 所示。

在运行程序之前，应先保存程序，以避免由于程序不正确造成死机时界面属性和程
序代码的丢失。程序正确运行后，还要将修改的有关文件保存到磁盘上。Visual Basic 系
统首先保存窗体文件和其他文件，最后才是工程文件。

2.5.5　运行、调试程序

选择"运行"→"启动"命令，按 F5 键或单击工具栏的 按钮，则进入运行状态，若程序
代码没有错，就得到如图 2.9 所示的界面；若程序代码有错，如将"Text1"错写成"Txet1"，则
出现如图 2.19 所示的信息提示框。

在此提示框中有以下 3 种选择。

若单击"结束"按钮，结束程序运行，回到
设计工作模式，此时可以从代码窗口去修改错误
的代码。

若单击"调试"按钮，则进入中断工作模式，
此时出现代码窗口，光标停在有错误的行上，并
用黄色显示错误行，如图 2.20 所示。修改其错误
后，按 F5 键或单击工具栏的 按钮，程序则继续运行。

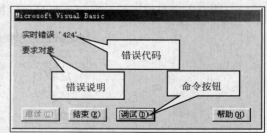

图 2.19　程序运行出错时的提示框

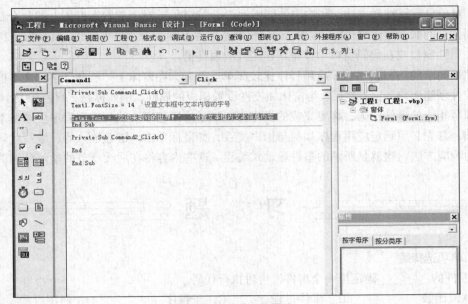

图 2.20　中断工作模式

单击"帮助"按钮，可获得系统的详细帮助。

运行调试程序，直到满意为止，再次保存修改后的程序。

2.5.6　生成可执行程序

VB 提供了两种运行程序的方式：解释执行方式和编译执行方式。一般调试程序就是解释执行方式，因为解释执行方式是边解释边执行，在运行中如果遇到错误，则自动返回代码窗口，并提示错误语句，使用比较方便。当程序调试运行正确后，今后要多次运行或要提供给其他用户使用该程序，就要将程序编译成可执行程序。

在 Visual Basic 集成开发环境下生成可执行文件的步骤如下。

（1）选择"文件"→"生成工程 1.exe"菜单命令（此处工程 1 为当前要生成可执行文件的工程文件名），系统弹出"生成工程"对话框。

（2）在"生成工程"对话框中选择生成可执行文件的路径并指定文件名。

（3）在"生成工程"对话框中单击"确定"按钮，即可编译和连接生成可执行文件。该文件可在脱离 Visual Basic 的环境下运行。

本章小结

本章主要讲述了面向对象的程序设计的基本概念，及 Visual Basic 的窗体对象及命令按钮、标签、文本框等基本控件的常用属性、方法、事件。然后通过一个简单的应用实例，介绍 Visual Basic 应用程序的生成过程。

学习完本章后，读者应掌握面向对象程序设计的基本概念；对象、对象的属性、对象的方法的概念；事件和事件过程的概念；Visual Basic 应用程序的工作机制等。

窗体和控件是任何 Windows 应用程序用户接口的基本元素。在 Visual Basic 中，这些元素称为对象。对象具有属性和方法，并响应外部事件。Visual Basic 对于放置在窗体上的每个新控件赋予默认属性。例如，默认的"Text"的 name 属性是控件名加一个序号（如 Text 1、Text 2 等）。用户可以在属性窗口或在代码窗口中设置新建控件的属性值。

　　创建最简单的 Visual Basic 应用程序比较简单。首先，在窗体上"绘制"诸如文本框和命令按钮等控件创建用户界面；然后，为窗体和控件设置相应的属性，例如标题、颜色和大小等的值；最后，编写相应的事件代码，将要完成的操作真正赋予应用程序。编写应用程序要求基本概念清晰，例如，首先必须确定应用程序如何与用户交互，如鼠标单击、键盘输入等，编写代码控制这些事件的响应方法，这就是所谓的事件驱动式编程。这些内容将在后续章节的学习分别讲解。

习　题

一、单项选择题

1. 控件的_____确定当一个事件发生时执行代码。

    A. 函数　　　　　　B. 事件过程　　　　C. 子程序　　　　　D. 通用过程

2. 放置控件到窗体中最迅速的方法是_____。

    A. 双击工具箱中的控件　　　　　　　B. 单击工具箱中的控件

    C. 拖动鼠标　　　　　　　　　　　　D. 单击工具箱中的控件并且拖动鼠标

3. 文本框没有_____属性。

    A. Enabled　　　　　B. Visible　　　　　C. BackColor　　　　D. Caption

4. 若要使命令按钮不可操作，要对_____属性设置。

    A. Enabled　　　　　B. Visible　　　　　C. BackColor　　　　D. Caption

5. 最适合做标题的控件是_____。

    A. 文件框　　　　　B. 标签　　　　　　C. 列表框　　　　　D. 命令按钮

6. 将命令按钮的_____属性设置为 True，当用户按下 ESC 键时，可以激发对应命令按钮的 Click 事件。

    A. Name　　　　　　B. Enable　　　　　C. Default　　　　　D. Cancel

7. 要使某控件在运行时不可显示，应对_____属性进行设置。

    A. Enabled　　　　　B. Visible　　　　　C. BackColor　　　　D. Caption

8. 要使窗体在运行时不可改变窗体的大小和没有"最大化"和"最小化"按钮，只要对下列_____属性设置即可。

    A. MaxButton　　　　B. Borderstyle　　　C. Width　　　　　　D. MinButton

9. 当运行程序时，系统自动执行启动窗体的_____事件过程。

    A. Load　　　　　　B. Click　　　　　　C. UnLoad　　　　　D. MinButton

10. 窗体 Form1 的名称属性为 frm，它的 Load 事件过程为_____。

    A. Form_Load　　　B. Form1_Load　　　C. frm_Load　　　　D. Me_Load

二、填空题

1. 在刚建立工程时，使窗体上的所有控件具有相同的字体格式，应对_____的属性进行设置。

2. 在 VB 中工程文件、窗体文件和模块文件的扩展名分别是_____、_____和_____。

3. 在文本框中，通过_____属性能获得当前插入点所在的位置。

4. VB 有 3 种工作模式，即_____、_____和_____。

5. 在窗体上已建立多个控件如 Text1，Labell，Command1，若要使程序一运行，焦点就定位在 Command1 控件上，应对 Command1 控件设置_____属性的值为_____。

6. Visual Basic 中可作为其他控件的容器，除窗体外，还有_____和_____控件。

7. 在文本框控件中，若允许文本框可以以多行方式显示输入文本，应将_____属性值设置为_____。

8. Form1.Show 的含义是_____。

9. 若要求输入密码时文本框中只显示*号，则应当在文本框的属性窗口中设置_____属性。

三、简答题

1. 什么是对象？什么是对象的属性、事件和方法？什么是对象的事件过程？

2. VB 程序开发的一般步骤和方法是怎样的？

3. 如何保存 VB 工程，保存工程时应注意什么问题？

4. 什么是窗体？窗体与窗口有什么区别？

5. Visual Basic 6.0 中控件有哪几种类型？各类控件有什么区别？

6. 标签和文本框控件在功能上的主要区别是什么？

7. Name 和 Caption 有什么区别？

8. Print 方法中引用“，”和“；”有什么不同的效果？

四、编程题

1. 设计一个窗体，显示距 2012 年伦敦奥运会开幕的天数，程序的运行结果如下图所示。

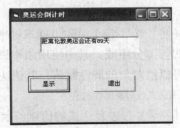

2. 设计一个窗体，实现两个文本框中的数据交换，程序的运行结果如下图所示。

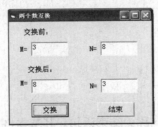

第 3 章
Visual Basic 语言基础

掌握程序设计语言，必须要掌握该语言的基本语法规则，然后结合该语言的流程控制语句才能正确进行编程。本章首先详细介绍了有关 VB 的基本语句、程序的书写规则、数据类型、常量、变量、表达式，然后配合大量实例，详细分析了 VB 的流程控制语句的使用方法。

3.1 VB 的语句及对书写的约定

3.1.1 VB 的语句

1. 赋值语句

语句是用于实现具体任务的一种指令，每个语句以回车键结束。VB 的程序代码由语句、表达式、函数以及函数或变量的声明等部分组成。其中使用频率最高的语句要算赋值语句，它除了在运行时可给变量赋值以外，还可以给对象的属性赋值，其语法较简单，使用格式为：

[Let]变量或对象的属性名称 = 表达式或对象属性的值

该语句的含义就是将赋值号（"="）右边表达式的值赋给赋值号左边的变量或者对象的某一属性。以下的语句均属于赋值语句。

```
Form1.Caption = "计算器"
X = Form1.Width
X2 = Command1.Width
Temp = X-X2
Command1.Left = Temp
```

2. 结束语句

用来结束一个程序的执行的语句称为结束语句。其基本格式为：

```
End
```

结束语句除用来结束程序外，在不同的环境下还有其他一些用途，包括如下几方面。

End Sub：结束一个 Sub 过程。

End Function：结束一个 Function 过程。

End If：结束一个 If 语句块。

End Type：结束记录类型的定义。

End Select：结束选择语句。

3.1.2　程序书写的约定

书写程序代码必须遵循该门语言的一些规则或约定，否则编写出的代码就不能被计算机正确识别、编译或运行。在 VB 中，编写程序代码应注意以下几方面的约定。

1. 程序的注释

为提高程序的可读性，程序员可使用注释来说明自己编写的某段代码的作用和功能，以后只要读到这些注释，就会想起当时编程的思路和方法。因此，在程序中适当使用注释是一个很好的习惯。

在 VB 中，可以使用注释语句 "Rem" 或注释符英文单引号 "'"，即以单引号作为注释文字的开头。注释符的功能是告诉 VB 在编译时忽略该符号后面的内容。

注释可以和语句处于同一行并写在语句的后面，这时只能使用注释符；也可单独占据一行或多行，若是多行，则每一行的开头都要加上注释语句或注释符。例如，可以使用注释语句对上面几条赋值语句进行说明，如下所示。

Rem 以下语句实现将命令按钮在窗体中水平居中：

或者使用注释符

```
' 以下语句实现将命令按钮在窗体中水平居中：
Form1.Caption = "计算器"        '将 Form1 窗口的标题设置为：计算器
X = Form1.Width                '获取窗体的宽度
X2 = Command1.Width            '获取命令按钮自身的宽度
Temp = X-X2                    '计算命令按钮水平居中后的左坐标值
Command1.Left = Temp          '将坐标值赋给命令钮对象的 Left 属性
```

2. 语句的断行

有时一条 VB 语句可能会很长，这给打印和阅读都带来了不便，此时可使用系统提供的续行符 "_"（一个空格紧跟一条下划线）将长语句分成多行表达。例如：

```
Public Declare Function FindWindowEx Lib "user32" Alias "FindWindowExA" _
(ByVal hWnd1 As Long, _
ByVal hWnd2 As Long, _
ByVal lpsz1 As String, _
ByVal lpsz2 As String) As Long
```

　　　　　续行符后面不能加注释，也不能将变量名或属性名分隔在两行上。通常可将续行符加在运算符的前后或逗号分隔符的后面。

3. 将多条语句写在同一行上

VB 通常是一行书写一条语句，语句的末尾不必加任何终结符，使语句显得很简洁。但有时使用的一组语句都比较短小，为使程序代码书写得比较紧凑，需将多条语句写在同一行上，此时只需将同一行上各语句之间用英文冒号 ":" 将它们分隔开即可。例如：

```
X = Form1.Width: X2 = Command1.Width: Temp = X - X2: Command1.Left = Temp
```

4. 使用不同进制的数

在 VB 中，除了可用默认的十进制表示数字以外，还允许用十六进制或八进制来表示数字。例如，在 VB 中常用十六进制来表示颜色。对于不同进制的数，在表达方式上，系统有一明确规定，它们分别是：八进制数前加前辍&或&O（如&O42 表示十进制的 34），十六进制数的前面加&H（如&H00FFFFFF，该十六进制数可代表白色，而十六进制数&H22 则可表示十进制的 34），对于十进制数则不需加任何符号。

5. VB 的命名约定

在 VB 中，要声明和命名许多元素。在声明过程、变量和常数的名字或给对象命名时，必须遵循以下规则。

（1）必须以字母或汉字开头，由字母、汉字、数字、下划线组成的字符序列。例如：a12_3、变量名、Form1 是合法的；123_a 是非法的。

（2）不能包含标点符号和空格等字符或者类型声明字符（%、&、!、#、$、@）。例如： X.1、$Form 是非法的。

（3）不能超过 255 个字符，控件、窗体、类和模块的名字不能超过 40 个字符。

（4）不能和受到限制的关键字同名。所谓受到限制的关键字，是指 VB 使用的词，它们是 VB 语言的组成部分。其中包括预定义语句（比如 If 和 Loop）、函数（如 Len 和 Abs）和操作符（如 Or 和 Mod）。

（5）VB 语言中不区分名字的大小写。例如：FORM1、form1、Form1 是同一个名字。

6. 保留行号与标号

VB 源程序也接受行号与标号，但这不是必须的。"标号"是一个以冒号结尾的标识符；"行号"是一个整型数，它不以冒号结尾。例如：

```
Line1: If i <= 100 Then
```

其中 Line1 是一个标号。

```
3200 If i <= 100 Then
```

其中 3200 是一个行号。

行号与标号一般用在转向语句中。对于结构化程序设计方法，应限制转向语句使用。

3.2　Visual Basic 的基本数据类型

在程序设计中，数据是程序的必要组成部分，也是程序处理的对象。各种程序设计语言中，通过数据类型来区别不同的数据对象。不同的数据类型在计算机内的存储方式不同，可以参与的运算也不同。

VB 的数据类型可分为基本数据类型、用户自定义数据类型（通过 Type 语句）等，如图 3.1 所示。本节仅介绍基本数据类型，有关用户自定义数据类型参见 3.10 节。

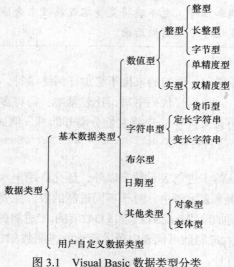

图 3.1　Visual Basic 数据类型分类

VB 中的基本数据类型有 11 种，如表 3.1 所示，不同类型的数据，其取值的范围、所适应的运算均不相同，在内存中所占用的存储空间也不相同，因此正确地区分和使用不同类型的数据，有助于程序运行的正确性、可靠性和快速性。

表 3.1　　　　　　　　　　　　　　Visual Basic 中的基本数据类型

数 据 类 型		类型名	占用字节	取值范围
数值类型	字节型	Byte	1 字节	0 到 255
	整型（%）	Integer	2 字节	−32,768 到 32,767
	长整型（&）	Long	4 字节	−2,147,483,648 到 2,147,483,647
	单精度型（!）	Single	4 字节	负数时从 −3.402823E38 到 −1.401298E-45；正数时从 1.401298E-45 到 3.402823E38
	双精度型（#）	Double	8 字节	负数时从 −1.79769313486232D308 到 −4.94065645841247D-324；正数时从 4.94065645841247D-324 到 1.79769313486232D308
	货币型（@）	Currency	8 字节	从 −922,337,203,685,477.5808 到 922,337,203,685,477.5807
布尔型		Boolean	2 字节	True 或 False
日期类型		Date	8 字节	100 年 1 月 1 日到 9999 年 12 月 31 日
字符类型	字符型（变长$）	String	10 字节 + 串长	0 到大约 21 亿
	字符型（定长$）	String	串长	1 到大约 65,535
变体类型	变体型（数字）	Variant	16 字节	任何数字值，最大可达 Double 的范围
	变体型（字符）	Variant	22 个字节加字符串长度	与变长 String 有相同的范围
对象类型		Object	4 字节	任何 Object 引用

3.2.1　数值（Numeric）型

数值型数据是指能够进行算术运算的数据，它包括整数类型和实数类型。

1. 整数类型

整数类型数据是由带有正负号的若干阿拉伯数字组成的数字序列，整数类型又分为字节型、整型和长整型 3 种数据类型。整数类型是 VB 中最常使用的一种数据类型，它运算速度快、精确，但数值的表示范围小。

（1）字节型（Byte）。字节型数据在计算机中用一个字节来存储，表示的数据范围为 0～255 的无符号整数，所以它不能表示负数。因此，在进行一元减法运算时，VB 首先将字节型数据转化为有符号整型数据。

字节型数据除了可以保存数字之外，其最主要的用途在于保存声音、图像、动画等二进制数据，以便与其他 DLL 或 OLE Automation 对象联系。

（2）整型（Integer）。在计算机中用两个字节存储，表示的数据范围为 −32768～ + 32767 的整数，可在数据后面加说明符"%"来表示整型数据。例如：+123，123，−123，0，123%。

（3）长整型（Long Integer）。在计算机中用 4 个字节存储，表示的数据范围为−2147483648～ + 21 47483647 之间的整数，可在数据后面加说明符"&"表示长整型数据。例如：+1234567，−1234567，1234567，+1234567&。

2. 实数类型

实数类型是由带有正负号的若干阿拉伯数字以及小数点组成的数字序列，实数类型又分为单精度（Single）实型、双精度（Double）实型和货币（Currency）类型 3 种，这 3 种类型数据的区别同样是占用的存储空间不同，进而所表示的数据范围和有效位数也就不同。单精度实型数据占 4 个字节的存储空间，最多可表示 7 位有效数字；而双精度实型数据占 8 个字节的存储空间，最多可表示 15 位有效数字。对于单精度实型和双精度实型数据，在 VB 中都有两种表示方法：定点表示法和浮点表示法。

（1）定点表示法。即我们日常生活中普遍采用的计数方法，在这种表示方法中小数点的位置是固定的，因此而得名。这种方法书写起来比较简单，适合表示那些不太大又不太小，即大小比较适中的数。

定点单精度实型：最多可有 7 位有效数字，精确度为 6 位，因此可表示的数据范围如表 3.1 所示。可在数据的后面加"!"号，表示定点单精度实型数。例如：123!，1234567!。

定点双精度实型：最多可有 15 位有效数字，精确度为 14 位，因此可表示的数据范围如表 3.1 所示。可在数据的后面加"#"号，表示定点双精度实型数。例如：123456.78#，− 1234567#，+123456.7，− 123345.67，前两个数由于数字后面有"#"符号，所以是双精度实型数，后面两个数虽然没写"#"符号，但因其数字中含有小数点，所以系统自动将其默认为双精度实型数。

一个数字中如果含有小数点，而数字后面又没写任何说明符，则系统自动将其默认为双精度实型数。

（2）浮点表示法。当一个数特别大，或者特别小的时候，如果仍然采用定点表示法，数码就会变得很长，既不便于书写和输入，又很容易出错，如 0.001234567!，−12345670000000#等。这时我们可以将该数用科学计数法表示，如上面的两个数可以写成 1.234567×10^{-3} 和 -1.234567×10^{13}，在 VB 中用一个大写的英文字母（单精度实型数用字母 E，双精度实型数用字母 D）表示底数 10。由于将一个数写成科学计数法时，尾数中的小数点的位置是可以变化的，如数字 0.001234567!，不但可以写成 1.234567×10^{-3}，还可以写成 12.34567×10^{-4}、0.1234567×10^{-2} 等多种形式，即小数点的位置是浮动的，所以，这种表示法又叫做浮点表示法。但是在输入时，无论我们将小数点放在何处，VB 会自动将它转化成尾数的整数部分为 1 位有效数字的形式（即小数点在最高有效位的后面）。这种形式的浮点数叫做规格化的浮点数，这种转化操作叫做规格化，如上面的数，无论我们以何种形式输入，系统自动将其转变为 1.234567×10^{-3}。

浮点单精度实型：表示的数据范围如表 3.1 所示。例如：−1.23E + 3，−1.23E−3，1.23E3。

浮点双精度实型：表示的数据范围如表 3.1 所示。例如：−1.23D + 3，−1.23D−3，1.23D3。

浮点数由如下 3 个部分组成。

尾数部分：既可以是整数，也可以是小数，正号可省略，规格化的浮点数的小数点在最高有效位的后面。

字母：E 表示单精度实数，D 表示双精度实数。

指数部分：带正负号的不超过 3 位数的整数，其中正号可省略。

在输入浮点数时，3 个部分缺一不可。例如：E＋3，−1.23E 等都是错误的。

在输入一个单精度实型数时，如果此数没有超过 7 位有效数字，则无论我们以定点表示法，还是浮点表示法输入，系统会自动将其转换为定点表示法显示；如此数超过了 7 位有效数字，则无论我们以何种表示法输入，系统会自动将其转换为浮点表示法显示。例如：输入 1.2345E5!，系统自动将其转化为 123450!显示；输入 12345000!，系统自动将其转换为 1.2345E＋07 显示。

在输入一个双精度实型数时，如果此数没有超过 15 位有效数字，则无论我们以定点表示法，还是浮点表示法输入，系统会自动将其转换为定点表示法显示；如此数超过了 15 位有效数字，则无论我们以何种表示法输入，系统会自动将其转换为浮点表示法显示。

（3）货币类型。货币类型是一个精确的定点实数类型，因此，它适合于货币计算。它的整数部分最多有 15 位，小数部分最多有 4 位，用 8 个字节存储，表示的数据范围如表 3.1 所示。可在数据后面加尾符"@"表示货币类型数据。例如：123.4567@。

3.2.2　布尔（Boolean）型

布尔类型数据只有两个值：True 和 False，分别表示真和假。布尔型数据在计算机中占两个字节的存储空间，其默认值为 False。布尔类型数据常用作程序中的转向条件，以控制程序的流程。

3.2.3　日期（Date）型

VB 中，日期型数据除了可以表示日期之外，还可以表示时间，在计算机中占 8 个字节的存储空间，表示的日期范围在 100 年 1 月 1 日到 9999 年 12 月 31 日之间。

日期型数据的表示方法有两种：一般表示法和序号表示法。

1. 一般表示法

一般表示法是用一对"#"号将日期和时间前后括起来的表示方法。例如：#4-12-06 10:50#，#Apr 12 06 10:50AM#，#Apr-12-06 10:50#。

在日期类型的数据中，不论我们将年、月、日按照何种排列顺序输入，日期之间的分隔符用的是空格还是"-"号，月份用数字还是英文单词表示，系统都会自动将其转换成由数字表示的"月/日/年"的格式。如果日期型数据不包括时间，则 VB 自动将该数据的时间部分设定为午夜 0 点（一天的开始）。如果日期型数据不包括日期，则自动将该数据的日期部分设定为公元 1899 年 12 月 30 日。

2. 序号表示法

用来表示日期的序号是双精度实数，VB 会自动将其解释为日期和时间，其中，序号的整数部分表示日期，而序号的小数部分表示时间，午夜为 0，正午为 0.5。在 VB 中，用于计算日期的基准日期为公元 1899 年 12 月 30 日，负数表示在此之前的日期，正数表示在此之后的日期。例如：1.5 表示#1899-12-31 12:00:00#，−2.3 表示#1899-12-28 7:12:00#。可以对日期型数据进行运算。通过加减一个整数来增加或减少天数；通过加减一个分数或小数来增加或减少时间。例如，加 20 就是加 20 天，而减掉 1/24 就是减去 1 小时。

3.2.4　字符串（String）型

字符串是一个字符序列，由 ASCII 字符组成，包括标准的 ASCII 字符和扩展 ASCII 字符。在 VB 中，字符串是放在双引号内的若干个字符。在存储时，一个字符占两个字节的存储空间，字符串中还可包含汉字，一个汉字也是一个字符，同样占两个字节的存储空间。字符串型数据不能进行算术运算，但可以进行字符串运算和关系运算。如果一个字符串不包含任何字符，则称该字符串为空字符串，简称空串。如果要表示双引号，可用两个双引号表示。例如：

```
"Visual Basic"
"计算机"
""（空字符串）
"""VB""程序设计"（表示"VB"程序设计）
```

在 Visual Basic 中，字符串型数据可分为定长字符串和变长字符串两种。

（1）定长字符串。定长字符串的长度是固定不变的，在计算机中为定长字符串分配的存储空间也是固定不变的，而不管字符串的实际长度是多少。定长字符串最多可容纳 64K（2^{16}）个字符。

（2）变长字符串。与定长字符串不同，变长字符串的长度是可以变化的，在计算机中为变长字符串分配的存储空间也是随着字符串的实际长度的变化而变化的，变长字符串最多可容纳大约 20 亿（2^{31}）个字符。

3.2.5　变体（Variant）型

变体型是所有没被显式声明（用如 Dim、Private、Public 或 Static 等语句）为其他类型变量的数据类型。

变体型是一种特殊的数据类型，除了定长 String 数据及用户定义类型外，可以表示任何种类的数据。

例如：

```
Dim Num As Variant      '定义 Num 是变体型变量
Num = "15"              '将字符串"15"赋给变量，此时系统将其视为字符型变量
Num = Num-10            '参与算术运算，此时系统将其视为数值型变量
Num = "No."& Num        '参与字符运算，此时系统将其视为字符型变量
```

有关变体型数据的几点说明如下。

（1）变体型数据参加数值运算时，若运算结果超过了原来数据类型的范围，自动按照字节型、整型、长整形、单精度、双精度的顺序转换。

（2）一个变体型变量被定义后，还没有给它赋值，其所含的值为空值（Empty），它不同于零 0、空串""，也不同于 Null（数据库中，表示未知数据或丢失的数据）。可用 IsEmpty 函数测试 Empty 值，例如：

```
If IsEmpty(Z) Then Z = 0
```

一个含有空值的变体变量在参与运算时，系统会自动将其视为 0（参与数值运算）或零长度字符串（参与字符串运算）。

（3）变体型数据提高了程序的适应性，却浪费了内存资源，降低了运行速度。

3.2.6　对象（Object）型

对象型数据用来表示图形、OLE 对象或其他对象，存储为 32 位（4 个字节）的地址形式。利用 Set 语句，可以为声明为对象型的变量赋值为任何对象的引用。

例如：

```
Dim objFrm As Object              '定义一个 Object 类型的变量
Set objFrm = Form1                '将窗体对象的对象名赋给对象变量
objFrm.Caption = "对象变量引用实际对象测试"    '利用对象变量引用实际对象
```

注意
要注意区分不同数据类型空值的概念：0，""，Empty，Null（未知数据或丢失的数据）

3.3　Visual Basic 的常量与变量

前一节介绍了 VB 的基本数据类型，在 VB 程序设计中，这些不同类型的数据既可以常量的形式出现，也可以变量的形式出现。常量是在程序运行过程中，其值保持不变的量。变量就是一个有名称的内存位置，在应用程序执行过程中，其值可以发生变化的量，常用变量来临时存储数据。

3.3.1　常量

在 VB 中，常量可分为文字常量和符号常量两种，其分类如图 3.2 所示。

1. 文字常量

就是用数据本身的值所表示的常量。

数值型常量是由数字、小数点和正负符号所构成的量。例如：24361，3.14，−1.23D + 2。

字符型常量是由 ASCII 字符、汉字所构成的量，在表达时必须用英文双引号将其括起来。例如："UserName"、"计算机"、"3.14"、"#3/5/2007#"、"True "等。

布尔型常量通常也称为逻辑常量，其取值只有两个，分别为 True 和 False。

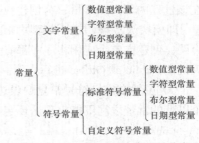

图 3.2　Visual Basic 中常量的分类

日期（时间）常量是用来表达某一天或某一具体时间，在表达方式上必须用"#"号将其括起来。例如：#3/5/2007#，#2007-03-05 1:42:38 PM#，#13:42:38#。

2. 符号常量

用一个容易理解和记忆的符号来表示的常量。常量名最好应具有一定的含义，要能够做到见名知义，以便于理解和记忆。符号常量必须先声明，然后才能在程序的代码中使用。符号常量可分为标准符号常量和用户自定义符号常量两大类。

（1）标准符号常量。标准符号常量是 VB 已经定义好的、用户不经定义就可直接使用的符号常量。在"视图"菜单"对象浏览器"中的 VBA（Visual Basic for Applications）对象库中列出了 VB 中常用的标准符号常量，其他提供对象库的应用程序，如 Microsoft Excel 和 Microsoft Word 也提供了常量列表，在每个 ActiveX 控件的对象库中也定义了符号常量。

例如：vbTileHorizontal 数值为 1，表示水平平铺；vbCrLf 数值为 Chr（13）+ Chr（10），表示回车换行；vbRed 数值为 255，表示红色。

标准符号常量的前缀表示定义该符号常量的对象库名，来自 VB 和 VBA 对象库的符号常量均以"vb"开头，而来自 Excel 和 Word 对象库的符号常量分别以"xl"和"wd"开头。

（2）自定义符号常量。用户自定义的符号常量是当标准符号常量不能满足编程需要时，由程序设计人员按照一定的语法规则自己定义而成的符号常量。它必须先定义，然后才能在程序的代码中使用。下面的内容读者可以在学习过变量、表达式、函数和变量的作用域后再阅读。

符号常量的定义（声明）语句格式如下：

[Public | Private]Const 常量名[<类型说明符>|As<类型说明词>] = 表达式

语句功能：先计算赋值号右边表达式的值，然后将此值赋给左边的符号常量。

参数说明：

① 常量的命名遵从 VB 的命名规则。

② 赋值号右边的表达式可以由数值型、字符串型、布尔型或日期型的数据、用户已定义的符号常量以及各种运算符组成，但在表达式中不能出现变量和函数运算，也不能出现用户自定义类型数据。例如：

```
Const a = x + 2 ( x 为变量)
Const b = Abs (-9)
```

都是错误的。

③ 可以定义被声明常量的数据类型，其数据类型的种类以及遵从的规则与变量完全相同。例如：

```
Const a% = 20 或者 Const a As Integer = 20
```

④ 常量有作用域，遵从作用域的规则。为创建仅在某一过程内有效的常量，即局部常量，应在该过程内部声明常量；为创建在某一模块内的所有过程中都有效，而在该模块之外都无效的常量，即模块级常量，应在该模块顶部的声明段中使用关键字 Private、Dim、Public（标准模块除外）声明。创建在整个应用程序中都有效的常量，即全局常量，应在标准模块顶部的声明段中、使用关键字 Public 或 Global 进行声明。

⑤ 虽然在定义符号常量的表达式中可以出现其他已经定义的符号常量，但应注意在两个或两个以上的常量之间不能出现循环定义。例如，在某一过程中定义了以下两个符号常量：

```
Const conA As Integer = conB*2
Const conB As Integer = conA/2
```

在定义符号常量 conA 时，用到了另一个符号常量 conB，而在定义符号常量 conB 时，又用到了符号常量 conA，这时就出现了循环定义，在 VB 中这是不允许的。

⑥ 另外，需要特别指出的是，用 Const 语句定义的符号常量虽然名字与变量名很相似，但它与变量有着本质的区别，不能给已定义的符号常量再赋值。例如：

```
Const number= 25
number= 30
```

第 1 条语句将 number 定义为常量 25，第 2 条语句中又给它赋值 30，这是不允许的。符号常量一经声明，就可在程序的代码中使用了，以便使代码更容易阅读理解。例如：

```
Private Sub Form_Activate ( )
Const P1 As Single = 3. 14159
Dim R As Integer
Dim S As Single
R = 5
S = Pi*R^2
Print S
End Sub
```

此程序在窗体的 Activate 事件中首先定义了一个表示圆周率的常量 Pi 和两个分别用来表示圆的半径和面积的变量 R 和 S，然后计算圆的面积，最后显示出来。

3.3.2 变量

变量就是一个有名称的内存位置。在应用程序执行过程中，常用变量来临时存储数据。变量的值可以发生变化。变量的特性有变量名、数据类型、作用域和生存期。下面我们来讨论变量名、数据类型等特性，有关作用域和生存期参见 3.9 节。

1. 变量的声明

变量声明就是将变量的名称和数据类型事先通知给应用程序，从而在内存中开辟一块存储空间。变量声明也叫做变量定义。它分为隐式声明和显式声明。

（1）隐式声明。隐式声明就是在使用一个变量之前，并不专门声明这个变量而直接使用。它的优点是使用比较方便，并能节省代码。但是能带来麻烦，如下面这段代码的本意是当单击窗体时，TempVal 增加 1，然后在窗体上打印出来 1，但是程序可以运行，却没有输出，这是什么原因呢？这是因为在这个事件过程中变量 TempVal 事先并没有专门声明，VB 会自动创建变量 TempVal，而倒数第 2 行将变量 TempVal 错写为 TenpVal，此时 VB 并不能分辨出这是隐式声明的一个新变量，还是仅仅把一个原有的变量名写错了，于是只好用这个名字再创建一个新变量，而 TenpVal 没有赋值，所以没有打印输出，为了克服隐式声明变量的缺点，建议在程序中对变量进行显示声明。

```
Private Sub Form_Click()
    TempVal = TempVal + 1
    Print TenpVal
End Sub
```

（2）显式声明。虽然 VB 不是强类型的语言，但为了避免因写错变量名而引起的麻烦，可以规定，只要遇到一个未经显式声明的变量名，VB 就显示错误信息。为此，需要在类模块、窗体模块或标准模块的声明段中加入下面这条语句：

```
Option Explicit
```

也可以选择"工具"→"选项"菜单命令，单击"编辑器"选项卡，再选择"要求变量声明"复选项（见第 1 章图 1.16）。这样就会在任何新模块中自动插入 Option Explicit 语句，但这种方法不会在已经写的模块中自动插入上面的语句，所以只能使用手工方式向已有的模块添加 Option Explicit 语句。

Option Explicit 语句的作用范围仅限于它所在的模块，所以，任何需要强制显式声明变量的窗体模块、标准模块及类模块，都必须将 Option Explicit 语句放在这些模块的声明段中。

因为 VB 能够识别出不认识的变量名，从而显示出错误信息，所以，此时变量必须先显示声明，然后才能在程序中使用。

变量显式声明的基本格式如下：

```
[Dim|Static|Public|Private]<变量名>[[<类型说明符>| As<类型说明词>]]
```

命令功能：显示声明变量及其类型、作用域，以及该变量是动态变量，还是静态变量。

参数说明：

① "[ ]"中括号里面的内容表示可选项，"|"管道符表示左右二选一，"< >"尖括号表示必选项。

② <变量名>。每个变量都有一个名字，称为变量名，它的命名遵从 VB 的命名规则（见 3.1.2 小节中的 VB 的命名约定）。在变量的作用域中变量名必须是唯一的。（这个问题将在本节后面的内容中进行详细介绍）。

③ [Dim|Static|Public|Private]以及 As 为关键字，表示所声明变量的类型和作用域，以及该变量是动态变量还是静态变量。

④ 声明变量的数据类型时可以使用类型说明符，也可使用类型说明词。类型说明符与类型说

明词的含义如表 3.2 所示。例如：Dim a% 与 Dim a As Integer 等效，含义是声明变量 a 为整型变量。

表 3.2　　　　　　　　　Visual Basic 中变量的类型说明词与类型说明符

类型说明词	类型说明符	含义	类型说明词	类型说明符	含义
Byte		字节型	Currency	@	货币型
Integer	%	整型	String	$	字符串型
Long	&	长整型	Boolean		布尔型
Single	!	单精度实型	Date		日期型
Double	#	双精度实型	Variant		变体型
Object		对象类型			

⑤ 变长字符串变量既可使用类型说明符声明，也可使用类型说明词声明。声明定长字符串变量时，类型说明项的格式为：

`String*长度`

例如：Dim N As String*10，此语句表示声明一个长度为 10 个字符的定长字符串变量，如果赋给该变量 N 的字符少于 10 个，则用空格将其不足部分填满；而如果赋给该变量的字符串太长，超过了 10 个字符，则自动截去超出部分的字符。

例如：N = "Hello"，则 N 的值为"Hello"。

N= " Welcome you!"，则 N 的值为"Welcome yo"。

⑥ 一条语句可以声明多个变量及其类型，中间用逗号隔开。例如：

```
Dim I As Integer , A As Double        'I 是整型，A 是双精度型
Private N, P As Currency              'N 是变体型，P 是货币型
```

3.4　Visual Basic 的运算符和表达式

VB 程序设计中经常要用到各种运算符和表达式。VB 表达式是用运算符和圆括号将对应的操作数按照一定的语法规则连接而成的一个有意义的式子，其操作数可以是常量、变量和函数。表达式是按照规定的运算顺序进行运算的，最后得到的结果称为表达式的值。根据表达式中使用的运算符以及表达式的值的类型，可以将表达式分为算术表达式、字符串表达式、关系表达式和逻辑表达式。

3.4.1　算术运算符与算术表达式

1. 算术运算符
算术运算符就是进行算术运算所使用的运算符，VB 的算术运算符有以下 8 种：^、-、*、/、\、MOD、+ 和-。

2. 算术表达式
算术表达式，又叫数值表达式。它是用算术运算符和圆括号将数值型的常量、变量和函数连接起来的有意义的式子，算术表达式的运算结果为数值型。

3. 算术表达式的运算顺序
算术表达式的运算顺序如下。

（1）算术运算符的运算顺序如表 3.3 所示。

（2）同级运算自左至右顺序进行。

（3）括号最优先。

表 3.3　　　　　　　　　　　　　算术运算符与优先级、算术表达式与表达式的值

运算关系	运算符	优先级	表达式	表达式实例	表达式的值	说明
幂运算	^	1	X^Y	5^2	25	5 的 2 次方
取负	−	2	-X	−5	−5	对 5 取负
乘法	*	3	X*Y	5*2	10	5 乘以 2
浮点除法	/	3	X/Y	5/2	2.5	5 除以 2
整数除法	\	4	X\Y	5\2	2	求 5 除以 2 的商
取模	MOD	5	X MOD Y	5 MOD 2	1	求 5 除以 2 的余数
加法	+	6	X + Y	5 + 2	7	5 加 2
减法	−	6	X-Y	5-2	3	5 减 2

【例 3.1】算术表达式 11 MOD 8/4 + 2^(5-2)的运算顺序如图 3.3 所示。

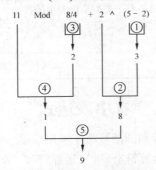

图 3.3　算术表达式的运算顺序举例

4．表达式的书写规则

VB 中的算术表达式就相当于数学中的代数式，但与代数式的书写方法不同，它们两者的区别如表 3.4 所示。

表 3.4　　　　　　　　　　数学表达式与算术表达式的比较

数学中的代数式	VB 中的算术表达式	说明
$x^2 + y_1$	x^2 + y1	在 Visual Basic 表达式中，所有字符都必须一个接一个地并排写在同一行上，不能在右上角写次方，也不能在右下角写下标
$2x + y$	2*x + y	代数式中省略的乘号，在书写成 Visual Basic 表达式时必须补上
$\dfrac{x+2}{y-3}$	(x + 2)/(y-3)	代数式中的分式，写成 Visual Basic 表达式时，要改成除式，并且不能改变原代数式的运算顺序，必要时应加上括号
$7\{5[3(1+2)+4]+6\}+8$	(((1 + 2)*3 + 4)*5 + 6)*7 + 8	所有的括号，包括花括号{ }、方括号[ ]和尖括号< >，都必须用圆括号( )代替，圆括号必须成对出现，并且可嵌套使用
$\sqrt[3]{\lvert\cos(n\pi+\alpha)\rvert}$	(ABS(cos(n*PI + A)))^(1/3)	要把数学代数式中 Visual Basic 不能表示的符号，如 α、β、π 等，用 Visual Basic 可以表示的符号代替

5．不同类型数据的混合运算

在一个算术表达式中，不同类型数据的混合运算，其运算结果的类型按 Visual Basic 规定，

如表 3.5 所示。

表 3.5　　　　　　　　　　　　不同类型数据混合运算的结果

Visual Basic 规定与注意事项	举例	运算结果
相同类型的数据进行运算，其结果的类型不变 运算结果不能超过该类型数据所表示的数值范围，否则将出现"溢出"错误	a% + b% 12345%*12345%	整型 溢出
不同类型的数据进行运算，其结果与表示数据最精确的数据类型相同 在加减运算中，精确度由低到高的顺序是 Byte、Integer、Long、Single、Double、Currency 在乘除运算中，精确度由低到高的顺序是 Byte、Integer、Long、Single、Currency、Double	a% + b& a# + b@ a#*b@	长整型 货币型 双精度型
如结果的数据类型是 Variant 类型，但超过本身子类型所能表示的数据范围时，则自动转换成表示数据范围更大的子类型	Dim i i = 12345 i = i * 12345	i 是变体型 i 是整型 i 是长整型
例外情况	1! * 2&	双精度型

3.4.2　字符串运算符与字符串表达式

字符串表达式是用字符串运算符和圆括号将字符串常量、变量和函数连接起来的有意义的式子，它的运算结果仍为字符串。其运算符有 "+" 运算符和 "&" 运算符两种。例如：

"Visual" + " Basic"或者"Visual"&" Basic"均是字符串表达式，其结果为"Visual Basic"。

　　　　　"+" 运算符用于将两个字符串连接生成一个新字符串，其操作数必须为字符串类型，否则结果为数值型或者出错，所以当进行字符串运算时，建议使用 "&"。

"12" + "34"字符串表达式的结果为"1234"。

"12" + 34 表达式的结果为 46。

12 + "a"表达式的结果出错。

"&" 运算符用于强制性地将两个表达式作字符串连接。参与连接的两个表达式可以不全为字符串型，可以用数值型或者变体型变量参与，因此，常用于类型不同的数据间的连接。例如：12 &"a"表达式的结果"12a"。

3.4.3　关系运算符与关系表达式

关系表达式是用关系运算符和圆括号将两个相同类型的表达式连接起来的有意义的式子，简称关系式。关系运算符又称比较运算符，是进行比较运算所使用的运算符，包括：>（大于）、<（小于）、=（等于）、>=（大于等于）、<=（小于等于）和<>（不等于）共 6 种。其中大于、小于和等于运算符与数学上的相应运算符写法完全一样，另外 3 种运算符与数学上的相应运算符写法虽不完全一样，但其含义是完全一样的。它们的优先级相同。关系表达式的值只有两种可能 "True"、"False"，如表 3.6 所示。

表 3.6　　　　　　　　　　　　　　　　　关系运算符与关系表达式

比较关系	运算符	表达式	表达式实例	表达式的值	说明
大于	>	X>Y	5>2	True	5 大于 2 结果为 True
小于	<	X<Y	5<2	False	5 小于 2 结果为 False
等于	=	X = Y	5 = 2	False	5 等于 2 结果为 False
大于等于	> =	X> = Y	"b"> = "a"	True	"b"大于等于"a"结果为 True，比较 ASCII
小于等于	< =	X< = Y	"ab"< = "aa"	False	"ab"小于等于"aa"结果为 False，"a"相同，比较"b"的 ASCII
不等于	<>	X<>Y	5<>2	True	5 不等于 2 结果为 True

3.4.4　逻辑运算符与逻辑表达式

　　逻辑表达式是用逻辑运算符将两个关系式连接起来的有意义的式子。逻辑运算符包括 Not（逻辑非）、And（逻辑与）、Or（逻辑或）、Xor（逻辑异或）、Eqv（逻辑同或）、Imp（逻辑蕴含）。逻辑运算通常也称为布尔运算，常用来表达一些较复杂的关系，其运算结果仍为逻辑型值，如表 3.7 所示。

表 3.7　　　　　　　　　　　　　　　　　逻辑运算符与逻辑表达式

逻辑关系	运算符	优先级	表达式	说明
逻辑非	Not	1	Not X	进行取反操作，即由真变假，由假变真
逻辑与	And	2	X And Y	对两表达式进行求与运算，只有 X 和 Y 都为真时，表达式结果为真
逻辑或	Or	3	X Or Y	对两表达式进行求或运算，只要 X 和 Y 有一个为真时，表达式结果为真
逻辑异或	Xor	4	X Xor Y	对两表达式进行异或运算，只要 X 和 Y 不同，表达式结果为真（X And Not Y)Or (Not X And Y）
逻辑同或	Eqv	5	X Eqr Y	对两表达式进行同或运算，只要 X 和 Y 相同，表达式结果为真（X And Y)Or (Not X And Not Y）
逻辑蕴含	Imp	6	X Imp Y	当 X 为假、Y 为真时，结果为真（Not X Or Y）

3.4.5　复合表达式的运算顺序

　　在一个表达式中可以出现多种运算符，如算术运算符、字符运算符、关系运算符和逻辑运算符等，这时 VB 首先处理算术运算符，其次处理字符运算符，然后处理关系运算符，最后处理逻辑运算符，如表 3.8 所示。

表 3.8　　　　　　　　　　　　　　　　　各种运算符的运算顺序

高◄——————————————————————————————————低

算术运算符	字符运算符	关系运算符	逻辑运算符指
幂运算（^）	连接（&、+）	大于（>）	逻辑非（Not）
取负（－）		小于（<）	逻辑与(And)
乘法和浮点除法（*、/）		等于（=）	逻辑或（Or）
整数除法（%）		大于等于（> = ）	逻辑异或（Xor）
取模（Mod）		小于等于（< = ）	逻辑同或（Eqv）
加法和减法（+、－）		不等于（<>）	逻辑蕴含（Imp）

高↑　低

　　例如：3>2*4 Or 5 = 3 And 4<>3 Or 3>2 的值为 True。

3.5 Visual Basic 的常用内部函数

函数是一些特殊的语句或程序段，每一种函数都可以进行一种具体的运算。在程序中，只要给出函数名和相应的参数就可以使用它们，并可得到一个函数值。函数的分类如图3.4所示，由图中可以看出 VB 的主要函数包括内部函数和用户自定义函数，以下叙述中，我们用 N 表示数值表达式、C表示字符表达式、D 表示日期表达式。凡函数名后有$符号者，表示函数返回值为字符串。有关用户自定义函数的内容将在3.8 小节中介绍，另外由于本节主要介绍 VB 中常用的内部函数。读者可以通过帮助菜单或者对象浏览器获得所有内部函数的使用方法。

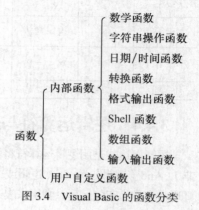

图 3.4　Visual Basic 的函数分类

3.5.1 数学函数

数学函数与数学中的定义一致，所不同的是，数学中的"自变量"在 VB 中称为参数。表 3.9 所示为常用的数学函数。

表 3.9　　　　　　　　　　　　Visual Basic 6.0 的常用数学函数

函数	功能	举例	结果	说明
Abs(N)	求参数的绝对值	Abs(-1)	1	函数值类型和参数的类型相同
		Abs(3)	3	
Atn(N)	求参数的反正切	Atn(0)	0	函数值为 Double 型，表示以弧度为单位的角，范围在 $-\pi \sim -\pi/2$ 弧度之间
		Atn(1)	0.785398163397448	
Exp(N)	求自然常数 e 的幂	Exp(2)	7.38905609893065	函数值为 Double 型
Log(N)	求参数的自然对数值	Log(2)	0.69314718055994 5	（1）参数必须大于 0 （2）函数值为 Double 型 （3）自然对数是以自然常数 e 为底的对数，在数学上写为 Ln。假如要求以任意数 n 为底，以数值 x 为真数的对数值，可使用换底公式 $\log_n x = \ln(x)/\ln(n)$。例如求以 10 为底的常用对数：$\lg x = \ln(x)/\ln(10)$
Rnd [(N)]	求[0,1)之间的一个随机数	Randomize ?Rnd (0) ?Rnd (0) ?Rnd	.6244165 .4056818 .7019922	（1）参数必须大于等于 0 （2）函数值的类型为 Single 型 （3）在使用 Rnd 函数之前，一般先使用无参数 Randomize 语句初始化随机数发生器，此时该发生器使用系统时钟的秒数作为随机数种子 （4）Rnd 函数后面的圆括号及参数为可选项，可以省略 （5）使用公式可生成某个范围内的随机整数：Int((上限-下限＋1)*Rnd＋下限)例如：要产生 10～20 之间的随机整数，可使用公式：Int((20－10＋1)*Rnd＋10)

续表

函数	功能	举例	结果	说明
Sin(N)	求参数的正弦值	Sin(0) Sin(3.14/2)	0 0.99999968293 18 35	（1）参数表示一个以弧度为单位的角 （2）函数值为 Double 型，Sin 和 Cos 取值范围在-1 到 1 之间
Cos(N)	求参数的余弦值	Cos(0) Cos(3.14)	1 －0.99999873189 461	
Tan(N)	求参数的正切值	Tan(0) Tan(3.14)	0 -1.592654936407 22E-03	
Sgn(N)	求参数的正负号	Sgn（＋25） Sgn(0)＝0 Sgn(−10)	1 0 －1	（1）如果参数大于 0，则函数值为 1；如果参数等于 0，则函数值为 0；如果参数小于 0，则函数值为-1 （2）函数值为 Integer 型
Sqr(N)	求参数的算术平方根	Sqr (9) Sqr(25)	3 5	（1）参数必须大于等于 0 （2）函数值 Double 型

3.5.2　字符串操作函数

　　VB 具有十分丰富的字符处理能力，它提供了字符串变量、字符串数组以及大量的字符串函数，使用十分方便灵活。

　　字符串函数以类型说明符"$"结尾，表明函数的返回值为字符串型，以符号"B"结尾表示求字节，但是函数尾部的"$"可以省略，其功能相同。常用的字符串操作函数如表 3.10 所示。表中 N 表示数值表达式，C 表示字符表达式，D 表示日期表达式，表达式的概念将在 3.6 小节中介绍。

表 3.10　　　　　　　　　　　　Visual Basic 6.0 的常用字符串操作函数

函数	功能	举例	结果
InStr([N1,]C1,C2,[N]	在 C1 中从 N1 开始找 C2，省略 N1 时从头开始找，找不到函数值为零	InStr(2,"Abcdefg","EF",1) InStr(2,"Abcdefg","EF",0) InStr(2,"Abcdefg","EF")	5 0 0
Left[$](C,N) LeftB[$](C,N)	从字符串参数的最左边开始，截取指定长度的子字符串	Left(" Computer",5) LeftB(" Computer",10)	Compu Compu
Len(C) LenB(C)	求字符串中包含的字符数	Len("Good Morning") Len ("字符串") LenB("Good Morning") LenB("字符串")	12 3 24 6
Ltrim[$] (C)	删除字符串参数中的前导空格	Ltrim （" 　 BASIC " ）	"BASIC"
Mid(C,N1[,N2]) MidB(C,N1[,N2])	从指定字符串参数中指定的起始位置处开始，截取指定长度的字符串	Mid("Computer", 2，3) Mid("Computer", 2） MidB("Computer", 5，8)	"omp" "omputer" "mput"
Right[$](C,N) RightB[$](C,N)	从字符串参数的最右边开始，截取指定长度的子字符串	Right("Computer",5) RightB("Computer",10)	"puter" "puter"
Rtrim[$] (C)	删除字符串参数中的尾随空格	RTrim (" 　 BASIC 　 ")	" 　 BASIC"
Space[$] (N)	产生指定长度的由空格组成的字符串	Space (5)	" 　 　 　 "
String(N,C)	产生由某一指定字符组成的指定长度的字符串	String (5, ABC) String (5, 66)	"AAAAA" "BBBBB"
Trim[$] (C)	删除字符串参数中的前导和尾随空格	Trim (" 　 BASIC 　 ")	"BASIC"

3.5.3 日期/时间函数

常用的日期函数如表 3.11 所示。

表 3.11   Visual Basic 6.0 的常用日期/时间函数

函数	功能	举例	结果
Date[$][()]	求系统日期	假如今天的日期为 2006 年 1 月 8 日	2006-1-8
Day(C|N)	求日期参数的日数	假如同上，则 Day (Date) 的值为	8
Month(C|N)	求日期参数的月份	假如同上，则 Month(Date) 的值为	1
Year(C|N)	求日期参数的年份	假如同上，则 Year (Date) 的值为	2006
Time[$][()]	求系统时间	假如当前的时间为下午 1 点 28 分 34 秒	13:28:34
Second(C|N)	求时间参数的秒数	假如同上，则 Second (Time) 的值为	34
Minute(C|N)	求时间参数的分钟数	假如同上，则 Minute (Time) 的值为	28
Hour(C|N)	求时间参数的小时数	假如同上，则 Hour (Time) 的值为	1
Now	求当前的系统日期和系统时间	假如当前的日期和时间同上，则 Now 的值为	2006-1-8 1:28:34
Weekday(C|N)	求日期参数是星期几	假如今天为星期日，则 Weekday (Now) 的值是	1

3.5.4 转换函数

使用转换函数，可将一种类型的数据转换成另一种类型的数据。

1. 字符与数值转换函数

字符与数值转换函数主要用于数据类型或表达式之间的转换。字符与数值转换函数如表 3.12 所示。

表 3.12   Visual Basic 6.0 的字符与数值转换函数

函数	功能	举例	结果
Int(N)	求小于等于参数的最大整数	Int (2.6) Int (-2.6)	2 －3
Fix(N)	将参数的小数部分截去，求其整数部分	Fix(2.6) Fix(-2.6)	2 －2
Asc(C)	求字符串中第一个字符的 ASCII 编码	Asc ("ABC") Asc ("字符串")	65 －10282
Chr(N)	求以数值参数为编码的字符	Chr(65) Chr(-10282)	"A" "字"
Val(C)	将字符串参数中的数字字符转换成数值型数据	Val("12345abe") Val("1 298the")	12345 1298
Str(N)	将数值转换为字符串	Str(12345) Str(-12345)	"12345" "－12345"
Ucase(C)	将字符串参数中的小写英文字母转换成大写英文字母	Ucase(Abc!)	"ABC! "
LCase(C)	将字符串参数中的大写英文字母转换成小写英文字母	Lcase(Abc!)	"abc! "
Hex[$](N)	十进制数值转换为十六进制数值	Hex(16)	"10"
Oct[$](N)	十进制数值转换为八进制数值	Oct(16)	"20"

2．类型转换函数

语法：函数名（参数）

功能：将参数从一种数据类型转换成另一种数据类型。

说明：

① 参数可以是任何类型的表达式，究竟为哪种类型的表达式，需根据具体函数而定。

② 当参数为数值型，且其小数部分恰好为 0.5 时，Cint 和 CLng 函数会将它转换为最接近的偶数值。例如，将 0.5 转换为 0，将 1.5 转换为 2。常用的类型转换函数如表 3.13 所示。

表 3.13　　　　　　　　Visual Basic 6.0 的常用类型转换函数

转换函数	返回类型	转换函数	返回类型	转换函数	返回类型	转换函数	返回类型
CBool	Boolean	CByte	Byte	CDbl	Double	CCur	Currency
CInt	Integer	CDate	Date	CVar	Variant	CDec	Decimal
CLng	Long	CStr	String	CSng	Single		

3.5.5　格式输出函数

格式字符串有 3 类：数值格式、日期格式和字符串格式，一般用于 Print 方法中。有关内容见 3.7.3 小节。

3.5.6　Shell 函数

在 VB 中，不但可以调用内部函数，还可以调用各种应用程序。也就是说凡是能在 DOS 或 Windows 下运行的应用程序，都可以在 VB 中调用，这是通过 Shell 函数来实现的。

Shell 的函数的格式如下：

```
Shell（命令字符串[.窗口类型]）
```

命令字符串：要执行的应用程序名，包括路径，它必须是可执行文件（扩展名为.COM，.EXE，. BAT 或 . PIF）。

窗口类型：表示执行应用程序的窗口大小，为整型数值。

例如，调用 Windows 的"扫雷程序"可执行下列语句：

```
i = Shell("C:\WINDOWS\system32\winmine.exe", 1)
```

3.5.7　数组函数

数组函数有 Array 函数、下界函数（LBound）、上界函数（UBound），有关内容见第 4 章。

3.5.8　输入输出函数

输入输出函数有输入函数（InputBox）和消息函数（MsgBox），它的有关内容将在 3.7 节介绍。

3.6　Visual Basic 的控制结构

通常情况下，程序代码都是按代码书写的先后顺序来执行的，但在实际应用中，常需要根据条件的成立与否，来选择不同的代码进行运行，以实现不同的功能，这种控制程序执行流程的语句，通常称为控制语句。在 VB 中程序包括 3 种基本控制结构：顺序结构、选择结构和循环结构，本节将介绍这些控制结构。

3.6.1　顺序结构

整个程序代码按书写顺序依次执行的控制结构称为顺序结构。最常用的顺序结构语句有赋值语句。它已经在 3.1 节中介绍过了，这里不再赘述。

3.6.2　选择结构

条件判断结构也叫做分支结构或选择结构，它有多种形式，分别使用不同的语句。VB 的选择结构如图 3.5 所示。

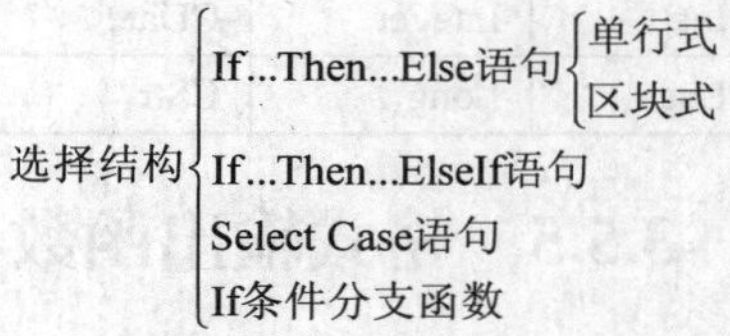

1．If…Then…Else 语句

If…Then…Else 语句有单行式和区块式两种形式。如果判断结构比较简单，只有两个分支，这时就可使用 If…Then…Else 语句。

$$选择结构\begin{cases} \text{If…Then…Else语句}\begin{cases}\text{单行式}\\\text{区块式}\end{cases}\\ \text{If…Then…ElseIf语句}\\ \text{Select Case语句}\\ \text{If条件分支函数}\end{cases}$$

图 3.5　条件判断结构

（1）单行式。

语法：If 条件表达式 Then 语句序列 1[Else 语句序列 2]

功能：当条件表达式成立时，执行关键字 Then 后面的语句序列 1，否则执行关键字 Else 后面的语句序列 2。

说明：

① If…Then…Else 是关键字，其中文含义是：如果…那么…否则。

② 条件表达式可以是任何运算结果为逻辑型数据的关系表达式或逻辑表达式，如果表达式的值为 True，则表示条件成立；反之，如果表达式的值为 False，则表示条件不成立（见图 3.6）。

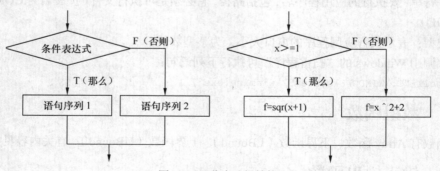

图 3.6　双分支选择结构

例如：编写程序计算分段函数 $f(x) = \begin{cases} \sin x + \sqrt{x^2+1}\ldots\ldots\ldots\ldots(x \neq 0) \\ \cos - x^3 + 3x\ldots\ldots\ldots\ldots(x = 0) \end{cases}$

实现的程序代码如下。

```
If x<>0 Then y = sin(x) + sqr(x^2 + 1) Else y = cos(x)-x^3 + 3*x
```

此外，条件表达式也可以是数值表达式，此时，如果表达式的值为零，则表示条件不成立；反之，如果表达式的值为其他任何非零值，则表示条件成立。

例如，运行下面的程序段：

```
x = 2
If x Then Print x Else Print x + 1
```

这时在窗体上输出 2。

③ 关键字 Else 及其后面的语句序列 2 是可选项，可有可无，需根据实际情况而定。

例如：已知两个数 x 和 y，比较它们的大小，如果 x 大于 y，则输出字符串 "x 大于 y"。

其流程图如图 3.7 所示，它没有语句序列 2。

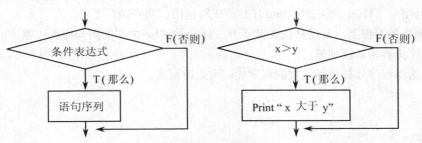

图 3.7　单分支选择结构

实现的程序代码如下。

```
If x>y Then Print " x 大于 y "
```

④ 如果关键字 Then 或 Else 后面有两条或两条以上的语句时，必须在语句之间使用冒号 ":" 将各语句隔开。

例如，已知两个数 x 和 y，比较它们的大小，使得 x 大于 y。

实现的程序代码如下。

```
If x<y Then t = x:x = y:y = t
```

⑤ "语句序列 1" 和 "语句序列 2" 都可以是条件语句。即条件语句可以嵌套，其深度（嵌套层数）没有具体规定，但受到每行字符数（1024）的限制。

例如，编写程序计算符号函数

$$y = \begin{cases} 1 \ldots\ldots(x > 0) \\ 0 \ldots\ldots(x = 0) \\ -1 \ldots\ldots(x < 0) \end{cases}$$

输入 x，要求输出 y 的值。

实现的程序代码如下。

```
If x>0 Then y = 1 Else If x = 0 Then y = 0 Else y = -1
```

由此可见，当语句序列 1 或语句序列 2 需要执行的语句比较多，使用这种结构，编写的程序较难阅读理解，这时可以使用区块式 If...Then...Else 语句。

（2）区块式。

语法：

```
If 条件表达式 Then
    语句序列 1
[Else ]
    语句序列 2
End If
```

功能：当条件表达式成立时，执行关键字 Then 后面的语句序列 1，否则，执行关键字 Else 后面的语句序列 2。无论执行的是语句序列 1，还是语句序列 2，执行完以后都要执行 End If 后面的语句。

说明：

① 条件表达式的要求及含义与单行式 If...Then...Else 语句完全相同。

② 语句序列 1 和语句序列 2 由一条或多条语句组成。

③ 关键字 Else 及其后面的语句序列 2 是可选项，可有可无，需根据实际情况而定。

④ 关键字 If...Then 和关键字 End If 必须成对使用，两者缺一不可。

⑤ 在编程的习惯上，常把夹在关键字 If...Then 和 Else 之间的语句序列以缩排的方式排列，这样会使程序更容易阅读理解。

例如，编写程序计算符号函数的程序代码可以改写成：

```
If x>0 Then
    y = 1
Else
    If x = 0 Then
        y = 0
    Else
        y = -1
    End If
End If
```

虽然利用区块式 If...Then...Else 可以解决大于两个条件分支的问题，但是程序结构显得较为复杂。这时可以使用 If...Then...ElseIf 语句。

【例 3.2】现有 3 个数，已经分别存入变量 a，b，c，试编程比较出 3 个数中的最大者。

方法一：

```
Private Sub Form_Click()
    Dim a, b, c
    a = Val(InputBox("请输入 a"))
    b = Val(InputBox("请输入 b"))
    c = Val(InputBox("请输入 c"))
    If a < b Then a = b
    If a < c Then a = c
    Print "最大数为: "; a
End Sub
```

方法二：

```
Private Sub Form_Click()
    Dim a, b, c
    a = Val(InputBox("请输入 a"))
    b = Val(InputBox("请输入 b"))
    c = Val(InputBox("请输入 c"))
    If a > b Then
        If a > c Then
            Print "最大数为: "; a
        Else
            Print "最大数为: "; c
        End If
```

```
    Else
        If b > c Then
            Print "最大数为: "; b
        Else
            Print "最大数为: "; c
        End If
    End If
End Sub
```

2. If…Then…ElseIf 语句

语法：

```
If 条件表达式 1 Then
    语句序列 1
[ElseIf 条件表达式 2 Then
    语句序列 2]
    .
    .
    .
[Else
语句序列 n + 1]
End If
```

功能：首先测试条件表达式 1，如果其值为 True，则执行语句序列 1，然后跳过关键词 ElseIf 至 End If 之间的语句，而执行关键词 End If 后面的语句；反之，如果条件表达式 1 的值为 False，则测试条件表达式 2，依此类推，直到找到一个值为 True 的条件表达式，并执行其后面的语句序列，接着执行 End If 后面的语句；如果条件表达式的值都不是 True，则执行关键词 Else 后面的序列 $n + 1$，接着执行 End If 后面的语句。（见图 3.8）

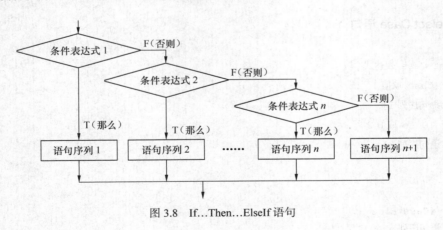

图 3.8　If…Then…ElseIf 语句

例如，编写程序计算符号函数的程序代码可以改写成：

```
If x>0 Then
    y = 1
ElseIf x = 0 Then
    y = 0
Else
    y = -1
End If
```

【例 3.3】试将学生的百分制成绩转换为等级制，90 分以上为 A，80～89 分为 B，70～79 分为 C，60～69 分为 D，60 分以下为 E。

分析：由于给定的条件有 5 种情况，因此，应选用多重条件分支语句来实现。在窗体的单击事件中编程实现该功能，其程序代码为：

```
Private Sub Form_Click()
    Dim msngGrade As Single, mstrResult As String
    msngGrade = Val(InputBox("请输入该生的分数: ","学生成绩输入"))
    If msngGrade >= 90 Then
        mstrResult = "A"
    ElseIf msngGrade >= 80 Then
        mstrResult = "B"
    ElseIf msngGrade >= 70 Then
        mstrResult = "C"
    ElseIf msngGrade >= 60 Then
        mstrResult = "D"
    Else
        mstrResult = "E"
    End If
    MsgBox "该生的等级制成绩为: " & mstrResult
End Sub
```

说明：

If…Then…ElseIf 语句可以包含多个 ElseIf 子语句，这些 ElseIf 子语句中的条件表达式一般情况下是不同的。但是，当每个 ElseIf 子语句后面的条件表达式都相同，而条件表达式的值并不相同时，使用 If…Then…ElseIf 语句编写程序就显得很烦琐，在这种情况下可以使用 Select Case 语句。

3. Select Case 语句

语法：

```
Select Case 表达式
    [Case 取值 1
    语句序列 1]
     [Case 取值 2
    语句序列 2]
    ·
    ·
    ·
     [Case Else
    语句序列 n + 1]
End Select
```

Select Case 语句流程示意图如图 3.9 所示。

功能：先计算表达式，然后，将表达式的值依次与语句中的每个 Case 关键词后面的取值进行比较，如果相等，就执行该 Case 后面的语句序列；如果都不相等，则执行 Case Else 子语句后面的语句序列。无论执行的是哪一个语句序列，执行完后都要执行关键词 End Select 后面的语句。

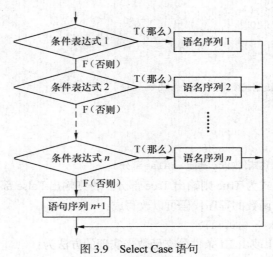

图 3.9　Select Case 语句

说明：

① 表达式可以是任何数值表达式或字符串表达式。

② 每一个 Case 后面的取值都是表达式，其取值的格式有以下 3 种。

数值型或字符串型常量值。例如：Case 2，4，6，8 等具体的值。

数值或字符串区间用 TO 连接。例如：Case 1 To 3。

Is 关系运算表达式。例如：Case Is = 12 或 Case Is＜a + b。

也可以是 3 种情况的综合。例如：Case 1，2，3 To 5，Is＞6。

③ 如果不止一个 Case 后面的取值与表达式相匹配，则只执行第一个与表达式匹配的 Case 后面的语句序列。

④ Case Else 子语句为可选项，既可以有，也可以没有，需根据实际情况而定。

⑤ 关键字 Select Case 与关键字 End Select 必须成对出现，几者缺一不可。

例如，编写程序计算符号函数的程序代码可以改写成：

```
Select Case x
Case Is>0
    y = 1
Case Is = 0
    y = 0
Case Else
    y = -1
End Select
```

【例 3.4】将【例 3.3】的多重选择分支语句换成用 Select Case 语句来表达，则实现的方法为：

```
Private Sub Form_Click()
    Dim msngGrade As Single, mstrResult As String
    msngGrade = Val(InputBox("请输入该生的分数：", "学生成绩输入"))
    Select Case msngGrade
    Case Is >= 90
        mstrResult = "A"
    Case Is >= 80
        mstrResult = "B"
    Case Is >= 70
        mstrResult = "C"
```

```
        Case Is >= 60
            mstrResult = "D"
        Case Else
            mstrResult = "E"
        End Select
        MsgBox "该生的等级制成绩为: " & mstrResult
End Sub
```

4. IIf 条件分支函数

语法：

result = IIf（条件表达式，True 部分，False 部分）

功能：如果条件表达式为 True 则输出 True 部分，否则输出 False 部分。

例如，编写计算符号函数的程序代码可以改写成：

y = IIf(x>0,1,IIf(x = 0,0,-1))

【例 3.5】将【例 3.2】改由 IIf 条件分支函数来实现的方法为：

```
Private Sub Form_Click()
    Dim a, b, c
    a = Val(InputBox("请输入 a"))
    b = Val(InputBox("请输入 b"))
    c = Val(InputBox("请输入 c"))
    Print "最大数为: "; IIf(IIf(a < b, b, a) < c, c, IIf(a < b, b, a))
End Sub
```

单行式 If...Then...Else 语句和 IIf 条件分支函数常用于简单分支，If...Then...ElseIf 语句和 Select Case 语句常用于多重分支语句。

一般当分支少于 3 个时，使用单行式或区块式的 If...Then...Else 语句和 IIf 条件分支函数比较方便。

3.6.3　循环结构

在条件判断结构中，虽然可以产生多个分支，但每个分支中的语句或语句序列只能执行一次，然而在解决实际问题时，常常需要重复某些相同的操作，即对某一语句或语句序列重复执行多次，解决此类问题，就要用到循环程序结构。Visual Basic 的循环结构如图 3.10 所示。

1. For...Next 语句

语法：

For 计数变量 = 初值 To 终值［Step 增量值］
　　语句序列 1
　　［Exit For］　　　　　　　循环体
　　语句序列 2
　　Next［计数变量］

功能：重复执行 For 语句和 Next 语句之间的语句序列。

For...Next 语句循环示意图如图 3.11 所示。

循环语句的执行过程如下。

（1）计数变量取初值。

（2）若增量值为正，则测试计数变量的值是否大于终值，若大于终值，则退出循环；若增量值为负，则测试计数变量的值是否小于终值，若小于终值，则退出循环。

（3）执行语句序列 1。

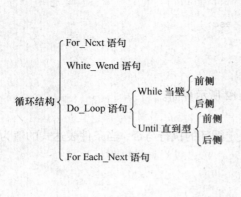

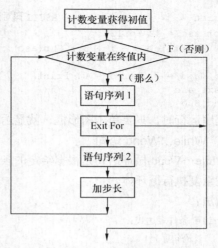

图 3.10　循环程序结构　　　　　　图 3.11　For…Next 循环结构流程图

（4）若有 Exit For 语句则退出循环，否则执行语句序列 2。

（5）计数变量加上增量值，即：计数变量 = 计数变量 + 增量值。

重复步骤②至步骤⑤。

说明：

① 计数变量、初值、终值和增量值都是数值型的常量或变量，它不但可以是整型数而且可以是小数，但不能是数组的数组元素。其中，增量值可正可负，如果增量值为正，则终值必须大于等于初值，否则不能执行循环体内的语句序列；如果增量值为负，则终值必须小于等于初值，否则不能执行循环体内的语句序列；如果没有关键字 Step 和其后的增量值选择项，则默认增量值为 1。

② 循环体执行的次数 $=\text{int}\left(\dfrac{\text{终值} - \text{初值}}{\text{增量值}} + 1\right)$。例如：

```
For i = 1.1 To 9.2 Step 2.1
    Print i
Next
```

循环体执行的次数为 $\text{int}\left(\dfrac{9.2 - 1.1}{2.1} + 1\right) = 4$ 次。

循环应用举例：编写程序求 1 到 100 的和。

实现的程序代码如下：

```
Dim i%, s%
For i = 1 To 100
    s = s + i
Next
Print "s = "; s
```

【例 3.6】将可打印的 ASCII 码制成表格输出，使每个字符与它的编码值对应起来，每行打印 7 个字符。

分析：在 ASCII 码中，只有 ""（空格）到 "～" 是可以打印的字符，其余为不可打印的控制字符。可打印的字符的编码值为 32～126，可通过 Chr（）函数将编码值转换成对应的字符。在将窗体的 AutoRedraw 设为 True，将窗体的 Caption 属性设为："", 在 Click 事件中编写代码如下。

```
Private Sub Form_Click()
Dim asc As Integer, i As Integer
Cls
```

```
Print "                        ASCII 码对照表"
For asc = 32 To 126
    Print Tab(9 * i + 3); Chr(asc); " = "; asc;
    i = i + 1
    If i = 7 Then i = 0: Print
Next asc
End Sub
```

程序运行时，只要单击图形框，就显示如图 3.12 所示界面。

2. While…Wend 语句

While…Wend 循环语句是根据给定的条件来决定循环的执行与否，当条件表达式的值为 True 时，就重复执行循环体。

语法：

```
While 条件表达式
    [语句序列]
Wend
```

While…Wend 循环语句流程示意图如图 3.13 所示。

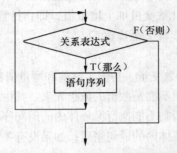

图 3.12 ASCII 码对照表   图 3.13 While…Wend 语句流程

说明：

① While…Wend（While End 的缩写）是关键字，其中文意思是"当满足条件的时候，执行语句序列"。

② 条件表达式和语句序列的要求及功能同 If…Then…Else 语句。

③ 关键字 While 和 Wend 必须成对出现，两者缺一不可。

例如：编写程序求 1 到 100 的和。

实现的程序代码如下：

```
Dim i%, s%
i = 1
While i <= 100
    s = s + i
    i = i + 1
Wend
Print "s = "; s
```

【例 3.7】求数 n 的阶乘 n!（n! = $1 \times 2 \times 3 \times \cdots \times (n-1) \times n$，其中 0! = 1）。

分析：数的阶乘实际上是一个数的连乘运算。计算之前必须知道要求解阶乘的数。为了获得要求阶乘的数，可利用 VB 提供的 InputBox 函数来实现，该函数运行时会弹出一数据输入对话框，用户输入的值将作为函数值返回。实现该功能的程序代码为：

```
Private Sub Form_Click()
    Dim N As Long, I As Long, S As Long
```

```
N = Val(InputBox("请输入一个要求阶乘的数(<13): ", "求数的阶乘"))
I = 1                    '初始化循环控制变量
S = 1                    '初始化累乘结果保存变量的值为 1
While I <= N             '一直累乘到 N
  S = S * I              '累乘
  I = I + 1              '获得下一个要参与累乘的数
Wend
MsgBox "数" & N & "的阶乘为: " & S
End Sub
```

3. Do…Loop 语句

Do…Loop 循环结构语句是比 While…Wend 循环语句适应面更广、使用更为灵活的条件型循环结构，也是根据给定的条件来决定循环的执行与否。它分为当型（While）和直到型（Until），根据条件表达式的位置不同，又有前测与后测之分。Do…Loop 语句语法与功能如表 3.14 所示。

表 3.14　　　　　　　　　　　　　　Do…Loop 语句的语法与功能

当型 Do…Loop 循环结构语句	直到型 Do…Loop 循环结构语句
语法： 　　Do[While 条件表达式]（前测） 　　　　[语句序列 1] 　　　　[Exit Do]　　　循环体 　　　　[语句序列 2] 　　Loop[While 条件表达式]（后测）	语法： 　　Do[Until 条件表达式]（前测） 　　　　[语句序列 1] 　　　　[Exit Do]　　　循环体 　　　　[语句序列 2] 　　Loop[Until 条件表达式]（后测）
功能：当条件表达式成立时，重复执行循环体，当条件表达式不成立时，则结束循环，转去执行关键字 Loop 后面的语句	功能：重复执行循环体，直到条件成立时，则结束循环，转去执行关键字 Loop 后面的语句
说明： ① 条件表达式和语句序列的要求及功能同 If…Then…Else 语句 ② Do While…Loop 或 Do…Loop While 为关键字，其中文含义是"当满足条件的时候执行循　环体" ③ 关键字 Do 和关键字 Loop 后面的"While 条件表达式"子语句只能选择一个，不能都选。如果选择的是关键字 Do 后面的"While 条件表达式"子语句，则称此 Do…Loop 语句为前测试条件的 Do…Loop 语句；而如果选择的是关键字 Loop 后面的"While 条件表达式"子语句，则称此 Do…Loop 语句为后测试条件的 Do…Loop 语句。两者的区别是，前测试条件的 Do…Loop 语句，在执行时先测试条件表达式，只有当条件表达式成立时，才执行语句序列，而后测试条件的 Do…Loop 语句是先执行语句序列一次，再测试条件表达式。所以，前测试条件的 Do…Loop 语句，关键字 Do 和 Loop 之间的循环体有可能一次也不执行，而后测试条件的 Do…Loop 语句，至少要执行循环体一次 ④ Exit Do 语句的用法及要求与 For…Next 语句相同 ⑤ 关键字 Do 和关键字 Loop 要成对出现，两者缺一不可	说明： ① 条件表达式和语句序列的要求及功能同 If…Then…Else 语句 ② Do Until…Loop 或 Do…Loop Until 为关键字，其中文意思是"执行循环，直到满足条件的时候停止" ③ 与当型 Do…Loop 语句相同，直到型 Do…Loop 语句中关键字 Do 和 Loop 后面的条件表达式同样也只能两者选其一，不能都选。两者的区别是前测试条件的直到型 Do…Loop 语句，其循环体有可能一次也不执行，而后测试条件的直到型 Do…Loop 语句，则至少要执行循环体一次 ④ Exit Do 语句的用法及要求与 For…Next 语句相同 ⑤ 关键字 Do 和关键字 Loop 要成对出现，两者缺一不可

续表

当型 Do…Loop 循环结构语句	直到型 Do…Loop 循环结构语句
举例：用前测试条件的当型 Do…Loop 语句编写程序，求 1 到 100 的和。 实现的程序代码如下： ``` Dim i%, s% i = 1 Do While i <= 100 s = s + i i = i + 1 Loop Print "s = "; s ``` 用后测试条件的 Do…Loop 语句编写程序，求 1 到 100 的和。 实现的程序代码如下： ``` Dim i%, s% i = 1 Do s = s + i i = i + 1 Loop While i <= 100 Print "s = "; s ```	举例：用前测试条件的直到型 Do…Loop 语句编写程序，求 1 到 100 的和 实现的程序代码如下： ``` Dim i%, s% i = 1 Do Until i > 100 s = s + i i = i + 1 Loop Print "s = "; s ``` 用后测试条件的 Do…Loop 语句编写程序，求 1 到 100 的和。 实现的程序代码如下： ``` Dim i%, s% i = 1 Do s = s + i i = i + 1 Loop Until i>100 Print "s = "; s ```

【例 3.8】本示例示范了利用内层的 Do…Loop 语句，待循环到第 10 次时，将标志值设置为 False，并用 Exit Do 语句强制退出内层循环。外层循环则在检查到标志值为 False 时，马上退出。

```
Private Sub Form_Click()
    Dim Check As Boolean, Counter As Integer
    Check = True: Counter = 0        '设置变量初始值
    Do                               '外层循环
        Do While Counter < 20        '内层循环
            Counter = Counter + 1    '计数器 + 1
            If Counter = 10 Then     '如果条件成立
                Check = False        '将标志值设成 False
                Exit Do              '退出内层循环
            End If
        Loop
    Loop Until Check = False          '退出外层循环
    Print "Counter ="; Counter;
    Print "Check = "; Check
End Sub
```

【例 3.9】试编程实现在一字符串中搜寻某目标串出现的次数。

分析：要在一字符串中搜寻目标串，可利用函数 Instr 来实现。但该函数只返回目标串首次出现的位置，为了搜寻完目标串出现的所有位置，必须利用循环控制结构来实现。其实现的程序代码为：

```
Private Sub Form_Click()
    Dim Position As Integer, Count As Integer
    Dim Longstring As String, Target As String
```

```
        Longstring = "East and West, Home is Best!"          '定义搜寻的母串
        Target = "st"                                        '定义要搜寻的目标串
        Position = 1                                         '初始化搜寻的起始位置
        Do While InStr(Position, Longstring, Target)
            Position = InStr(Position, Longstring, Target) + 1  '将搜寻位置指向下一字符
            Count = Count + 1                                '累计出现的次数
        Loop
        MsgBox "目标串 st 在母串中出现的次数为: " & Count
    End Sub
```

如果目标串未出现在母串中，则 InStr（ ）函数返回 0（False)，从而不再执行循环。字处理软件中的查找功能，就是利用该种方法来实现的。

4．For Each…Next 语句

有关数组的内容，详见第 4 章。

For Each…Next 循环语句与 For…Next 循环语句类似，它是对数组中的每一个数组元素重复执行同一组语句序列。如果不知道一个数组中有多少个数组元素，使用 For Each…Next 语句是非常方便的。

语法：

```
For Each 成员 In 数组
        语句序列 1
        [Exit For]        循环体
        语句序列 2
Next[成员 ]
```

功能：变量每取数组中的一个元素，都重复执行循环体。

说明：

① 关键字 For Each 后面的成员必须是 Variant 类型。

② For Each 语句的用法及要求与 For …Next 语句相同。

③ Next 后面的成员可以省略。

举例：

```
Dim A
A = Array(1, 2, 3, 4, 5)
For Each x In A
    Print x;
Next
```

程序运行的结果为： 1　2　3　4　5

3.6.4　其他控制结构

Visual Basic 保留了 GoTo 型控制，包括 GoTo 语句和 On-GoTo 语句。尽管 GoTo 型控制会影响程序质量，但在某些情况下还是有用的，大多数语言都没有取消。

1．GoTo 语句

GoTo 语句可以改变程序执行的顺序，跳过程序的某一部分去执行另一部分，或者返回已经执行过的某语句使之重复执行。因此，用 GoTo 语句可以构成循环。

GoTo 语句的一般格式为：

```
GoTo<标号|行号>
```

"标号"是一个以冒号结尾的标识符；"行号"是一个整型数，它不以冒号结尾。例如：Line1:是一个标号，而 1200 是一个行号。

GoTo 语句改变程序执行的顺序，无条件地把控制转移到"标号"或"行号"所在的程序行，并从该行开始向下执行。

说明：

① 标号必须以英文字母开头，以冒号结束，而行号由数字组成，后面不能跟有冒号。GoTo 语句中的行号或标号在程序中必须存在，并且是唯一的，否则会产生错误。标号或行号可以在 GoTo 语句之前，也可以在 GoTo 语句之后。当在 GoTo 语句之前时，提供了实现循环的另一种途径。

② Visual Basic 对 GoTo 语句的使用有一定的限制，它只能在一个过程中使用。

③ GoTo 语句是无条件转移语句，但常常与条件语句结合使用。

例如，用 GoTo 语句编写程序求 1 到 100 的和。

实现的程序代码如下：

```
Dim i%, s%
i = 1
Line1:
If i <= 100 Then
    s = s + i
    i = i + 1
    GoTo Line1
End If
Print "s = "; s
```

【例 3.10】求 100 以内的素数。

判别某数 m 是否为素数的方法很多，最简单的是从素数的定义来求解，其设计思想是：对于 m，从 $i = 2$，3，…，m -1 判别 m 能否被 i 整除，只要有一个能整除，那么 m 是非素数，否则 m 就是素数。

对求 100 以内的素数完整的程序代码为（将窗体的 AutoRedraw 设为 True）：

```
Private Sub Form_Click()           '单击窗体运行该事件
    Dim i As Integer, m As Integer
    For m = 2 To 100               '对100以内的每个数判断其是否为素数
        For i = 2 To m - 1
            If (m Mod i) = 0 Then    'm能被i整除,该m不是素数
            GoTo NotNextM
            End If
        Next i
        Print m;                   'm不能被i = 2~m-1整除,m是素数,显示
NotNextM:
    Next m
End Sub
```

2. On–GoTo 语句

On-GoTo 语句类似于 Select Case 语句，用来实现多分支选择控制，它可以根据不同的条件从多种处理方案中选择一种。其格式为：

On 数值表达式 GoTo 行号表列|标号表列

On-GoTo 语句的功能是：根据"数值表达式"的值，把控制转移到几个指定的语句行中的一个语句行。"行号表列"或"标号衰列"可以是程序中存在的多个行号或标号，相互之间用逗号隔

开。例如：

```
On x GoTo 10, 20, Line1, Lin2
```

On-GoTo 语句的执行过程是：先计算"数值表达式"的值，将其进行四舍五入处理得一整数，然后根据该整数的值决定转移到第几个行号或标号执行；如果其值为 1，则转向第 1 个行号或标号所指出的语句行；如果为 2，则转向第 2 个行号或标号指出的语句行……依此类推。如果"数值表达式"的值等于 0 或大于"行号表列"或"标号表列"中的项数，程序找不到适当的语句行，将自动执行 On-GoTo 语句下面的一个可执行语句。上例的执行情况如图 3.14 所示。

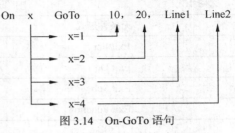

图 3.14　On-GoTo 语句

注意，上例中的"10"、"20"不是第 10 行、20 行，而是要转向的行的行号。

在 Visual Basic 中，On-GoTo 语句可以用 Select Case 语句来代替。应尽量使用 Select Case 语句，少用或不用 On-GoTo 语句。

3.6.5　控制结构的嵌套

可以把一个控制结构放入另一个控制结构之中，这称为控制结构的嵌套。

1. 循环结构的嵌套

通常把循环体内含有循环语句的循环称为嵌套循环或多重循环。而把循环体内不含有循环语句的循环叫做单层循环，例如在循环体内含有一个循环语句的循环称为二重循环。不过在每个循环中的计数变量应使用不同的变量名，以避免互相影响。

例如，在 For…Next 语句中嵌套另一个 For…Next 语句。对于嵌套的层数没有具体限制，其基本要求是：每个循环必须有一个唯一的变量名作为计数变量；内层循环的 Next 语句必须放在外层循环的 Next 语句之前，内外循环不得互相"骑跨"。下面的嵌套是错误的。

```
For i = 1 To 2
    For j = 1 To 3
    ……
    Next i
Next j
```

正确的 For…Next 语句嵌套通常有 3 种形式如表 3.15 所示。

表 3.15　　　　　　　　　　For…Next 语句嵌套的 3 种形式

① 一般形式	② 省略 Next 后面的计数变量	③ 当内层循环与外层循环有相同的终点时，可以共用一个 Next 语句，此时计数变量名不能省略
For i = 1 To 2 　For j = 1 To 3 　…… 　Next j Next i	For i = 1 To 2 　For j = 1 To 3 　…… 　Next Next	For i = 1 To 2 　For j = 1 To 3 　…… Next j,i

While…Wend 语句也可以是多层的嵌套结构，每个 Wend 匹配最近的 While 语句。

Do…Loop 语句也可以是多层的嵌套结构，其规则与 For…Next 语句相同。

For…Next 语句、While…Wend 语句和 Do…Loop 语句之间也可以嵌套。

在 For…Next 语句和 Do…Loop 语句中可以使用出口语句 Exit，它有两种格式：无条件形式和有条件格式。如表 3.16 所示。

表 3.16   出口语句 Exit 的两种格式

无条件形式	有条件格式
Exit For	If 条件 Then Exit For
Exit Do	If 条件 Then Exit Do
Exit Sub	If 条件 Then Exit Sub
Exit Function	If 条件 Then Exit Function

2. 选择结构的嵌套

If…Then 语句在嵌套中，End If 语句自动与最邻近的前一个 If 语句相匹配。

Select Case 语句在嵌套中，End Select 语句自动与最邻近的前一个 Select 语句相匹配。

If…Then 语句与 Select Case 语句之间也可以嵌套。

3. 不同控制结构的嵌套

在循环结构和条件判断结构之间可以相互嵌套。例如在 For…Next 语句中嵌套 Select Case 语句，或在 For…Next 语句中嵌套 If…Then 语句等。

3.7   Visual Basic 数据的输入输出

在 VB 中，除了可通过控件来实现数据的输入/输出以外，还可以利用一些基本的输入/输出函数、方法和语句。本节将介绍这些与输入/输出有关的函数、方法和语句。

3.7.1   数据输入——InputBox 函数

VB 中要接收用户的数据输入，可以使用输入对话框函数 InputBox 来实现。其使用格式为：

变量 = InputBox（<提示信息>[，对话框标题][，默认值][，X 坐标，Y 坐标][，帮助文件，帮助上下文编号]）

函数功能：产生一个具有简单提示信息并可供用户输入数据的对话框。

参数说明：

① 提示信息：该参数为必选项，代表在对话框中显示的提示信息，为字符串或字符串表达式，其最大长度为 1024 个字符，如果超过该宽度，则多余字符将自动被截掉。在对话框内显示信息时，可以自动换行。如果想按自己的要求换行，则须插入回车换行操作，即：Chr(13) + Chr(10)或 vbCrLf。

② 对话框标题：该参数为可选项，它显示在对话框顶部的标题区。若默认该参数，则把应用程序名放入标题栏中，若后面还选用其他参数标题项，则该位置的逗号不能省略。

③ 默认值：默认参数用于设置默认输入内容。在对话框产生时，其输入框中会自动显示该值。

④ X 坐标和 Y 坐标：默认情况下，输入对话框出现在屏幕中央，若要自定义到其他位置，可通过这两个参数来设置对话框左上角在屏幕上的坐标来实现，这两个参数必须全部给出，或者全部省略。

⑤ 帮助文件和帮助上下文编号：帮助文件参数是一个字符串表达式,用来表示帮助文件名字：

帮助上下文编号是一个数值表达式，用来表示相关帮助主题的帮助目录号。这两个数必须同时提供或同时省略。当带有这两个参数时，将在对话框中出现一个"帮助"按钮，单击该按钮或按 F1 键，可以得到有关的帮助信息。

利用该函数产生的对话框一般包含两个命令按钮，分别是"确定"和"取消"按钮。若用户单击"确定"按钮或直接按回车键，则函数返回用户所输入的值；若单击"取消"按钮，则函数返回空串。需要注意的是不论用户输入的是数还是字符，InputBox 函数的返回值均为字符串类型。为实现数值数据的输入，可通过 Val 转换函数而得到。例如，要产生一数据输入对话框，要求用户输入要计算阶乘的数，并且默认输入为 1，则实现的程序代码为：

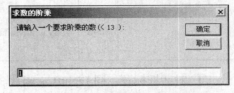

```
temp = Val(InputBox("请输入一个要求阶乘的数(<
13 ): ", "求数的阶乘", 1))
```

图 3.15　InputBox 函数产生的输入框

程序运行后，所产生的输入框如图 3.15 所示。

3.7.2　数据输出——MsgBox 函数和 MsgBox 语句

MsgBox 函数和 MsgBox 语句可以产生消息框，常用于要求用户对某问题做出"是"或"否"的选择判断，或显示一些提示性的消息等，前者要求有返回值，可以使用 MsgBox 函数，后者不要求有返回值，可以使用 MsgBox 语句。

1．MsgBox 函数

MsgBox 函数格式如下。

变量= MsgBox（<提示信息> [，对话框类型] [，对话框标题] [，帮助文件，帮助上下文编号]）

说明：

① 提示信息：同 InputBox 函数。

② 对话框类型：该参数项为可选项，其值通常是由 4 个部分相加而得到的一个整型值。用于指定消息框中命令按钮的数目及形式，使用的图标样式，默认按钮是什么以及消息框的强制回应等。如果省略该参数项，则默认值为 0。

对话框类型参数项各组成部分的值及其含义如表 3.17 所示。表中所列的符号常量为 VB 内部定义的，可直接使用，而不必使用实际数值。

表 3.17　　　　对话框类型参数各组成部分的值及含义

组成部分	值	对应的符号常量	功能说明
消息框中显示的命令按钮数目及形式	0	vbOKOnly	只显示"确定"（OK）按钮
	1	vbOKCancel	显示"确定"及"取消"按钮
	2	vbAbortRetryIgnore	显示"终止"（Abort）、"重试"（Retry）及"忽略"（Ignore）按钮
	3	vbYesNoCancel	显示"是""否"及"取消"按钮
	4	vbYesNo	显示"是"及"否"按钮
	5	vbRetryCancel	显示"重试"及"取消"按钮
图标样式	16	vbCritical	显示严重错误图标（叉号）
	32	vbQuestion	显示蓝色问号图标（问号）
	48	vbExclamation	显示惊叹号图标（惊叹号）
	64	vbInformation	显示蓝色 I 图标（信息图标）

续表

组成部分	值	对应的符号常量	功能说明
默认按钮	0	vbDefaultButton1	第 1 个按钮是默认值
	256	vbDefaultButton2	第 2 个按钮是默认值
	512	vbDefaultButton3	第 3 个按钮是默认值
	768	vbDefaultButton4	第 4 个按钮是默认值
消息框的强制返回方式	0	vbApplicationModal	应用程序强制返回；应用程序一直被挂起，直到用户对消息框做出响应才继续工作
	4096	vbSystemModal	系统强制返回；全部应用程序都被挂起，直到用户对消息框做出响应才继续工作

③ 对话框标题：同 InputBox 函数。

④ 帮助文件和帮助上下文编号：同 InputBox 函数。

⑤ 只有第一个参数是必选项，如果省略了某个可选项，则必须加入相应的逗号分界符。

⑥ MsgBox 函数的返回值：为一个整型值，该值表示用户选择了哪个命令按钮来响应对话。其返回值及对应的含义如表 3.18 所示。

表 3.18   MsgBox 函数的返回值及含义

返回值	对应的符号常量	功能说明
1	vbOK	用户单击了"确定"（OK）按钮
2	vbCancel	用户单击了"取消"（Cancel）按钮
3	vbAbort	用户单击了"终止"（Abort）按钮
4	vbRetry	用户单击了"重试"（Retry）按钮
5	vbIgnore	用户单击了"忽略"（Ignore）按钮
6	vbYes	用户单击了"是"（Yes）按钮
7	vbNo	用户单击了"否"（No）按钮

2. MsgBox 语句

MsgBox 语句格式如下。

```
MsgBox（<提示信息> [，对话框类型] [，对话框标题] [，帮助文件，帮助上下文编号]）
```

各参数的含义及作用与 MsgBox 函数相同，由于 MsgBox 语句没有返回值，因而常用于较简单的信息显示。

由 MsgBox 函数或 MsgBox 语句所显示的信息框有一个共同的特点，就是在出现信息框后，必须做出选择，即单击框中的某个按钮或按回车键，否则不能执行其他任何操作。在 VB 中把这样的对话框或者窗口称为"模态"（Modal），否则称为"非模态"（Modalless）。

【例 3.11】MsgBox 的使用实例。

该实例使用 MsgBox 函数产生一个对话框，让用户选择其中的按钮，并对选择的结果用 MsgBox 产生一个结果提示信息。

操作步骤如下。

（1）打开或添加一个新窗体，设置其 Caption 属性值为"MsgBox 演示实例"。

（2）添加一个命令按钮，设置其 Caption 属性值为"演示"。

（3）编写命令按钮的 Click 事件程序代码为：

```
Private Sub Command1_Click()
    Dim selevalue As Integer
    Dim buttons1 As Integer
    '设置按钮数目及样式、图标种类、默认按钮
    buttons1 = vbYesNoCancel + vbQuestion + vbDefaultButton1
    selevalue = MsgBox("请选择按钮", buttons1, "Msgbox 练习")
    Select Case selevalue      '对用户选择的按钮进行判断
        Case vbCancel
            MsgBox "您选择了取消按钮"
        Case vbNo
            MsgBox "您选择了否按钮"
        Case vbYes
            MsgBox "您选择了是按钮"
    End Select
End Sub
```

（4）运行程序。该程序执行时，首先显示如图 3.16 所示的窗体画面，单击"演示"命令按钮，显示如图 3.17 所示的消息对话框。用户在"是"、"否"和"取消"3 个按钮中选择"是"按钮，则会显示如图 3.18 所示的结果。

在上面的 Click 事件程序代码中共有 4 个 MsgBox，其中第 1 个采用函数格式引用，它要返回数值，用它来判断用户选择的按钮。后面 3 个采用语句格式引用，显示提示信息，没有引用其返回值。

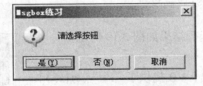

图 3.16 程序运行时的初始界面　　　图 3.17 用 MsgBox 函数产生的选择框　　图 3.18 用 MsgBox 语句产生的消息框

3.7.3 数据输出——Print 方法与格式输出函数

1. Print 方法

使用 Print 方法可以在窗体、图片框、打印机、立即窗口等对象中输出文本字符串或表达式的值，其语法格式为：

[<对象名称>.]Print[{Spc(n)|Tab(n)}][<表达式列表>][{,|; }]

说明：

① <对象名称>可以是窗体（Form）、图片框（PicturBox）、打印机（Printer）或立即窗口（Debug）。如果省略"对象名称"，则在窗体上直接输出。

② <表达式列表>是一个或多个表达式，可以是数值表达式或字符串。对于数值表达式，将输出表达式的值；对于字符串，则原样输出。如省略"表达式列表"，则输出一空行。输出数据时，数值数据的前面有一个符号位，后面有一个空格，而字符串前后都没有空格。

③ 当输出多个表达式时，各表达式之间用分隔符："，"或"；"隔开。如使用"，"分隔符，则各输出项按标准输出格式显示，此时，以 14 个字符宽度为单位将输出行分为若干区段，逗号后面的表达式在下一个区段输出。如使用"；"分隔符，则按紧凑格式输出，即各输出项之间无间隔的连续输出。

④ 如在语句行的末尾使用";"分隔符，则下一个 Print 输出的内容将紧跟在当前 Print 输出的信息后面；如在语句行的末尾使用","分隔符，则下一个 Print 输出的内容将紧跟在当前 Print 输出的下一个分区显示；如省略语句末尾的分隔符，则 Print 方法将自动换行。

⑤ Print 方法具有计算和输出的双重功能，对于表达式，总是先计算后输出。

【例 3.12】编写程序，用输入对话框输入球的半径，然后计算球的体积和表面积，并使用 Print 方法在窗体中直接输出结果。

分析：设球的半径为 R，则球的体积 V 和表面积 S 计算公式分别为

$$V = 4/3\pi R^3, \quad S = 4\pi R^2$$

编程操作步骤是建立一个新工程，编写以下窗体 Form1 的单击 Click 事件过程代码：

```
Private Sub Form_Click()
    Dim R As Double, V As Double, S As Double
    Const pi = 3.1415926                  '定义常数
    R = Val(InputBox("请输入球的半径(mm)："))  '输入半径并进行数据类型转换
    Print                                 '输出一空行
    Form1.Print "球的半径R = ", R; "mm"      '半径按标准输出格式显示
    Print
    V = 4 / 3 * pi * R ^ 3
    S = 4 * pi * R ^ 2
    Print "球的体积V = "; V; "mm^3"          '体积按紧凑格式输出显示
    Print
    Print "球的表面积S = "; S; "mm^2 "
End Sub
```

启动程序后，单击窗体后的运行结果如图 3.19 所示。

2. 与 Print 方法有关的函数

为了使数据按指定的位置输出，VB 提供了几个与 Print 相配合的函数。

（1）Tab 函数。在 Print 方法中，可以使用 Tab 函数来对输出进行定位。其格式为

图 3.19

```
Tab (<n>)
```

其中 n 为数值表达式，其值为一整数。Tab 函数把显示或打印位置移至由参数 n 指定的列数，从此列开始输出数据。要输出的内容放在 Tab 函数后面，并用分号隔开。例如：

```
Print Tab(10); "姓名"; Tab(30); "年龄"
```

通常最左边的列号为 1。如果当前的显示位置已经超过 n，则自动下移一行。当 n 大于行的宽度时，显示位置为 n Mod 行宽。当在一个 Print 方法中有多个 Tab 函数时，每个 Tab 函数对应一个输出项，各输出项之间用分号隔开。

（2）Spc 函数。在 Print 方法中，还可以使用 Spc 函数来对输出进行定位。与 Tab 函数不同，Spc 函数提供若干空格。其格式为

```
Spe (< n >)
```

其中 n 为数值表达式，其值为一整数，表示在显示或打印时下一个表达式之前插入的空格数。Spc 函数与输出项之间用分号隔开。例如：

```
Print "ABC"; Spc(5); "DEF"   '输出：ABC     DEF
```

当 Ptint 方法与不同大小的字体一起使用时，使用 Spc 函数打印的空格字符的宽度总是等于选

用字体内以磅数为单位的所有字符的平均宽度。

Spc 函数与 Tab 函数的作用类似，可以互相代替。但应注意，Tab 函数从对象的左端开始计数，而 Spc 函数只表示两个输出项之间的间隔。除 Spc 函数外，还可以用 Space 函数，该函数与 Spc 函数的功能类似。

【例 3.13】编写程序在窗体上输出如图 2.20 所示的图形。

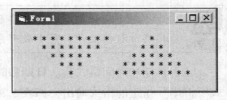

图 3.20

编写窗体单击事件过程代码如下。

```
Private Sub Form_Click()
    Print
    For i = 5 To 1 Step -1
        Print Tab(5);
        Print Spc(10 - 2 * i);
        For j = 1 To 2 * i - 1
            Print "*"; Space(1);
        Next j
        Print Spc(8);
        For k = 1 To 11 - 2 * i
            Print "*"; Space(1);
        Next k
        Print
    Next i
End Sub
```

3. 格式输出函数

用格式输出函数 Format$可以使数值、日期或字符串按指定的格式输出，一般用于 Print 方法中。其格式如下。

```
Format[$] (表达式[，格式字符串])
```

其中

表达式：要格式化的数值、日期和字符串类型表达式。

格式字符串：表示输出表达式值时所采用的输出格式。格式字符串有 3 类：数值格式、日期格式和字符串格式。格式字符串要加引号。

（1）数值格式化。数值格式化是将数值表达式的值按"格式字符串"指定的格式输出，如表 3.19 所示。

表 3.19　　　　　　　　Visual Basic 6.0 常用数值格式化符号及举例

符号	作用	数值表达式	格式化字符串	显示结果
0	实际数字小于符号位数时，数字前后加 0	1234.567 1234.567	"00000.0000" "000.00"	01234.5670 1234.57
#	实际数字小于符号位数时，数字前后不加 0	1234.567 1234.567	"#####.####" "###.##"	1234.567 1234.57
.	加小数点	1234	"0000.00"	1234.00
,	千分位	1234.567	"##,##0.0000"	1.234.5670
%	数值乘以 100，加百分号	1234.567	"####.##%"	123456.7%
$	在数字前强加$	1234.567	"$###.##"	$12345.7
+	在数字前强加+	− 124567	" + ###.##"	+ −1234.57
−	在数字前强加-	1234.567	"-###.##"	−1234.57
E+	用指数表示	0.1234	"-0.00E + 00"	1.23E-01
E-	与 E + 相似	1234.567	".00E-00"	.12E04

对于符号 0 与#，若要显示的数值表达式的整数部分位数多于格式字符串的位数，按实际数值显示，若小数部分的位数多于格式字符串的位数，按四舍五入显示。

（2）日期和时间格式化。日期和时间格式化是将日期表达或数值表达式的值转换为按"格式字符串"指定的格式输出，如表 3.20 所示。

表 3.20　　　　　　　　　Visual Basic 6.0 常用日期和时间格式化符号及作用

符号	作用	符号	作用
d	显示日期（01～31），个位前不加 0	dd	显示日期（01～31），个位前加 0
ddd	显示星期缩写（Sun～Sat）	dddd	显示星期全名（Sunday～Saturday）
ddddd	显示完整日期（日、月、年），默认格式为 mm/dd/yy		
w	星期为数字（1～7，1 是星期日）	ww	一年中的星期数（1～53）
m	显示月份（1～12），个位前不加 0	mm	显示月份（01～12），个位前加 0
mmm	显示月份缩写（Jan～Dec）	mmmm	月份全名（January～December）
y	显示一年中的天（1～366）	yy	两位数显示年份（00～99）
yyyy	四位数显示年份（0100～1999）	q	季度数（1～4）
h	显示小时（0～23），个位前不加 0	hh	显示小时（00～23），个位前加 0
m	在 h 后显示分（0～59），个位前不加 0	mm	在 h 后显示分（00～59），个位前加 0
s	显示秒（0～59），个位前不加 0	ss	显示秒（00～59），个位前加 0
ttttt	显示完整时间（小时、分和秒）默认格式为 hh:mm:ss	AM/PM am/pm	12 小时的时钟，中午前 AM 或 am 中午后 PM 或 pm
A/P a/p	12 小时的时钟，中午前 A 或 a，中午后 P 或 p		

例如：?Format(#2006-8-1 14:01:01#,"yyyy 年 mm 月 dd 日 hh 时 mm 分 ss 秒")

结果：2006 年 08 月 01 日 14 时 01 分 01 秒

（3）字符串格式化。字符串格式化是将字符串按指定的格式进行诸如强制大小写等的显示，如表 3.21 所示。

表 3.21　　　　　　　　　Visual Basic 6.0 常用字符串格式化符号及举例

符号	作用	字符串表达式	格式化字符串	显示结果
<	强迫以小写显示	Hello	"<"	hello
>	强迫以大写显示	Hello	">"	HELLO
@	实际字符位数小于符号位数时，字符前加空格	ABCDEF	"@@@@@@@@"	ABCDEF
&	实际字符位数小于符号位数时，字符前不加空格	ABCDEF	"&&&&&&&"	ABCDEF

3.8　Visual Basic 的过程

3.8.1　Visual Basic 程序代码的程序结构

计算机是按照指令来运行的，一个应用程序实际上是指挥计算机完成特定任务的指令集合。应用程序的结构是指组织指令的方法，主要包括两项内容，一是指令存放的位置，二是指令的执行顺序。

由于 VB 是一种面向对象的开发工具，其指令存放的位置主要有：窗体模块、标准模块和类模块（见图 3.21）。在一个模块内部，VB 语言与其他传统语言类似，指令的执行顺序有顺序结构、条件结构和循环结构。

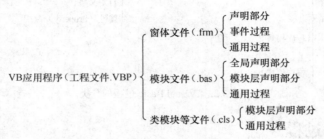

图 3.21　Visual Basic 指令存放的位置图

窗体模块的文件扩展名为.frm。窗体模块中主要包括：声明部分、通用过程和窗体的事件处理过程。在窗体模块的声明部分可以定义变量、常数、类型和外部过程的窗体级声明。在用 VB 编写应用程序时，要注意写入窗体模块的代码是该窗体所属的具体应用程序专用的。对于多个窗体所共用的程序代码，可以用"标准模块"的形式来完成。

标准模块的文件扩展名为.bas。标准模块是应用程序内其他模块访问的过程和声明的容器。它们可以包含变量、常数、类型、外部过程和全局过程的全局声明或模块级声明。写入标准模块的代码不必针对特定的应用程序。如果能够注意不用具体名称引用窗体和控件，则在许多不同的应用程序中可以重复使用标准模块。

类模块的文件扩展名为.cls。在 VB 中，类模块是面向对象编程的基础。我们可以在类模块中编写代码建立新的对象。这些新对象可以包含自定义的属性和方法。实际上，VB 提供的窗体、控件都是类模块的一种，通过类模块，我们可以根据自己的需要建立自己的控件。

我们可以通过菜单栏上的"工程"菜单、工具栏中的 ⬚ 按钮，或者工程资源管理器中快捷菜单中的 "添加窗体"、"添加模块"、"添加类模块"等命令来添加窗体模块、标准模块和类模块到工程中去，具体添加模块后的工程资源管理器如图 1-6 所示。

3.8.2　过程的概念

结构化程序设计方法提出了一种解决复杂问题的程序设计思想：模块化，自顶向下，逐步求精。VB 是面向对象的可视化编程语言，它继承了结构化程序设计思想，将程序分割成较小的逻辑部件（程序段）就可以简化程序设计任务。通常称这些部件（程序段）为过程，所以 VB 应用程序是由过程组成的。在 VB 设计应用程序时，除了定义常量和变量外，全部工作就是编写过程。VB 中的过程可以看作是编写程序的功能模块。从本质上说，使用过程是在扩充 VB 的功能以适应某种需要。前面多次见过事件过程，这样的过程是当发生某个事件（如 Click、Load、Change）时，对该事件做出响应的程序段，这种事件过程构成了 VB 应用程序的主体。有时候，多个不同的事件过程可能需要使用一段相同的程序代码，因此可以把这一段代码独立出来，作为一个过程，这样的过程叫做"通用过程"（general procedure），它可以单独建立，供事件过程或其他通用过程调用。在 VB 中，通用过程分为两类，即子程序过程和函数过程，前者叫做 Sub 过程，后者叫做 Function 过程。另外还有 Property（属性）过程和 Event（自定义事件）过程的使用方法，感兴趣的读者请参考有关的书籍和资料，在此不再详述。关于 Visual Basic 过程的分类如图 3.22 所示。

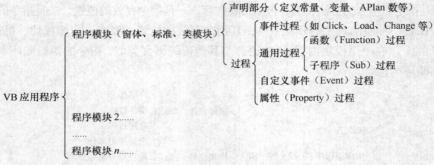

图 3.22　Visual Basic 过程的分类

3.8.3　Sub 过程

Sub 过程，又叫做子程序过程。之所以称为子程序，是因为这种程序不能单独运行，而必须由其他程序调用才能执行。当需要重复地进行一些操作，这些操作可以返回一个值或者多个值，也可以不返回值，这时可以使用 VB 语言提供的 Sub 过程。

1. Sub 过程的定义

格式：

[Private|Public][Static]Sub 过程名［（形式参数表）］
  语句序列 1
  [Exit Sub] 过程体
  语句序列 2
End Sub

功能：声明 Sub 过程的名称、形式参数、以及构成该过程的语句序列。

说明：

① Sub 语句表示 Sub 过程定义的开始，End Sub 语句表示 Sub 过程定义的结束，两者缺一不可。

② 当使用关键字 Public（可以省略），并且在标准模块中定义全局过程，应用程序的所有模块均可调用该过程；关键字 Private 表示定义的过程仅限于本模块使用，其他模块无法使用。

③ 关键字 Static，表示声明过程中的局部变量为静态变量，否则默认为动态变量，其作用与声明变量时所使用的 Static 关键字相同。（这部分内容在学习了 3.9 节后再看）

例如：比较下列两段程序的运行结果，如表 3.22 所示。

表 3.22　　　　　　　　　　　　　　　关键字 Static 的作用

没有关键字 Static	有关键字 Static
Private Sub Exam() Dim N%, S$ N = N + 1 S = S & "A" Print "N = "; N, "A$ = "; S$ End Sub	Private Static Sub Exam() Dim N%, S$ N = N + 1 S = S & "A" Print "N = "; N, "A$ = "; S$ End Sub
Private Sub Form_Activate() For I = 1 To 5 Exam Next I End Sub	Private Sub Form_Activate() For I = 1 To 5 Exam Next I End Sub

续表

没有关键字 Static	有关键字 Static
运行结果： N= 1　　　　A\$ = A N= 1　　　　A\$ = A N= 1　　　　A\$ = A N= 1　　　　A\$ = A N= 1　　　　A\$ = A	运行结果： N= 1　　　　A\$ = A N= 2　　　　A\$ = AA N= 3　　　　A\$ = AAA N= 4　　　　A\$ = AAAA N= 5　　　　A\$ = AAAAA

④ 过程名由用户自己命名，命名规则与变量名的命名规则完全相同，即以英文字母开头的英文字母、阿拉伯数字和下划线组成的、长度不超过 255 个字符的字符序列。

⑤ 形式参数表：形式参数，简称形参，是过程中使用的自变量，与其他变量一样，形式参数也有数据类型，其使用方法与其他变量一样，如果没有声明这些形式参数的类型，则默认为 Variant 型。之所以称这些自变量为形式参数，是因为在定义过程时，这些自变量并不具有确定的值，它们只是在形式上存在的自变量，在调用该过程时，这些形式参数要被一个确定的值，即实在参数所代替。对于某一个具体过程来说，既可以有形式参数，也可以没有形式参数；既可以有一个，也可以有多个。如果有多个的话，各个形式参数之间要用逗号隔开。

⑥ 在语句序列的任何地方都可以使用 Exit Sub 语句提前退出过程，该语句常常放在条件判断语句之后使用。

2. Sub 过程的创建

创建 Sub 过程有如下两种方法。

（1）执行"工具"→"添加过程"命令，出现如图 3.23 所示的对话框；在此对话框中输入过程的名称，并选择其类型为"子程序（S）"、然后确定其范围以及是否将过程中的局部变量声明为静态变量等内容，最后单击"确定"按钮，就会在"代码"窗口中出现过程定义开始语句（Sub 语句）和过程定义结束语句（End Sub 语句）。接着在形式参数表中输入所需参数，然后在 Sub 语句和 End Sub 语句之间输入过程所需语句。

（2）在"代码"窗口中直接输入 Sub 语句并回车，系统就会自动为其加上 End Sub 语句，然后在两条语句之间输入过程所需语句即可。

【例 3.14】试创建一个判断一个正整数是否为素数的公有的通用过程 prime。

操作步骤如下所述。

（1）在 VB 菜单栏中选择"工程"→"添加模块"命令，向工程添加一标准模块。若工程已有模块，则省略该步，直接进行第 2 步。

（2）在工程资源管理器中双击模块（Modulel），打开该模块的代码编辑器窗口。

（3）在 VB 菜单栏中选择"工具"→"添加过程"命令，打开"添加过程"的对话框，如图 3.24 所示，然后在对话框的名称框中输入过程名：prime，最后单击"确定"按钮，此时，系统就会自动在标准模块窗口中生成该过程的框架。

（4）在过程名后的括号中输入接受参数的变量名及数据类型说明。

```
 n As Integer, f As Boolean
```

（5）在产生的通用过程内，编写实现相应功能的代码，如图 3.24 所示。

3. Sub 过程的调用

Sub 过程的调用方法有如下两种。

（1）使用关键字 Call。

图 3.23 "添加过程"对话框

图 3.24 Sub 过程的定义

语法：

Call 过程名 [（实在参数表）]

说明：实在参数表是传递给 Sub 过程的常量、变量或表达式，实在参数的个数应和过程定义语句中的形式参数的个数相同。与形式参数一样，实在参数如果有多个，各个实在参数之间应使用逗号隔开。

（2）省略关键字 Call。

语法：

过程名 [（实在参数表）]

说明：使用此方法，在省略关键字 Call 的同时，实在参数表外面的圆括号也可以省去。

例如，比较下列几段程序，如表 3.23 所示。

表 3.23　　　　　　　　　　　　　关键字 Call 的使用

使用关键字 Call	省略关键字 Call	省略关键字 Call 和括号
Private Sub Form_Activate()	Private Sub Form_Activate()	Private Sub Form_Activate()
Call Exam(4)	Exam (4)	Exam 4
End Sub	End Sub	End Sub
Private Sub Exam(m%)	Private Sub Exam(m%)	Private Sub Exam(m%)
Dim i As Integer	Dim i As Integer	Dim i As Integer
For i = 1 To m	For i = 1 To m	For i = 1 To m
Print "Visual Basic 的应用"	Print "Visual Basic 的应用"	Print "Visual Basic 的应用"
Next i	Next i	Next i
End Sub	End Sub	End Sub
运行结果：	运行结果：	运行结果：
Visual Basic 的应用	Visual Basic 的应用	Visual Basic 的应用
Visual Basic 的应用	Visual Basic 的应用	Visual Basic 的应用
Visual Basic 的应用	Visual Basic 的应用	Visual Basic 的应用
Visual Basic 的应用	Visual Basi 的应用	Visual Basic 的应用

【例 3.15】利用【例 3.14】中的通用过程 prime，求 100 以内的素数。

在工程中添加【例 3.14】创建的标准模块，在窗体中编写如下的程序代码。

```
Private Sub Form_Click()          ' 单击窗体运行该事件
    Dim flag As Boolean, m As Integer
    For m = 2 To 100              ' 对 100 以内的每个数判断其是否为素数
        Call prime(m, flag)
        If flag = True Then Print m;
    Next m
End Sub
```

3.8.4　Function 过程

Function 过程，即函数过程，又叫用户自定义函数。对于频繁使用的运算用户，可以把这些运算按照一定的语法规则定义为函数。这些函数必须先定义，然后才能像标准函数那样使用。这里所说的定义，也就是为函数命名，并规定它的计算公式及所使用的参数。

1. Function 过程的定义

格式：

`[Private|Public][Static]Function 过程名 [类型说明符] [（形式参数表）] [As 类型说明词]`

　　　语句序列 1

　　　`[Exit Function]`　　　 过程体

　　　语句序列 2

函数过程名 = 表达式

`End Function`

功能：声明 Function 过程的名称、形式参数、以及构成该过程的语句序列。

说明：

① Function 语句表示 Function 过程定义的开始，End Function 语句表示 Function 过程定义的结束，两者缺一不可。

② 关键字 Public、Private 的作用同 Sub 过程。

③ 关键字 Static 的作用同 Sub 过程。（这部分内容在学习了 3.9 节后再看）

④ Function 过程名的命名规则同 Sub 过程名。但是由于 Function 过程的过程名同时兼作存放函数值的变量，所以过程名也有类型，可以使用类型说明符或类型说明词进行声明，其使用方法与变量名的类型的使用方法相同，如果没有声明过程名的类型，则默认为 Variant 型。

例如：过程名 F% 和 F As Integer 都表示过程名为整型。另外，过程名在过程体中应至少被赋值一次，而最后一次赋给该函数名的值就是该函数的最终结果。

⑤ 形式参数表的含义同 Sub 过程。

⑥ 在过程体中可以使用 Exit Function 语句提前退出过程，该语句常常放在条件判断语句之后使用。

2. Function 过程的创建

Function 过程的创建方法与 Sub 过程的创建方法类似，同样也有两种方法。如果使用第一种方法，在选择类型时，要选择"函数（F）"，而不要选择"子程序（S）"；如果使用第二种方法，要将关键字 sub 改为 Function。

【例 3.16】试编写一通用函数 Maxnum，以实现求出 3 个数中的最大数。

分析：求出 3 个数中的最大数的算法，在前面学习条件判断语句时已作介绍，不再重复。按照定义过程的步骤和方法，实现本例功能的函数过程，它在标准模块中定义。如图 3.25 所示。

3. Function 过程的调用

Function 过程被定义以后，就可以像标准函数那样在程序中调用，即在表达式中写上该函数过程的名称及相应的实参即可。

例如：编一程序，打印从 1、10、100、1000、10000 的常用对数。由于程序中多次用到求常用对数的运算，因此将其定义为

图 3.25　函数过程的定义

一个 Function 过程，然后在窗体 Form 的 Activate 事件过程中调用它。

程序代码如下。

```
Private Sub Form_Activate()
    Dim i%
    For i = 0 To 4
        Print "自变量"; 10 ^ i, "常用对数"; Lg(10 ^ i)
    Next i
End Sub
Private Function Lg!(X%)
    Lg = Log(X) / Log(10)
End Function
```

运行结果：

自变量 1   常用对数 0

自变量 10   常用对数 1

自变量 100   常用对数 2

自变量 1000   常用对数 3

自变量 10000 常用对数 4

【例 3.17】在窗体中调用【例 3.16】中的通用函数 Maxnum，以实现求出 3 个数中的最大数。程序代码如下。

```
Private Sub Form_Click()
    Dim m!, n!, l!
    m = Val(InputBox("请输入 a"))
    n = Val(InputBox("请输入 b"))
    l = Val(InputBox("请输入 c"))
    MsgBox "最大数为: " & Maxnum(m, n, l)
End Sub
```

3.8.5   参数传递过程

1. 形式参数与实在参数

参数是过程与外界通信的媒介，负有与外层程序互相传递信息的特殊使命。参数分为形式参数和实在参数，形式参数是指出现在 Sub 语句和 Function 语句中的参数，简称形参；实在参数是指在调用 Sub 过程或 Function 过程时所使用的参数，简称实参。

实在参数表与形式参数表中的参数名可以相同，也可以不同，但实参表中的实参类型与形参表中对应的形参类型必须相同。

在调用 Sub 过程或 Function 过程时，参数一般是按照它们在参数表中的位置——对应传递的，即实参表中的第一个实参的值传递给形参表中的第一个形参，第二个实参的值传递给第二个形参，依此类推。

2. 参数传递方式

在 VB 中，根据参数的值是否能回传，也就是说，根据运算后的形式参数的值能否再传递给与它相对应的实在参数，而把参数传递分为两种方式：按值传递和按地址传递。

（1）按值传递。

这种传递方式只能将实参的值传递给形参，而不能将运算后形参的值再传递给实参，即这种传递只能是单向的，即使形参的值发生了改变，此值也不会影响到调用该过程的语句中实参的值。

如果实在参数是常量或表达式，则默认采用的是值传递，在传递时先计算表达式的值，然后将该值传递给对应的形参。

例如：

```
Private Sub Form_Activate()
Const A% = 5
'实参 3 是值常量，实参 A 是符号常量，实参 "3*5" 是表达式，它们都是固定的值。
Print 3, A, 3 * 5                  '打印调用前的实参值
Call exam1(3, A, 3 * 5)           '调用 Sub 过程 exam1
Print 3, A, 3 * 5                  '打印调用后的实参值
End Sub

Private Sub exam1(X, Y, Z)
    X = X + 2
    Y = Y - 3
    Z = Z ^ 2
    Print X, Y, Z                  '打印调用运算后的形参值
End Sub
```

程序运行结果：

```
3              5              15
5              2              225
3              5              15
```

（2）按地址传递。

这种传递方式不是将实在参数的值传递给形参，而是将存放实在参数值的内存中的存储单元的地址传递给形参，因此形参和实参具有相同的存储单元地址，也就是说，形参和实参共用同一存储单元。在调用 Sub 过程或 Function 过程时，如果形参的值发生了改变，对应的实参的值也将随着改变，并且实参会将改变后的值带回调用该过程的程序，即这种传递是双向的。

如果实在参数是变量，则默认采用按地址传递。如果形参前面加 ByRef，也按地址传递。

例如：

```
Private Sub Form_Activate()
Dim A%, B%, C%                     '定义变量 A, B, C
A = 3: B = 5: C = 3 * 5            '给变量 A, B, C 赋值
Print A, B, C                      '打印调用前的实参值
Call exam1(A, B, C)                '调用 Sub 过程 exam1
Print A, B, C                      '打印调用后的实参值
End Sub

Private Sub exam1(X, Y, Z)
    X = X + 2
    Y = Y - 3
    Z = Z ^ 2
    Print X, Y, Z '打印调用运算后的形参值
```

End Sub 程序运行结果：

```
3              5              15
5              2              225
5              2              225
```

如果实参是变量，但又想采用按值传递方式，此时只需在定义该过程的形式参数表中该变量

的前面加上关键字 ByVal，或将调用过程语句的实在参数表中的该变量用圆括号括起来即可。其他既没有在形式参数表中加关键字 Byval，也没有在实在参数表括起来的变量，仍采用按地址传递方式。

在调用一个 Sub 过程或 Function 过程时，可以根据需要对不同的参数采用不同的传递方式。例如：

```
Private Sub Form_Activate()
Dim A%, B%, C%                        '定义变量A, B, C
A = 3: B = 5: C = 3 * 5               '给变量A, B, C赋值
Print A, B, C                        '打印调用前的实参值
Call exam1(A, (B), C)                '调用 Sub 过程 exam1
Print A, B, C                        '打印调用后的实参值
End Sub


Private Sub exam1(ByVal X, Y, Z)
    X = X + 2
    Y = Y - 3
    Z = Z ^ 2
    Print X, Y, Z                    '打印调用运算后的形参值
End Sub
```

程序运行结果：

```
3            5              15
5            2              225
3            5              225
```

【例 3.18】编一交换两个数的过程程序代码，Swap1 用传值传递，Swap2 用传址传递，哪个过程能真正实现两个数的交换？为什么？两句 Print 语句输出的结果分别是多少？

```
Public Sub Swap1(ByVal x As Integer, ByVal y As Integer)
    Dim t As Integer
    t = x: x = y: y = t
End Sub


Public Sub Swap2(x As Integer, y As Integer)
    Dim t As Integer
    t = x: x = y: y = t
End Sub


Private Sub Form_Click()
    Dim a As Integer, b As Integer
    a = 10: b = 20
    Swap1 a, b
    Print "A1 = "; a, "B1 = "; b
    a = 10: b = 20
    Swap2 a, b
    Print "A2 = "; a, "B2 = "; b
End Sub
```

本例两种调用方式示意图如图 3.26 所示。

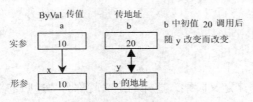

图 3.26　两种参数传递方式示意图

（3）命名传递。

一般按值传递和按地址传递，是按照形参和实参在参数表中的位置——对应传递的。有时我们在调用过程语句的实在参数表中所写的实在参数和在过程定义语句的形式参数表中所写的形式参数位置并不一一对应，这时就需要使用命名传递。

使用命名传递，在调用过程语句的实在参数表中的参数格式为：

<形式参数> : = <实在参数>

其含义为：将右边实在参数的值，传递给左边的形式参数。

例如：

```
Private Sub Form_Activate()
    Dim A%, B%, C%                      '定义变量A，B，C
    A = 3: B = 5: C = 3 * 5             '给变量A，B，C赋值
    Print A, B, C                       '打印调用前的实参值
    Call exam1(Y: = A, X: = B, Z: = C)  '调用 Sub 过程 exam1
    Print A, B, C                       '打印调用后的实参值
End Sub

Private Sub exam1(X, Y, Z)
    X = X + 2
    Y = Y - 3
    Z = Z ^ 2
    Print X, Y, Z  '打印调用运算后的形参值
End Sub
```

程序运行结果：

```
3           5           15
7           0           225
0           7           225
```

命名传递并不是按照形参和实参在参数表中的位置——对应传递的。但命名传递是采用按值传递，还是按地址传递，仍然遵从前面的规定，即常量和表达式默认采用按值传递，变量默认采用按地址传递。

　　　　　　过程不能嵌套定义，即不允许在一个过程中再定义另外的过程，但可以在一个过程中调用另外的过程，即可以嵌套调用。

3.8.6　过程的递归调用

1．递归的概念

通俗地讲，用自身的结构来描述自身就称为"递归"。最典型的例子是对阶乘运算可作如下的

定义：

```
n! = n*(n-1)!
(n-1)!= (n-1)!*(n-2)!
......
```

显然，用"阶乘"本身来定义阶乘，这样的定义就称为"递归定义"。

2. 递归子过程和递归函数

VB 允许一个子过程或函数在自身定义的内部调用自己，这样的子过程或函数称为递归子过程或递归函数。在许多问题中具有递归的特性，用递归调用描述它们就非常方便。

【例 3.19】求 $fac(n) = n!$ 的值。

根据求 $n!$的定义 $n! = n*(n-1)!$，写成如下形式：

$$fac(n) = \begin{cases} 1 ....(n=1) \\ n*fac(n-1)........(n>1) \end{cases}$$

计算 $fac(n)$的函数程序代码为：

```
Public Function fac(n As Integer) As Integer
    If n = 1 Then
        fac = 1
    Else
        fac = n * fac(n - 1)
    End If
End Function

Private Sub Command1_Click()       '调用递归函数，显示出 fac (4)= 24
    Print "fac(4) = "; fac(4)
End Sub
```

在函数 $fac(n)$的定义中，当 $n>1$ 时，连续调用 fac 自身共 $n-1$ 次，直到 $n=1$ 为止。现设 $n=4$，下面就是 $fac(4)$的执行过程，如图 3.27 所示。

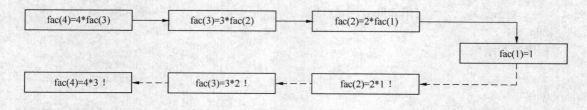

图 3.27　fac(4)的执行过程

其中：──▶为递推轨迹，◀---为回归的轨迹，可见递推与回归各持续了 3 次。递归处理过程一般用栈来实现。栈中存放：形参、局部变童、调用结束时的返回地址。每调用一次自身，把当前参数压栈，直到达到递归结束条件，这个过程叫递推过程。然后不断从栈中弹出当前的参数，直到栈空，这个过程叫回归过程。

请读者考虑，根据递归的处理过程，在上述 fac 函数中，若少了 If $n=1$ Then fac = 1 即只有语句 fac = $n*fac(n-1)$程序运行将造成何结果？由此可见构成递归的条件如下。

（1）递归结束条件及结束时的值。

（2）能用递归形式表示，并且递归向终止条件发展。

3.9　变量的作用域及其生存期

3.9.1　变量的作用域

　　变量除了拥有一个属于自己的名字和数据类型外，还有一个重要的特性就是变量的作用域（作用范围）。变量的作用域是指变量的有效使用范围。当一个应用程序中出现多个过程或函数时，在这些过程中都可以定义自己的变量。这时，自然就会提出一个问题，这些变量是否在程序中处处可用？回答是否定的。

　　由图 3.21 可以看出，过程包含于模块中、模块包含于 VB 应用程序中，因此变量的作用域可以分为过程级变量（在事件过程、通用过程等过程中有效）、模块级变量（在标准模块、窗体模块和类模块等模块中有效）、全局变量（在应用程序中的所有模块和过程中有效），一个变量是何种级别的变量，取决于声明该变量时变量声明语句所在的位置和所使用的关键字。

1. 过程级变量

　　在过程内部定义的变量就是"过程级变量"，又叫做局部变量、私有变量或本地变量。在一个过程内部使用 Dim 或 Static 关键字声明的变量，只有该过程内部的代码才能访问或改变该变量的值。也就是说，过程级变量的作用范围被限制在该过程的内部。过程级变量常用于存储临时数据或运算的中间结果。

　　例如：

```
Private Sub Command1_Click()
    Dim a As Integer, b As Integer
    Static s As Long
    ......

End Sub
```

　　上面的变量 a、b 和 s 都是在单击事件过程内部声明的变量，因此它们是过程级变量，它们只是在该过程中起作用。另外如果在某个过程中未做声明而直接使用某个变量，则该变量也被当作过程变量，变量的类型被默认为变体型。用 Static 关键字声明的变量虽然作用域是在过程内部，但是在应用程序的整个运行过程中都一直存在，而用 Dim 关键字声明的变量只在过程执行时存在，退出过程后，这类变量就会消失。过程级变量属于局部变量。

　　【例 3.20】过程级局部变量示例。

```
Private Sub Command1_Click()
    Dim a As Integer, b As Integer, c As Integer        '过程级变量
    a = 10: b = 100: c = a + b
    Print "调用 sub1 前，单击事件过程中变量的值："
    Print "a = "; a; "b = "; b; "c = "; c
    Call sub1                                           '调用通用过程 sub1
    Print "调用 sub1 后，单击事件过程中变量的值："
    Print "a = "; a; "b = "; b; "c = "; c
End Sub

Sub sub1()                                              '通用过程
    Dim a As Integer, b As Integer, c As Integer        '过程级变量
```

```
        a = 11: b = 22: c = a + b
        Print "通用过程中变量的值: "
        Print "a = "; a; "b = "; b; "c = "; c
    End Sub
```

程序的运行结果如图 3.28 所示，可以看到单击事件过程中定义的变量与通用过程中的局部变量没有关系，尽管它们使用了相同的变量名。由此可以看出，在不同的过程中，可以用相同的变量名来表示不同的过程级变量。

在编写一个较复杂的应用程序时，可能有多个过程。在编写过程时，应该把注意力集中在这一相对独立的子过程内，故应尽可能使用过程级变量。因为在过程中对过程级变量的任何处理都不会影响到外界。如果使用模块级变量，一经改变就会影响到外界，如果考虑不周就会出现麻烦。但是如果要使变量在某一模块及该模块内的所有过程都有效，这时，就需要声明和使用模块级变量。

图 3.28 【例 3.20】运行界面

2. 模块级变量

模块级变量对该模块中的所有过程都起作用，但对其他模块不起作用。在模块顶部的声明段用 Private 或 Dim 或 Public（标准模块除外）关键字声明，即可将变量声明为模块级变量，虽然三者均可，建议使用 Private。

例如：

```
Private s As String
Dim a As Integer
Public b As Integer
Private Sub Command1_Click()
......
End Sub
......
```

上面的变量 s、a 和 b 都是在模块通用段中声明的变量，因此它们是模块级变量。它们可以在该模块所包含的所有过程中起作用。模块级变量可以在窗体模块、标准模块和类模块中定义。应注意，不能在过程中声明过程级变量。

【例 3.21】模块级变量示例。

仍然以【例 3.20】的程序为例，如果把变量声明语句放置在模块顶部的声明段中，各过程中不再进行变量声明，则程序中的 a、b、c 就是模块级变量。

```
Dim a As Integer, b As Integer, c As Integer      '模块级变量
Private Sub Command1_Click()
        a = 10: b = 100: c = a + b
        Print "调用 sub1 前, 单击事件过程中变量的值: "
        Print "a = "; a; "b = "; b; "c = "; c
        Call sub1                                 '调用通用过程 sub1
        Print "调用 sub1 后, 单击事件过程中变量的值: "
        Print "a = "; a; "b = "; b; "c = "; c
End Sub

Sub sub1()                                        '通用过程
        a = 11: b = 22: c = a + b
```

```
    Print "通用过程中变量的值: "
    Print "a = "; a; "b = "; b; "c = "; c
End Sub
```

运行程序时，得到的结果如图 3.29 所示。从程序的运行结果中可以看出，模块级变量 a、b、c 在不同的模块中都能访问和修改。

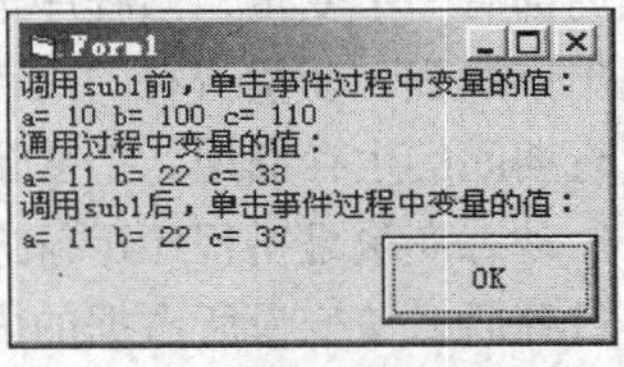

一个应用程序，有时需要引入多个模块。编写程序时，如果希望某个变量在整个应用程序范围内起作用，则可以将其定义为应用程序级变量，也就是全局变量。

3.　全局变量

全局变量，又叫全程变量或公有变量，可作用于应用程序的

图 3.29　【例 3.21】运行界面

所有模块和过程，它必须在标准模块顶部的声明段进行声明，而且要使用关键字 Public 或 Global。

例如：

在标准模块 Module1.bas 中有如下代码。

```
Public s As Integer
Sub putdata(t_FileName As String, t_Str As Variant)
    Dim sFile As String
    ......
End Sub
......
```

在窗体模块 Form1.frm 中有如下代码。

```
Public q As Integer
Private a As String
Private Sub Command1_Click()
Static b As Integer
......
End Sub
......
```

上面的变量 s 是在标准模块通用段中用 Public 声明的变量，所以是全局；变量；变量 q 虽然用了关键字 Public，但是是在窗体模块通用段中声明的，所以是模块级变量；a 是在窗体模块通用段中声明的变量，因此它们是模块级变量。$sFile$ 和 b 是在过程中声明的变量所以是过程级变量。

在不同标准模块中声明的全局变量的变量名可以相同，可以在变量名前加上模块名，用以在程序的代码中区分它们。例如：如果在模块 Module1 中声明了一名为 intX 的全局变量，在模块 Module2 中也声明了一名为 intX 的全局变量，则 Module1.intX，表示模块 Module1 中声明的变量，Module2.intX 表示模块 Module2 中声明的变量。在 VB 中不但可在一模块中使用另一模块声明的全局变量，而且在不同模块中声明的全局变量还可以同名。不只是在不同模块中声明的全局变量可以同名，作用域不同的变量也可以同名。一般来说，当变量名相同而作用域不同时，作用域小的变量就会屏蔽作用域大的变量，即优先访问作用域小的变量。所以，当未使用模块名加以限定时，实际访问的是局部变量，而不是同名的全局变量。尽管变量的屏蔽规则很简单，但当不同变量使用相同的变量名时，稍不注意，就会带来不必要的麻烦，从而导致难以查找的错误，因此，对于不同的变量应采用不同的变量名，这才是一种良好的编程习惯。

3.9.2 变量的生存期

从变量的作用域来说，变量有作用范围；从变量的作用时间来说，变量有生存周期。如果过程内部有一个变量，当程序运行进入该过程时，系统要分配给该变量一定的内存单元，一旦程序退出该过程，变量占有的内存单元是释放还是保留，就取决于变量的生存周期。根据变量在程序运行期间的生存周期，把变量分为静态变量（Static）和动态变量（Dynamic）。

动态变量是指程序运行进入变量所在的过程时，系统才分配该变量的内存单元，经过处理退出过程后，该变量所占据的内存单元自动释放，其值消失，其内存单元能被其他变量占用。使用 Dim 关键字在过程中声明的局部变量属于动态变量。

静态变量是指程序运行进入该变量所在的过程，修改变量的值后，退出该过程，变量的值仍被保留，即变量所占用的内存单元没有被释放。但以后再次进入该过程时，原来变量的值可以继续使用。使用 Static 关键字在过程中声明的局部变量属于静态变量。

【例 3.22】下面的程序说明了动态变量与静态变量的区别。

```
Sub test()
    Dim a As Integer
    Static b As Integer
    a = a + 1
    b = b + 1
    Print "a = "; a, "b = "; b
End Sub

Private Sub Command1_Click()
    Dim i As Integer
    For i = 1 To 5
        test
    Next i
End Sub
```

程序的运行结果如图 3.30 所示。程序中 a、b 都是过程 test 的局部变量，但 a 是动态变量，b 是静态变量。程序运行时，单击过程调用了 test 过程 5 次，动态变量 a 每次都被重新初始化为 0，因此它的值总是不变；而 b 是静态变量，每次调用后的值都被保存，因此、它的值是变化的。

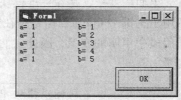

图 3.30 【例 3.31】运行界面

如果要使过程中的所有局部变量都是静态变量，可以在过程的起始处加上 Static 关键字。例如：Static Sub test ( )，参考 3.8 节 Sub 和 Fuction 过程的定义说明。

3.10 用户自定义数据类型

用户自定义数据类型，又叫做记录数据类型，简称记录类型。是当基本数据类型不能满足实际需要时，由程序设计人员在应用程序中以基本数据类型为基础，并按照一定的语法规则自己定义而成的数据类型。用户自定义数据类型必须先定义，然后才可以像基本数据类型那样在程序中使用，这种类型多用于随机文件操作和数据库程序设计中。

语法：

```
[Public|Private] Type <用户自定义类型的名称>
<用户自定义类型的元素名称>As<类型名>
    .
    .
    .
End Type
```

功能：声明记录类型数据。

说明：

① 关键字 Type 表示记录类型定义的开始，End Type 表示记录类型定义的结束，两者必须成对出现，缺一不可。

② 关键字 Private 表示声明模块级记录类型，关键字 Public 表示声明全局记录类型，不能声明过程级记录类型。

③ 用户自定义类型的名，称也称记录名，是程序设计人员所要定义的记录类型的名称，其命名规则与变量名的命名规则完全相同。

④ 用户自定义类型的元素名称也称数据项，是记录中所包含的数据的名称，其命名规则也与变量名的命名规则完全相同。

⑤ 类型名用来说明记录中数据项的数据类型，它是基本数据类型的类型说明词（如 Integer，Long，String 等，其中 String 必须为定长），或者是其他已定义的记录数据类型的名称。

⑥ 该语句必须置于模块的声明部分，而不能置于过程内部。

例如：声明一个关于学生情况的记录类型，该记录类型中包括学生的学号、姓名、性别、年龄和入学成绩 5 个数据项。

```
Private Type Student        '定义一个名称为 Student 的记录类型
    Num As String * 2       '定义编号，Num 长度为 2 的字符串数据项
    Name As String * 6      '定义姓名，Name 长度为 6 的字符串数据项
    Sex As String * 2       '定义性别，Sex 长度为 2 的字符串数据项
    Age As Integer          '定义年龄，Age 为整型数据项
    Score As Single         '定义成绩，Score 为单精度型数据项
```

End Type 用户自定义数据类型的使用将在后面的章节中介绍。

用户自定义数据类型的使用可以像基本数据类型一样先定义后使用。例如：

在窗体上有一个命令按钮 Command1，在 Click 事件过程中定义，并且使用上面定义的 Student 数据类型，代码如下。

```
Private Sub Command1_Click()
    '定义 stud 为 Student 类型
    Dim stud As Student
    '给 stud 的元素赋值
    stud.Num = "8"
    stud.Name = "黄祖"
    stud.Sex = "男"
    stud.Age = 38
    stud.Score = 100
    '输出 stud 的元素值
    Print "编号", "姓名", "姓别", "年龄", "成绩"
    Print stud.Num, stud.Name, stud.Sex, stud.Age, stud.Score
End Sub
```

运行后在窗体上显示：

编号	姓名	姓别	年龄	成绩
8	黄祖	男	38	100

3.11 程序的调试方法

在编写程序的过程中，错误是在所难免的，查找并改正错误，使得程序能够达到你的设计意图的过程称为程序调试，而在程序调试过程中所使用的方法称为程序的调试方法。VB 提供调试工具来帮助分析运行程序。VB 的调试方法包括：设置断点、中断表达式、监视表达式、通过代码一次经过一个语句或一个过程、显示变量和属性的值等。VB 还包括专门的调试功能，比如可在运行过程中进行编辑、设置下一个执行语句，以及在应用程序处于中断模式时进行过程测试等。

3.11.1 错误分类

为了更有效地使用调试手段，把可能遇到的错误分成 3 类：编译错误、运行错误、逻辑错误。

1. 编译错误

该错误是由于不正确构造代码而造成的。如果不正确地键入了关键字，遗漏了某些必需的标点符号，或在设计时使用了一个 Next 语句而没有 For 语句与之对应，那么 VB 在编译应用程序时就会检测到这些错误。

编译错误还包括语法错误。例如，可能会有像下面这样的语句：

```
Left
```

在 VB 语言中，Left 是一个有效的词，由于在它的前面没有 object，所以不符合该词的语法要求（object.Left）。如果已在"选项"对话框的"编辑器"选项卡中选定"自动语法检测"选项，那么，只要在"代码"窗口中输入一个语法错误，VB 就会立即显示错误消息。例如图 3.31 所示的提示信息，就是在输入语句：x = 2*(5 + 6，回车后显示的。

图 3.31 编译错误提示消息框

表 3.24　　　　　　　　　常见的编译错误举例

错误信息	举例	错误原因
缺少：语句结束	如程序代码： Fori = 1 To 10	错误原因：For 关键字和 i 之间没有分隔符，VB 将 Fori 理解为一个变量，将 Fori = 1 作为一个赋值语句来使用
语法错误	如程序代码： x = 1 y = 23	错误原因：x = 1 作为一个完整的语句应该结束，两个赋值语句写在一行时中间缺少冒号
缺少：函数或变量	x = getdata ' getdata 是 Sub 过程	错误原因：过程调用不应该出现在表达式中，过程调用应作为独立的命令
If 块缺少 End If	如程序代码： If i = 1 Then	区块式 If 语句必须要有配对的 End If 语句

续表

错误信息	举例	错误原因
子程序或函数未定义	如程序代码： x = lg(10)	Sub 或 Function 过程必须先定义，然后才能调用。如果已经定义，但仍出现该错误，可能是过程名称拼错。另外，在模块中声明为 Private 的过程，不能被模块外部的过程调用
For 没有 Next 或 Next 没有 For	如程序代码： For i = 1 To 10	每一个 For 语句必须有配对的 Next，反之亦然
未找到方法和数据成员（错误 461）	如程序代码： Form1.Clear Text1.Test	窗体不支持 Clear 方法，Text1.Test 拼写错。该错误是由于对象不支持指定的方法，或不包含所引用的成员，或是因为方法名拼写错误

2. 运行错误

也叫实时错误，该错误是应用程序正在运行（而且被 VB 检测）期间，当一个语句力图执行一个不能执行的操作时，就会发生运行时错误。下面是一个除数为 0 的例子。假定有这样一个语句：

```
Speed = Miles/Hours
```

如果变量 Hours 的值为零，除法就是无效操作，尽管语句本身的语法是正确的。必须运行应用程序才能检测到这个错误。如图 3.32 所示。除此之外常见的运行错误如表 3.25 所示。

图 3.32　除数为零运行错误对话框

表 3.25　　　　　　　　　　　　　常见的运行错误举例

错误信息	举例	错误原因
无效的过程调用或参数（5）	Sqr(-10)、Log(0)	数学定义错误
溢出（错误 6）	Dim x As Integer x = 2000 * 36	运算结果超过了整型数的范围
下标越界（错误 9）	Dim a(6) Print a(7)	数组下标上下界超出了定义范围
类型不匹配（错误 13）	x% ="123a"	可将整个字符串视为整型
无效属性值（错误 380）	Form1.BorderStyle = 8	给属性赋予了一个不适当的值
需要对象（错误 424）	程序中没有 Text1，但在代码中给 Text 属性赋值时， Text1.Text = "我喜欢 VB!"	引用了不存在对象的属性。

3. 逻辑错误

逻辑错误是程序没有编译错误和运行错误，但是应用程序的执行结果与预期的不同。通常逻辑错误没有错误提示，只有通过测试，应用程序和分析产生的结果才能检验出来。

3.11.2 断点调试

在 VB 众多的调试工具中，断点调试工具是最优秀的一个调试工具，所谓断点就是程序运行到该行，便进入中断模式等待你的处理。断点调试的步骤如下。

第1步：在适当的语句行处设置断点。

在代码编辑器窗口中的某行设置断点的方法有多种，具体如下所述。

（1）通过选择菜单栏的"调试"→"断点切换"命令在该行插入断点。

（2）通过键盘按快捷键"F9"。

（3）将鼠标放于一语句行的左边，然后单击鼠标右键。（如图 3.33 左侧鼠标箭头所示）

插入断点的行就会以红色来加亮，如果再次选择，则清除该断点。

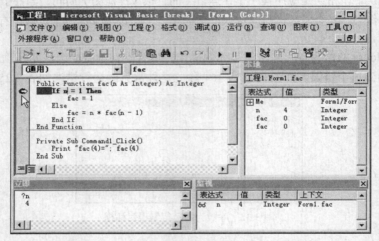

图 3.33　打开了立即、本地、监视窗口的中断模式窗口

第2步：运行程序单步调试。

单击工具栏上的"运行"按钮，或者按"F"键运行程序，程序运行后在断点处将停止运行，并进入中断模式，此后可以按键盘上的"F8"键来单步执行程序，此时黄条所在的行便是即将运行的语句行，如图 3.32 所示的 If n = 1 Then 行。

第3步：打开调试窗口监视变量或表达式值的变化。

可以选择菜单栏的"视图"→"立即窗口"命令打开"立即窗口"，通过在"立即窗口"中输入"? 变量"的形式来随时查看变量的值，如图 3.32 左下角"立即窗口"所示。

也可以选择菜单栏的"视图"→"本地窗口"命令打开"本地窗口"，在"本地窗口"中监视，如图 3.34 右侧"本地窗口"所示的 n 的值为 4。

还可以选择菜单栏的"视图"→"监视窗口"命令打开"监视窗口"，在"监视窗口"中监视，具体方法可以在"代码编辑器"窗口选中 n，直接拖入"监视窗口"，如图 3.32 右下角"监视窗口"所示。

第4步：退出调试状态结束程序运行。

在反复单步运行查找错误后，可以按工具栏上的"运行"按钮，进入运行模式，或者单击"结束"按钮，结束中断模式，进入设计模式。

3.12 典 型 算 法

前面的章节已经介绍了一些常用算法，如累加、连乘、求素数、找最大（最小）值等。下面再介绍一些常用的典型算法，以巩固所学的知识。

3.12.1 枚举法

"枚举法"也称为"穷举法"，即将可能出现的各种情况——测试，判断是否满足条件，一般采用循环来实现。

【例 3.23】百元买百鸡问题。假定小鸡每只 5 角，公鸡每只 2 元，母鸡每只 3 元。现在有 100 元钱要求买 100 只鸡，编程列出所有可能的购鸡方案。

分析：设母鸡、公鸡、小鸡各为 x，y，z 只，根据题目要求，列出方程为

$$\begin{cases} x + y + z = 100 \quad\text{.......................(1)} \\ 3x + 2y + 0.5z = 100 \quad\text{...............(2)} \end{cases}$$

考虑到在多重循环中，为了提高运行的速度，对程序要考虑优化。

（1）尽量利用已给出的条件，减少循环的重数。

由方程（2）可知：

$0 \leqslant x \leqslant 33$，$0 \leqslant y \leqslant 50$，$0 \leqslant z \leqslant 200$，并且 x、y、z 均为整数。

如果选择 x、y 作为循环变量，则循环次数最少，运算量最小，这时 x 最大 33，y 最大 50。

由方程（1）令 $z = 100 - x - y$ 带入方程（2）得到二元一次方程：

$$3x + 2y + 0.5(100 - x - y) = 100$$

（2）合理地选择内、外层的循环控制变量，即将循环次数多的放在内循环。

内层循环控制变量 y，内层的循环控制变量 x。

（3）尽量少用变体类型变量。

定义 x、y 为整型数。所以用如下方法实现，程序运行结果如图 3.34 所示。

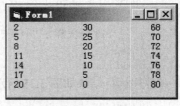

图 3.34 运行结果

```
Private Sub Form_Click()
    Dim x As Integer, y As Integer
    For x = 0 To 33
        For y = 0 To 50
            If 3 * x + 2 * y + 0.5 * (100 - x - y) = 100 Then
            Print x, y, 100 - x - y
        End If
        Next y
    Next x
End Sub
```

3.12.2 递推法

"递推法"又称为"迭代法"，其基本思想是把一个复杂的计算过程转化为简单过程的多次重复。每次重复都从旧值的基础上递推出新值，并由新值代替旧值。

【例 3.24】猴子吃桃子。小猴在一天摘了若干个桃子，当天吃掉一半多一个；第二天接着吃了剩下的桃子的一半多一个；以后每天都吃尚存桃子的一半多一个，到第 7 天早上要吃时只剩下一个了，问小猴那天共摘下多少个桃子？

分析：这是一个"递推"问题，先从最后一天推出倒数第二天的桃子，再从倒数第二天的桃子推出倒数第三天的桃子，……

设第 n 天的桃子为 x_n，那么它的前一天的桃子数为 x_{n-1}，递推关系分析表如表 3.26 所示。

表 3.26 　　　　　　　　　　递推关系分析表

	猴子吃前的桃子数	猴子吃掉的桃子数	剩下的桃子数
第 n-1 天	x_{n-1}	$\dfrac{1}{2}x_{n-1}+1$	$x_{n-1}-\left(\dfrac{1}{2}x_{n-1}+1\right)=\dfrac{1}{2}x_{n-1}-1$
第 n 天	x_n		

第 n 天猴子吃前的桃子数 = 第 n-1 天剩下的桃子数。

递推关系式：$x_n=\dfrac{1}{2}x_{n-1}-1 \rightarrow x_{n-1}=2(x_n+1)$

已知：当 $n=7$，第 7 天的桃子数为 1，则第 6 天的桃子由公式得 4 个，依此类推，可求得第 1 天摘的桃子数。

程序如下：

```
Private Sub Form_Click()
    Dim n As Integer, i As Integer, x As Integer
    x = 1                                    '第 7 天的桃子数
    Print "第 7 天的桃子数为：1 只"
    For i = 6 To 1 Step -1
        x = (x + 1) * 2
        Print "第"; i; "天的桃子数为："; x; "只"
    Next i
End Sub
```

程序运行结果如图 3.35 所示。

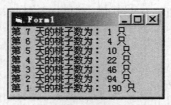

图 3.35　运行结果

3.12.3　加（解）密

加密的方法有很多，现介绍一种简单的加密技术：在 ASCII 表中可见字符最小值是空格（ASCII 值为 32），最大值是"～"（ASCII 值为 126），取两者之和 158。即对于字符"B"（ASCII 值为 66），将其翻译为 ASCII 值是 92（158-66）的"、"，依此类推。解密的方法是通过同样的规则再将其运算回来。

【例 3.25】设计如图 3.37 所示的窗体，窗体上有 3 个标签 Label1、Label2、Label3，标题分别为："输入字符串"、"加密字符串"、"解密字符串"；3 个文本框 txtInput、txtCode、txtRecode，Text 属性置空；3 个命令按钮 cmdCode、cmdRecode、cmdCls，标题分别为："加密"、"解密"、"清除"。编写代码如下。

```vb
Dim strInput As String, Code As String, Record As String, c As String * 1
Dim I%, J%, length%, iAsc%

Private Sub cmdCls_Click()                          '清除
    txtCode.Text = ""
    txtRecode.Text = ""
    txtInput.Text = ""
End Sub

Private Sub cmdCode_Click()
    Dim strInput As String, Code As String, Record As String, c As String * 1
    Dim I As Integer, length As Integer, iAsc As Integer
    strInput = txtInput.Text
    length = Len(RTrim(strInput))                   '去掉字符中右边的空格，求真正的长度
    Code = ""
    For I = 1 To length
        c = Mid$(strInput, I, 1)                    '取第 i 个字符
        If Asc(c) >= 32 And Asc(c) <= 126 Then
            iAsc = 158 - Asc(c)
            Code = Code + Chr$(iAsc)
        Else
            Code = Code + c
        End If
    Next I
    txtCode.Text = Code                             '显示加密后的字符串
End Sub

Private Sub cmdRecode_Click()                       '解密
    Code = txtCode.Text
    I = 1
    Recode = ""
    length = Len(RTrim(Code))
    '若还未加密，不能解密，出错
    If length = 0 Then J = MsgBox("先加密再解密", 48, "解密出错")
        Do While (I <= length)
            c = Mid$(Code, I, 1)
            If Asc(c) >= 32 And Asc(c) <= 126 Then
                iAsc = 158 - Asc(c)
                Recode = Recode + Chr$(iAsc)
            Else
                Recode = Reode + c
            End If
            I = I + 1
        Loop
    txtRecode.Text = Recode
End Sub
```

程序运行结果如图 3.36 所示。

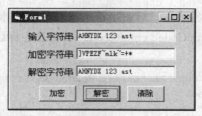

图 3.36 【例 3.25】运行结果界面

本章小结

本章主要介绍了 Visual Basic 语言最基本的语法与程序结构。

数据类型是计算机内部的表述和存储形式。不同的数据类型具有不同的存储长度、取值范围和允许的运算。在程序中使用数据时，一般应先明确其数据类型。

常量是那些在程序运行过程中其值不发生变化的量；而变量在程序运行过程中，其值可以发生改变。常量有文字常量和符号常量两种，应特别注意符号常量的声明与使用。变量的特性有变量名、数据类型、作用域和生存期，变量是程序的重要组成部分，要熟练掌握变量的声明与使用方法。

运算是对数据进行加工处理的过程，描述各种不同运算的符号称为运算符，而参与运算的数据则称为操作数。由运算符和操作数所构成的一个有意义的式子称为表达式。表达式是构建程序的基础。

函数是完成某些特定运算的程序模块，在程序中要使用一个函数时，只要给出函数名，提供函数所需要的参数，就能得到函数的运算结果。Visual Basic 中提供大量的内部函数，让开发人员不需要具有专业知识即能完成复杂计算，降低了开发的难度。

Visual Basic 程序具备三种基本结构：顺序结构、选择结构和循环结构。利用这三种基本控制结构，可以编写各种复杂的应用程序。同时，Visual Basic 可通过创建过程实现程序设计的模块化。

本章的最后通过一些示例，介绍了 Visual Basic 编程中典型算法的实现。

习　题　3

一、基础知识题

1. 说明下列哪些是 VB 合法的直接常量，分别指出它们的类型

（1）100.0   （2）%100   （3）1E1

（4）123D3   （5）123，456   （6）0100

（7）"ASDF"   （8）"1234"   （9）#2000/10/7#

（10）100#   （11）π   （12）&O100

（13）&O78   （14）&H123   （15）True

（16）T   （17）&H12ag   （18）−1123!

2. 下列符号中，哪些是 VB 合法的变量名

（1）a123　　　　　　　（2）a12_3　　　　　　　（3）123_a

（4）a 123　　　　　　　（5）Integer　　　　　　（6）XYZ

（7）False　　　　　　　（8）sin（x）　　　　　　（9）sinx

（10）变量名　　　　　　（11）abcdefg　　　　　　（12）π

3. 把下列算术表达式写成 VB 表达式。

（1）$|x-y|+z^5$　　　　（2）$(1+xy)^6$　　　　（3）$\dfrac{10x+\sqrt{3y}}{xy}$

（4）$\dfrac{-b+\sqrt{b^2-4ac}}{2a}$　　（5）$\dfrac{1}{\dfrac{1}{r_1}+\dfrac{1}{r_2}+\dfrac{1}{r_3}}$　　（6）$\sin 45°+\dfrac{e^{10}+\ln 10}{\sqrt{x+y+1}}$

4. 根据条件写一个 VB 表达式。

（1）产生一个 "C" ～ "L" 范围内的大写字符。

（2）产生一个 100～200（包括 100 和 200）范围内的正整数。

（3）已知直角坐标系中任意一个点（x,y），表示在第 1 象限或第 3 象限内。

（4）表示 x 是 5 或 7 的倍数。

（5）将任意一个两位数 x 的个位数与十位数对换。例如，$x=78$，则表达式的值应为 87。

（6）将变量 x 的值四舍五入保留小数点后两位。例如，x 的值为 123.2389，表达式的值为 123.24。

（7）表示字符变量 C 是字母字符（大小写不区分）。

（8）取字符变量 S 中，第 5 个字符起的 6 个字符。

（9）表示 $10\leqslant x<20$ 的关系表达式。

（10）x,y 中有一个小于 z。

（11）x,y 都大于 z。

5. 写出下列表达式的值。

（1）123 + 23 mod 10\7 + Asc("A")

（2）100 + "100" + & 100

（3）Int(68.555*100 + 0.5)/100

（4）已知 A\$ = "87654321"，则表达式 Val(Left\$(A\$，4) + Mid\$(A\$,4,2))的值。

（5）Len("VB 程序设计")

二、单项选择题

1. 在一个语句内写多条语句时，每个语句之间用（　　　）符号分隔。

　　A. ,　　　　　　　B. :　　　　　　　C. 、　　　　　　　D. ;

2. 一句语句要在下一行继续写，用（　　　）符号作续行符。

　　A. +　　　　　　　B. -　　　　　　　C. _　　　　　　　D. …

3. 下面（　　　）是合法的变量名。

　　A. X_yz　　　　　　B. 123abc　　　　　C. integer　　　　D. X-Y

4. 下面（　　　）是不合法的整常数。

　　A. 100　　　　　　　B. %O100　　　　　C. &H100　　　　　D. %100

5. 下面（　　　）是合法的字符常数。

　　A. ABC\$　　　　　　B. "ABC"　　　　　C. 'ABC'　　　　　D. ABC

6. 下面（　　　）是合法的单精度型变量。

A. num!   B. sun%   C. xinte$ D. mm#

7. 下面（　　　）是不合法的单精度常数。

   A. 100!   B. 100.0   C. 1E + 2   D. 100.0D + 2

8. 表达式 16/4-2^5*8/4 MOD 5\2 的值为（　　　）。

   A. 14   B. 4   C. 20   D. 2

9. 数学关系 $3 \leqslant x < 10$ 表示成正确的 VB 表达式为（　　　）。

   A. . $3 < = x < 10$ C. $x > = 3$ OR $x < 10$

   B. $3 < = x$ AND $x < 10$ D. $3 < = x$ AND < 10

10. \, /, Mod, *四个算术运算符中，优先级别最低的是（　　　）。

   A. \   B. /   C. Mod   D. *

11. 与数学表达式 $\dfrac{ab}{3cd}$ 对应，VB 的不正确表达式是（　　　）。

   A. $a*b/(3*c*d)$ B. $a/3*b/c/d$ C. $a*b/3/c/d$ D. $a*b/3*c*d$

12. Rnd 函数不可能为下列（　　　）值。

   A. 0   B. 1   C. 0.1234   D. 0.0005

13. Int(198.555*100 + 0.5)/100 的值（　　　）。

   A. 198   B. 199.6   C. 198.56   D. 200

14. 已知 A$ = "12345678"，则表达式 Val(Left$(A$,4) + Mid$(A$,4,2))的值为（　　　）。

   A. 123456   B. 123445   C. 8   D. 6

15. 表达式 Len("123 程序设计 ABC")的值是（　　　）。

   A. 10   B. 14   C. 20   D. 17

16. 下面正确的赋值语句是（　　　）。

   A. x + y = 30   B. y = π*r*r   C. y = x + 30   D. 3y = x

17. 为了给 x、y、z 3 个变量赋初值 1，下面正确的赋值语句是（　　　）。

   A. x = 1 : y = 1 : z = 1   B. x = 1, y = 1, z = 1

   C. x = y=z = 1   D. xyz = 1

18. 赋值语句：a = 123 + MID("123456",3,2)执行后，a 变量中的值是（　　　）。

   A. "12334"   B. 123   C. 12334   D. 157

19. 赋值语句。a = 123&MID("123456",3,2)执行后，a 变量中的值是（　　　）。

   A. "12334"   B. 123   C. 12334   D. 157

20. VB 也提供了结构化程序设计的 3 种基本结构，3 种基本结构是（　　　）。

   A. 递归结构、选择结构、循环结构

   B. 选择结构、过程结构、顺序结构

   C. 过程结构、输入、输出结构、转向结构

   D. 选择结构、循环结构、顺序结构

21. 下面程序段运行后，显示的结果是（　　　）。

```
Dim x
If x Then Print x Else Print x + 1
```

   A. 1   B. 0   C. −1   D. 显示出错信息

22. 语句 If x = 1 Then y = 1，下列说法正确的是（　　　）。

   A. x = 1 和 y = 1 均为赋值语句

B.　x = 1 和 y = 1 均为关系表达式

C.　x = 1 为关系表达式，y = 1 为赋值语句

D.　x = 1 为赋值语句，y = 1 为关系表达式

23. 用 If 语句表示分段函数 $f(x) = \begin{cases} \sqrt{x+1}(x >= 1) \\ x^2 + 3(x < 1) \end{cases}$，下列不正确的程序是（　　　　）。

A.
```
f = x*x + 3
   If x> = 1 Then f = sqr(x + 1)
```
B.
```
If x> = 1 Then f = sqr(x + 1)
   If x<1 Then f = x*x + 3
```
C.
```
If x> = 1 Then f = sqr(x + 1)
   f = x*x + 3
```
D.
```
If x<1 Then f = x*x + 3
   Else f = sqr(x + 1)
```

24. 计算分段函数值：

$$y = \begin{cases} 0 ...... (x < 0) \\ 1 ...... (0 \le x < 1) \\ 2 ...... (1 \le x < 2) \\ 3 ...... (x \ge 2) \end{cases}$$

下面程序段中正确的是（　　　　）。

A.
```
If x<0 Then y = 0
   If x<1 Then y = 1
   If x<2 Then y = 2
   If x> = 2 Then y = 3
```
B.
```
If x> = 2 Then y = 3
   If x> = 1 Then y = 2
   If x>0 Then y = 1
   If x<0 Then y = 0
```
C.
```
If x<0 Then
   y = 0
ElseIf x>0 Then
   y = 1
ElseIf x>1 Then
   y = 2
Else
   y = 3
End If
```
D.
```
If x> = 2 Then
   y = 3
ElseIf x> = 1 Then
   y = 2
ElseIf x> = 0 Then
   y = 1
Else
   y = 0
End If
```

25. 下面 If 语句统计满足性别为男、职称为副教授以上、年龄小于 40 岁条件的人数，不正确的语句是（　　　　）。

A.　If sex = "男"And age＜40 And InStr(duty,"教授")＞0 Then n = n + 1

B.　If sex = "男"And age＜40 and(duty = "教授"or duty = "副教授") Then n = n + 1

C.　If sex = "男"And age＜40 And Right(duty,2) = "教授" Then n = n + 1

D.　If sex = "男"And age＜40 And duty = "教授"And duty = "副教授" Then n = n + 1

26. 下面程序段求两个数中的大数，（　　　　）不正确。

A.　Max = IIf(x>y,x,y)
B.　If x>y Then Max = x Else Max = y
C.
```
Max = x
   If y> = x Then Max = y
```
D.
```
If y> = x Then Max = y
   Max = x
```

27. 以下（　　　　）是正确的 For … Next 结构。

A.
```
For x = 1 To Step 10
   …      …
   Next x      Next x
```
B.
```
For x = 3 To-3 Step -3
```
C.
```
For x = 1 To 10
   re: …      …
   Next x      Next y
If i = 10 Then GoTo re
```
D.
```
For x = 3 To 10\ Step 3
```

28. 下列循环能正常结束循环的是（　　　）。

A.　i=5
```
DO
i = i + 1
Loop Until i<0
```

B.　i=1
```
DO
i = i + 2
Loop Until i = 10
```

C.　i = 10
```
DO
i = i + 1
Loop Until i>0
```

D.　i = 6
```
DO
i = i-2
Loop Until i = 1
```

29. 下面子过程语句说明合法的是（　　　）。

A.　Sub f1(ByVal　n%())

B.　Sub f1(n%)As Integer

C.　Function f1%(f1%)

D.　Function fl(ByVal　n%)

30. 要想从子过程调用后返回两个结果，下面子过程语句说明合法的是（　　　）。

A.　Sub f2(ByVal n%，ByVal m%)

B.　Sub f1(n%，ByVal m%)

31. 以下关于变量作用域的叙述中，正确的是（　　　）。

A.　窗体中凡被声明为 Private 的变量只能在某个指定的过程中使用

B.　全局变量必须在标准模块中声明

C.　模块级变量只能用 Private 关键字声明

D.　Static 类型变量的作用域是它所在的窗体或模块文件

32. 用于从字符串左边截取字符的函数是（　　　）。

A.　Ltrim( )　　　　B.　Trim( )　　　　C.　Left( )　　　　D.　Instr( )

33. 用于截取字符串左右空格的函数是（　　　）。

A.　Trim( )　　　　B.　Rtim( )　　　　C.　Right( )　　　　D.　Mid( )

34. 可实现从字符串任意位置截取字符的函数是（　　　）。

A.　Instr( )　　　　B.　Mid( )　　　　C.　Left( )　　　　D.　Right( )

35. 可实现字符重复以产生新字符串的函数是（　　　）。

A.　String( )　　　　B.　Repl( )　　　　C.　Uncase( )　　　　D.　Lcase( )

36. 实现将小写字母转换成大写字母的函数是（　　　）。

A.　Str( )　　　　B.　Upper( )　　　　C.　Ucase( )　　　　D.　Lcase( )

37. 可获得字符 ASCII 码值的函数为（　　　）。

A.　Chr( )　　　　B.　Fix( )　　　　C.　Asc( )　　　　D.　Val( )

38. 能实现数值格式化输出的函数是（　　　）。

A.　Str( )　　　　B.　StrConv( )　　　　C.　CLng( )　　　　D.　Format( )

39. 判断某一表达式是否为日期型数据的函数为（　　　）。

A.　Date　　　　B.　Date $　　　　C.　IsDate( )　　　　D.　IsTime( )

40. 可用于设置系统当前时间的语句是（　　　）。

A.　Date　　　　B.　Date $　　　　C.　Time　　　　D.　Timer

41. 若要退出 For 循环，可使用的语句为（　　　）。

A.　Exit　　　　B.　Exit Do　　　　C.　Time　　　　D.　Exit For

42. 若要将控制权交还给操作系统，则实现的语句为（　　　）。

A.　DoEvents　　　　B.　End　　　　C.　Exit Sub　　　　D.　Exit Do

43. 以下语句的输出结果是（   　 ）
Print Format$(32548.5,"000,000.00")

 A. 32548.5   B. 032,548.50   C. 32,548.5   D. 32,548.50

44. 设 $a=6$，则执行 $x=Iif(a>5,-1,0)$ 后，x 的值为（   　 ）。

 A. 5   B. 6   C. 0   D. -1

45. 在 VB 中，语句 Print 3＞9 的输出结果为（   　 ）

 A. 0   B. 1   C. -1   D. False

46. 表达式 "12345" ＜＞ "12345" & "ABC" 的返回值为（   　 ）

 A. True   B. False   C. 0   D. 1

47. 表达式 Int(5*Rnd + 1)* Int(5*Rnd - 1) 值的范围是（   　 ）

 A. [0, 15]   B. [-1, 15]   C. [-4, 15]   D. [-5, 15]

48. 关于 VB 中的监视表达式，错误的叙述是（   　 ）。

 A. 监视表达式不能引起中断

 B. 可使监视表达式为真时引起中断

 C. 可使监视表达式的值变化时引起中断

 D. 监视表达式可以监视对象

49. 对于 VB 程序中的错误，系统不能自动给出出错提示信息的是（   　 ）。

 A. 语法错误   B. 逻辑错误   C. 运行错误   D. 以上均不能

50. 在 VB 集成环境中，以下不能使程序进入中断模式的是（   　 ）。

 A. 程序运行到所设置的断点或以单步方式运行

 B. 程序运行过程中，用户按下 "Ctrl + Break" 快捷组合键

 C. 程序中的监视表达式值符合所设置的中断条件

 D. 程序中存在语法错误

三、程序填空题

1. 在 VB 中，1234，123456&，1.2346E + 5，1.2346D + 5 4 个常数分别表示＿＿＿＿、＿＿＿＿、＿＿＿＿、＿＿＿＿类型。

2. 整型变量 x 中存放了一个两位数，要将两位数交换位置，例如，13 完成 31，实现的表达式是＿＿＿＿。

3. 数学表达式 $\sin 15° + \dfrac{\sqrt{x+e^3}}{|x-y|} - \ln(3x)$ 的 VB 算术表达式为＿＿＿＿。

4. 数学表达式 $\dfrac{a+b}{\dfrac{1}{c+5}-\dfrac{1}{2}cd}$ 的 VB 算术表达式为＿＿＿＿。

5. 表示 x 是 5 的倍数或是 9 的倍数的逻辑表达式为＿＿＿＿。

6. 已知 $a=3.5$，$b=5.0$，$c=2.5$，$d=True$ 则表达式：$a>=0$ AND $a+c>b+3$ OR NOT d 的值是＿＿＿＿。

7. Int(-3.5)，Int(3.5)，Fix(-3.5)，Fix(3.5)，Round(-3.5)，Round(3.5) 的值分别是＿＿＿＿、＿＿＿＿、＿＿＿＿、＿＿＿＿、＿＿＿＿、＿＿＿＿。

8. 表达式 Ucase(Mid("abcdefgh" ,3,4)) 的值是＿＿＿＿。

9. 已知：$a=$ "ABCDEFG"，则表达式 right(a, l) & mid(a,2,Len(a) -2) & left(a,l) 的值是＿＿＿＿。

10. $a=5$，$b=3$，则表达式 $a>3$ AND $b<5$ 的结果值是_____。

11. VB 的赋值语句既可给_____赋值，也可给对象的_____赋值。

12. VB 的注释语句采用_____；VB 的续行符采用_____；若要在一行书写多条语句，则各语句间应加分隔符，VB 的语句分隔符为_____。

13. VB 的基本数据类型有_____种，它们分别为：_____、_____、_____、_____、_____、_____、_____、_____、_____，这些类型，对应有 VB 关键字为：_____、_____、_____、_____、_____、_____、_____、_____、_____。

14. 在 VB 中，字符型常量应使用_____将其括起来，日期/时间型常量应使用_____符号将其括起来。

15. 在 VB 中，字符是采用_____编码方式来表达和存储的，在该种编码方案下，一个汉字或一个英文字符均被视为_____个字符，每个字符均采用_____个字节来编码。

16. 在 VB 中，定义全局变量的关键字为_____，且变量应在_____的变量声明区中定义。定义局部变量通常使用_____、_____或_____，其中，定义静态变量的关键字为_____。

17. VB 的字符串运算符有_____和_____两种，其中，运算符两边的表达式类型必须为字符型的运算符是_____。

18. 可获得系统当前日期和时间的内部变量为_____，若要仅获得系统的当前时间，可通过另一内部变量_____来实现，该变量的返回值为_____类型。

19. 在 VB 中，用于产生输入对话框的函数中_____，其返回值类型为_____，若要利用该函数接收数值型的数据，则可利用_____函数对其返回值进行转换而得到。

20. 在 VB 中，若要产生一消息框，则可用语句_____来实现。

21. 执行语句 B = MsgBox("XXX","YYY")后，在消息框中的标题信息是_____。

22. 下列程序的功能是：当 $x<50$ 时，$y=0.8\times x$；当 $50\leqslant x\leqslant 100$ 时，$y=0.7\times x$；当 $x>100$ 时，没有意义。请填空。

```
Private Sub Command1_Click()
    Dim x As Single
    x = InputBox("请输入 x 的值! ")

    _____
        Case Is < 50
            y = 0.8 * x
        Case 50 To 100
            y = 0.7 * x
    _____
            Print "输入的数据出界! "
    End Select
    Print x, y
End Sub
```

23. 在窗体上画一个命令按钮，然后编写如下事件过程。

```
Private Sub Command1_Click()
    x = 0
    Do Until x = -1
        a = InputBox("请输入第一个数字 a 的值")
        a = Val(A)
```

```
                    b = InputBox("请输入第二个数字 b 的值")
                    b = Val(b)
                    x = InputBox("请输入第三个数字 x 的值")
                    x = Val(x)
                    a = a + b + x
            Loop
            Print a
    End Sub
```

在程序运行后，单击命令按钮，在对话框中分别输入 5，4，8，5，8，－1，输出结果为_____。

24. 执行下面的程序段，x 的值为_____。

```
Private Sub Command1_Click()
    For i = 1 To 9
        a = a + i
    Next i
    x = Val(i)
    MsgBox x
End Sub
```

25. 以下程序的功能是从键盘输入若干个学生的考试成绩，统计并输出最高分和最低分，当输入负数时结束输入，输出结果。请补充完整下列程序段。

```
Dim x, amax, amin As Single
x = InputBox("Enter a score")
amax = x
amin = x
Do While_____
    If x > amax Then
        amax = x
    End If
    If_____Then
        amin = x
    End If
    x = InputBox("enter a score")
Loop
Print "max = "; amax, "min = "; amin
```

26. 下列程序的输出结果为_____。

```
num = 2
While num <= 3
    num = num + 1
    Print num
Wend
```

27. 以下是一个计算矩形面积的程序，调用过程计算矩形面积，请将程序补充完整。

```
Sub RecArea(L, W)
    Dim S As Double
    S = L * W
    MsgBox "Total Area is " & Str(S)
End Sub
Private Sub Command1_Click()
    Dim M, N
    M = InputBox("What is the L?")
    M = Val(M)
    _____
    N = Val(N)
    _____
```

```
End Sub
```

28. 下列程序是判断一个整数(> = 3) 是否为素数，请补充完整。

```
Dim n As Integer
n = InputBox("请输入一个整数(> = 3) ")
k = Int(Sqr(n) )
i = 2
swit = 0
While i < = k And swit = 0
      If n Mod i = 0 Then
      _____
      Else
      _____
      End If
Wend
If swit = 0 Then
      Print n; "是一个素数。"
Else
      Print n; "不是一个素数。"
End If
```

29. 在窗体上有一个命令按钮，然后编写如下程序。

```
Function Trans(ByVal num As Long) As Long
   Dim k As Long
   k = 1
   Do While num
      k = k * (num Mod 10)
      num = num \ 10
   Loop
   Trans = k
   Print Trans
End Function
Private Sub Command1_Click()
   Dim m As Long
   Dim s As Long
   m = InputBox("请输入一个数")
   s = Trans(m)
End Sub
```

程序运行时，单击命令按钮，在输入对话框中输入"789"，输出结果为_____，在输入对话框中输入"987"，输出结果_____，在输入对话框中输入"879"，输出结果为_____。

30. 给定年份，下列程序用来判断该年是否是闰年，请填空。

```
Sub YN()
    Dim x As Integer
    x = InputBox("请输入年号")
    If (x Mod 4 = 0_____ x Mod 100 <> 0)_____ (x Mod 400 = 0) Then
      Print "是闰年"
Else
    Print "不是闰年，是普通年份"
  End If
End Sub
```

四、判断题

1. VB6.0 中&B10 是 2 进制的数值常数。

2. VB6.0 中有 11 种基本数据类型，每种数据类型均有类型说明符，如整型数的类型说明符为%。

3. 执行 Print"A123" + 123 语句，系统会给出出错提示。

4. Len("等级考试")和 Len("VB 考试")的结果相同。

5. 已知 A$ = "12345678"，则表达式 Val(Right$(A$，2) + Mid$(A$,2,3)) 的值是：78234。

6. 静态变量只能在过程中定义，而不能在通用声明段中定义。

7. 在 VB6.0 中，不声明而直接使用的变量，系统默认为变体型（Variant），其默认值为 0。

8. 用 Private 定义的变量是过程级变量，其作用范围是定义它的过程所在的窗体（或标准模块）中的所有过程。

9. 执行 Dim X, Y AS Integer 语句后，X 和 Y 的默认值均为 0。

10. 中文版的 VB6.0 中，变量也可以用汉字命名，但首字符必须是字母。

11. Dim a As Boolean, b As Boolean
```
a = 2
b = 0
Print a + b
```
执行完第二条语句 a 的值为 True。

12. 消息对话框 MsgBox 既可当作函数调用，也可当作语句调用，两种方式均可得到返回值。

13. 表达式 Int(Rnd*10 + 1)，表示[1，10]闭区间的随机整数。

14. Len(Str(123) + "123") 的结果为 6。

15. Format(5,"0.00%")的结果是 500.00%。

16. 阅读下面的程序段：
```
x = 1
Do While x = 1
        x = x + 1
Loop
Print x
```
该循环，循环次数 1 次，检测循环条件 2 次。

17. 在 VB 编程语句中，GoTo 语句比较容易理解，在实际编程中大力提倡使用 GoTo 语句。

18. 在 For…Next 循环中，其中 Step 步长可以是正数，也可以是负数。

19. VB 具有 3 种基本的流程控制结构：顺序结构、分支结构和循环结构。

20. Print Tab(3);"Visual Basic" 和 Print Space(3);"Visual Basic"的效果相同。

五、程序阅读题

1. 以下程序段的运行结果是_____。
```
Private Sub Form_Click()
    Dim x As Integer
    x = 4
    Print x;
    Call test(x)
    Print x
End Sub
Public Sub test(ByVal i As Integer)
    i = i + 1
End Sub
```
　A. 4　6　　　　　　B. 4　4　　　　　　C. 4　5　　　　　　D. 5　4

2. 以下程序段的运行结果是_____。
```
Function abc(n As Integer) As Integer
```

```
        abc = n * 2 + 1
    End Function
    Private Sub Form_Click()
        Dim x As Integer
        x = abc(3) * abc(4)
        Print x
    End Sub
```

    A. 63   B. 0   C. 1   D. 空

    3. 某林场 1995 年植树 100 亩，以后每年的植树面积按 5%的速度增长，能正确计算到 1998 年时四年的植树总面积的程序是（   ）。

A.
```
s = 100:r = 0.05
For i = 1996 To 1998
    s = s*(1 + r) + s
Next I
Print I
End
```

B.
```
s0 = 100:sum = 100:r = 0.05
For i = 1996 To 1998
    s = s0*(1 + r)
    sum = sum + s
Next i
Print sum
```

C.
```
s = 100:r = 0.05
For i = 1996 To 1998
    s = s*(1 + r)
Next I
Print I
End
```

D.
```
s = 100:sum = 100:r = 0.05
For i = 1996 To 1998
    s = s*(1 + r)
    sum = sum + s
Next i
Print sum
```

    4. 设 a 总是大于 b，有如下程序。

```
Private Sub Command1_Click()
    a = 84: b = 35
    Do
        t = a Mod b
        a = b: b = t
    Loop While t
    Print a
    End Sub
```

    运行程序，输出结果是（   ）

    A. 5   B. 6   C. 7   D. 8

    5. 运行下列程序后，单击命令按钮后输出的图案是（   ）。

```
Private Sub Command1_Click()
    Dim a
    a = "aaa"
    Mid(a, 2, 4) = "AAA"
    Print a
End Sub
```

    A. AAA   B. aAAAaa   C. Aaa   D. aAAA

    6. 在 Visual Basic 中表达式 x = 5 的类型是（   ）。

    A. 错误的表达式   B. 关系表达式   C. 算术表达式   D. 逻辑表达式

    7. 在窗体中添加一个命令按钮，并编写如下程序：

```
Private Sub Command1_Click()
    a% = 2 / 3
    b% = 32 / 9
    Print "1234567890123456"
```

```
        Print a%, b%
    End Sub
```

运行程序，输出结果为（　　　　）

A. 1234567890123456　　B. 1234567890123456　　C. 1234567890123456　　D. D1234567890123456
　1　　　　　　　　　　　4　　　　　　　　　　0　　　　　　　　　　　3　　　　　　　　　1　　　　　　　　　4　　　　　　　　　0　　　　　　　　　3

8.　在窗体中添加一个命令按钮，并编写如下程序。

```
Private Sub Command1_Click()
    x = 1: y = 2: z = 3
    x = y: y = z: z = x
    Print z
End Sub
```

运行程序，输出结果是（　　　　）

　　A.　3　　　　　　　　B.　0　　　　　　　　C.　2　　　　　　　　D.　1

9.　下面过程运行后显示的结果是（　　　　）。

```
Public Sub F1(n%,ByVal m%)        Private Sub Command1_Click()
  n = n Mod 10                        Dim x%,y%
  m = m\10                            x = 12:  y = 34
End Sub                               Call F1(x,y)
                                      Print x,y
                                  End Sub
```

　　A.　2　34　　　　　　B.　12　34　　　　　　C.　2　3　　　　　　D.　12　3

10.　如下程序，运行的结果是（　　　　）。

```
Private Sub Command1_Click()
  Print p1(3,7)
End Sub
Public Function P1!(x!,n%)
  If n = 0 Then
    p1 = 1
  Else
    If n Mod 2 = 1 Then
      p1 = x*p1(x,n\2)
    Else
      p1 = p1(x,n\2)\x
    End If
  End If
End Function
```

　　A.　18　　　　　　　　B.　7　　　　　　　　C.　14　　　　　　　　D.　27

11.　哪个程序段不能分别正确显示 1!，2!，3!，4!的值（　　　　）。

```
    A.  For i = 1 To 4              B.  For i = 1 To 4
        n = 1                          For j = 1 To i
        For j = 1 To I                     n = 1
            n = n*j                        n = n*j
        Next j                         Next j
        Print n                        Print n
    Next I                         Next i

    C.  n = 1                      D.  n = 1
        For j = 1 To 4                 j = 1
        n = n*j                        Do While j< + 4
        Print n                            n = n*j
```

```
  Next j                                    Print n
                                            j = j + 1
                                            Loop
```

12. 下面程序段的运行结果为（   ）。

```
For I = 3 To 1 Step -1
   Print Space(5 - I);
   For j = 1 To 2 * I - 1
      Print "*";
   Next j
   Print
Next I
```

A.	B.	C.	D.
*	* * * * *	* * * * *	* * * * *
* * *	* * *	* * *	* * *
* * * * *	*	*	*

13. 下面程序段，显示的结果是（   ）。

```
Private Sub Form_Load()
   Dim x
   x = Int(Rnd) + 5
   Select Case x
        Case 5
        Print "优秀"
        Case 4
        Print "良好"
        Case 3
        Print "通过"
        Case Else
        Print "不通过"
   End Select
End Sub
```

A. 优秀　　　　　　　B. 良好　　　　　C. 通过　　　　　　　D. 不通过

14. 在窗体上画一个名称为 Command1 的命令按钮，并编写如下程序。

```
Private Sub Command1_Click()
  Dim x As Integer
  Static y As Integer
  x = 10
  y = 5
  Call f1(x,y)
  Print x,y
End Sub
Private Sub f1(ByRef x1 As Integer, ByVal y1 As Integer)
  x1 = x1 + 2
  y1 = y1 + 2
End Sub
```

程序运行后，单击命令按钮，在窗体上显示的内容是_____。

15. 在窗体上画一个名称为 Command1 的命令按钮，然后编写如下事件过程。

```
Private Sub Command1_Click()
  Static x As Integer
  Cls
```

```
    For i = 1 To 2
      y = y + 2
      x = x + 2
    Next i
    Print x,y
End Sub
```

程序运行后，连续 2 次单击 Command1 按钮后，窗体上显示_____。

A. 0　0　　　　　　　B. 8　8　　　　　　C. 8　4　　　　　　D. 4　4

16．在窗体上画一个名称为 Command1 的命令按钮，然后编写如下事件过程。

```
Private Sub Command1_Click()
    Dim x%,n%,i%,j%
    n = InputBox("")
    For i = 1 To n
      For j = 1 To i
        x = x + 1
      Next j
    Next i
    Print x
End Sub
```

程序运行后，单击命令按钮，如果输入 3，则在窗体上显示的内容是_____。

A. 3　　　　　　　　B. 4　　　　　　　　C. 5　　　　　　　　D. 6

17．运行下列程序时，如果连击 3 次 cmd1，且分别输入 9，3，16，获得的运行结果分别是_____。

```
Private Sub Cmd1_Click()
    Dim x As Integer
    Dim y As Integer
    x = Val(InputBox("输入数据"))
    If Int(Sqr(x)) <> Sqr(x) Then
        y = x * x
    Else
        y = Sqr(x)
    End If
    Form1.Text1.Text = Str(y)
End Sub
```

A. 3、3、4　　　　　B. 81、9、256　　　　C. 3、9、4　　　　　D. 9、3、16

18．当在文本框输入"ABCD"4 个字符时，窗体上显示的是（　　　）。

```
Private Sub Text1_Change()
    Print Text1;
End Sub
```

A.ABCD　　　　　　B.A　　　　　　　　C.AABABCABCD　　　D.A
　　　　　　　　　　　B　　　　　　　　　　　　　　　　　　　　AB
　　　　　　　　　　　C　　　　　　　　　　　　　　　　　　　　ABC
　　　　　　　　　　　D　　　　　　　　　　　　　　　　　　　　ABCD

19．以下程序段的执行结果是_____。

```
a = 10 : y = 0
Do
    a = a + 2
    y = y + a
    If y>20 Then
        Exit Do
```

```
    End If
Loop While a< = 14
Print "a = ";a;"y = ";y
```

A. a = 18 y = 24   B. a = 14 y = 26   C. a = 14 y = 24   D. a = 12 y = 12

20. 以下程序段的运行结果是_____。

```
Function abc(n As Integer) As Integer
    abc = n * 2 + 1
End Function
Private Sub Form_Click()
    Dim x As Integer
    x = abc(3) * abc(4)
    Print x
End Sub
```

A. 63   B. 0   C. 1   D. 空

六、编程题

1. 对一元二次方程 $ax2 + bx + c = 0$ 求解(要考虑实根与虚根的情况)。

2. 计算：$S = 1 + 3+5 + \cdots\cdots + (2n - 1) + \cdots\cdots + 99$。

3. 计算：$S = 1 - 1/2 + 1/3 - 1/4 \cdots 1/ 100$

4. 计算：$S = 1! +2! +3! +\cdots + n!$.

5. 利用 InputBox 输入三角形的三条边，计算其面积(用 MsgBox 输出)。其中面积

$$S = \sqrt{p(p-a)(p-b)(p-c)} , \quad p = \frac{1}{2}(a+b+c)$$

6. 中国古代数学有"鸡兔同笼"问题，一笼中鸡兔 27 只，共有 78 只脚，鸡、兔各多少只。

7. 一只小球从 10 米高度自由下落，每次落地后反弹回原高度的 40%，再落下。那么小球在第 8 次落地时，共经过了多少米?

8. 利用随机函数生成两位正整数的 4 阶矩阵，找出最大数和最小数及其位置。

9. 有 7 个评委给体操运动员打分，去掉最高分和最低分后平均分为运动员的成绩，计算该运动员的成绩。

10. 在图 3.37 所示的文本框中输入 3 个不同的数，单击"排序"按钮后，输入的 3 个数，按从大到小的顺序显示在另外 3 个文本框中。

11. 设计如图 3.38 所示的程序界面，实现计算两个整数的最大公约数和最小公倍数的功能。

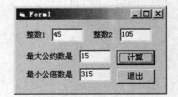

图 3.37　3 个不同的数排序　　　　图 3.38　求最大公约数和最小公倍数

12. 编写程序，找出 100～999 之间所有的"水仙花数"。所谓"水仙花数"是一个三位数，其各位数字的立方和等于该数本身，例：$153 = 1^3 + 5^3 + 3^3$，故 153 是"水仙花数"。

13. 编写程序计算 S 的值，直到最后一项的绝对值小于 10^{-6} 为止（要求将存放结果的变量类型定义成单精度浮点型）。

$$S = 1\frac{1}{3!} + \frac{1}{5!} + \frac{1}{7!} + \cdots + \frac{1}{(2n-1)!}$$

14. 编写程序，输出 1000 之内的所有完数。"完数"是指一个数恰好等于它的因子之和，例如 6 的因子为 1、2、3，而 6 = 1 + 2+3，因而 6 是完数。

15. 编写程序，输出 1000 之内的所有完数。"完数"是指一个数恰好等于它的因子之和，例如 6 的因子为 1，2，3，而 6 = 1 + 2+3，因而 6 是完数。

16. 编写程序，求出所有小于或等于 100 的自然数对。自然数对是指自然数的和与差都是平方数，例如 8 和 17 的和 8 + 17 = 25 与其差 17-8 = 9 都是平方数，则 8 和 17 就称为自然数对。

17. 编写程序打印如下图案。

```
A
AAA
AAAAA
AAAAAAA
BBBBBBB
BBBBB
BBB
B
```

18. 编写程序，在窗体上打印如下"数字金字塔"图案。

```
        1
       121
      12321
     1234321
    123454321
   12345654321
  1234567654321
 123456787654321
12345678987654321
```

19. 编写程序，求 FIBONACCI 数列前 20 项的和。FIBONACCI 数列的第 1 和第 2 项的值均为 1，从第 3 项开始，每项都是前 2 项之和。数列中的值为：1，1，2，3，5，8，13，……

20. 编写程序，求 2～500 之间的素数的和。

第 4 章
数组

数组是计算机程序设计语言中很重要的一个概念，用于处理涉及大量数据的问题。利用数组可缩短和简化程序，提高程序的运行效率。比如，要处理 2000 个学生考试成绩，如果把每个学生的成绩都分别用不同的变量名保存，操作起来就很麻烦，这时有必要使用数组来处理这样的问题。

4.1　数组的基本概念

4.1.1　引例

输入 10 个数，输出它们的平均值及大于平均值的那些数。

编程分析：如果使用前面所学的知识，需要定义 10 个变量来存放输入的数据，首先求出其平均值，然后将 10 个数依次与平均值比较，如果大于平均值，则打印输出。

使用下面的程序代码（很不好的程序）：

```
Dim N%, S!, Ave!, a1!, a2!, a3!, a4!, a5!, a6!, a7!, a8!, a9!, a10!
a1=Val(InputBox("Enter a1 Number"))
a2=Val(InputBox("Enter a2 Number"))
a3=Val(InputBox("Enter a3 Number"))
a4=Val(InputBox("Enter a4 Number"))
a5=Val(InputBox("Enter a5 Number"))
a6=Val(InputBox("Enter a6 Number"))
a7=Val(InputBox("Enter a7 Number"))
a8=Val(InputBox("Enter a8 Number"))
a9=Val(InputBox("Enter a9 Number"))
a10=Val(InputBox("Enter a10 Number"))
S=a1+a2+a3+a4+a5+a6+a7+a8+a9+a10
Ave=S/10
IF a1>Ave Then  Print a1
IF a2>Ave Then  Print a2
IF a3>Ave Then  Print a3
IF a4>Ave Then  Print a4
……                        '实际程序是不能这样写的
IF a10>Ave Then  Print a10
```

读者从上面的程序可以看到程序很冗长，如果不是 10 个数，而是 100，1000，甚至是 10000，此时按上面方法编写程序就非常冗长。通过分析，不难看到，输入的 10 个数据如果能使用类似数学中的下标变量 $a_i(i=1, 2, \cdots, 10)$ 的形式，这样就可使用循环语句来写程序。VB 语言中表示下标变量就是通过定义数组来实现的。使用数组编程如下。

```
Dim i%, S!, Ave!, a!(10)
For i=1 To 10
    a(i)=Val(InputBox("Enter a (" & i & ") =?"))
    S=S+a(i)
Next i
Ave=S/10
For i=1 To 10
    IF a(i)>Ave Then Print a(i)
Next i
```

上面程序中的 a(i)是 VB 语言中表示数学中下标变量的方法。如果不是 10 个数，而是 100，则只需将程序中的 10 改为 100 即可，程序不会增加代码。比较前面的程序，可以看到使用数组处理大量数据要比使用多个简单变量的程序简明得多。处理此类具有较多数据的问题，Visual Basic 中使用了数组。

4.1.2　数组的定义及分类

在 Visual Basic 中，把具有相同名字不同下标值的一组变量称为数组变量，简称数组。数组中的成员（元素）通过数组中的下标来识别，在表达时，必须将下标放在一对紧跟在数组名之后的括号中，例如：Sum(10)，其中 Sum 为数组名，10 为下标，下标用于指定某个数组元素在数组中的位置。

数组并不是一种数据类型，而是一组相同类型的变量的集合。在程序中使用数组的最大好处，是用一个数组名代表逻辑上相关的一批数据，用下标表示该数组中的各个元素，和循环语句结合使用，使得程序书写简洁。

数组必须先声明后使用，声明数组名、类型、维数和数组大小。按声明时下标的个数确定数组的维数，VB 中的数组有一维数组、二维数组……最多 60 维。按声明时的大小确定与否可分为静态（定长）和动态（不定长）两类数组。

4.1.3　数组的命名及规则

数组的命名与简单变量名命名规则相同。

数组元素的下标必须用括号括起来。不能把数组元素 S(5)写成 S5，S5 会被认为是一个简单变量。

数组元素的下标可以是常数、变量或表达式。下标还可以是下标变量（数组元素），如 S(A(4))，如果 A（4）的值是 7，则 S（A(4)）其实就是 S(7)。

数组元素的下标必须是整数，如果是小数的话，系统会自动取整（舍去小数部分），如 S(3.6)将被视为 S(3)。

4.1.4　数组的类型及维数

在 Visual Basic 中，数组可分为变量数组和控件数组两大类。根据数组的大小是否可变，又有静态数组和动态数组之分。

Visual Basic 中的数据有多种类型，数组也有相应的类型。可以声明任何基本数据类型的数组，但是一般一个数组的所有元素应是相同的数组类型。但是，数据类型为 Variant 的数组元素可以是不同类型的数组。

在一个数组中，如果用一个下标就能确定一个元素在数组中的具体位置，则该数组就是一维数组；具有两个或多个下标的数组就是二维或多维数组，即数组中的下标个数就是数组的维数。

4.2 一 维 数 组

只有一个下标变量的数组，称为一维数组。

4.2.1 一维数组的声明

一般，数组变量在使用前应先声明，后使用。数组的声明包括声明数组名、数组的维数、每一维的元素个数及元素的数据类型。

一维数组的声明格式如下：

    Public|Private|Static|Dim 数组名([<下界>to]<上界>)[As <数据类型>]

或   Public|Private|Static|Dim 数组名[<数据类型符>]([<下界>to]<上界>)

例：Dim s(9) As Integer   '声明了 s 数组有 10 个元素

与上面声明等价形式： Dim s%(9)

说明：

① Public 可用来定义全局级变量或数组，Private 用来定义窗体模块级变量或数组，Dim 用来定义窗体模块级、过程级变量或数组，Static 用来定义静态变量或数组。

② 数组名的命名规则与变量的命名规则相同。

③ 数组的元素个数，由它的<下界>和<上界>决定：上界~下界+1。

④ 默认<下界>为 0，若希望下标从 1 开始，可在模块的通用部分使用 Option Base 语句将其设为 1。其使用格式是：

    Option Base 0|1   '后面的参数只能取 0 或 1

例如： Option Base 1   '将数组声明中默认<下界>下标设为 1

该语句只能放在模块的通用部分，不能放在任何过程中使用。它只能对本模块中声明时默认下界的数组起作用，对其他模块的数组不起作用。

⑤ <下界>和<上界>必须是常量，常量可以是直接常量、符号常量，一般是整型常量。其取值不得超过 Long 数据类型的范围（−2 147 483 648~2 147 483 647）。若是实数，系统则自动按四舍五入取整。

如：

Dim S(5) as Integer

则 S(3.7)对应的数组元素就是 S(4)

⑥ 如果省略 As 子句，则数组的类型为变体类型。

⑦ 数组中各元素在内存占一片连续的存储空间,一维数组在内存中存放的顺序是按下标由小到大的顺序，如图 4.1 所示。

| S(0) | S(1) | S(2) | .... | |

图 4.1 数组中各元素的存储顺序

由于数组要在内存中占用连续的存储单元，为了让系统为它开辟并保留连续的存储空间，在使用一个数组之前，必须先对此数据进行定义。

4.2.2　一维数组元素的引用

对数组元素的操作与对简单变量的操作基本一样，在高级语言中一般只能逐个引用数组元素，而不能一次引用整个数组。Visual Basic 6.0 中虽然可以将一个数组的内容赋值给另一个数组，但在实际操作中有许多注意事项（具体参考 V B 的在线帮助），建议不要整体使用。

使用形式：

数组名（下标）

其中，下标可以是整型变量、常量或表达式。

例如：设有数组定义 DIM S(10) As Integer、M(10)AS Integer，则下面的语句都是正确的。

```
S(1)=S(2)+M(1)+5          ' 取数组元素运算，并将结果赋值给一元素
S(i)=M(i)                 ' 下标使用变量
M(i+1)=S(i+2)             ' 下标使用表达式
```

引用时下标不能超界（小于下界或大于上界），否则将出错。

如有定义：Dim S(10) As Integer，请分析下面程序的错误。

```
For i = 1 To 10
  S(i) =Val (InputBox("输入 S(" & i & ") 的值")),
Next i
Print S(i)
```

上面的程序段运行后将出现"数组超界错误"，因为循环结束后，i 的值为 11，超过了定义数组的上界。

4.2.3　一维数组的基本操作

假设定义一个一维数组：Dim S(1 to 10)As Integer，下面是对数组的一些基本操作的程序段。

1. 可通过循环给数组元素输入数据

```
For  i = 1 To 10
  S(i) =Val (InputBox("输入 S(" & i & ") 的值=? ")),
Next i
```

2. 求数组中最小元素及其下标

```
min = S(1)                    ' 假设数组的第一元素为最小元素
p= 1
For i = 2 To 10
   If S(i) < min Then
      min = S(i)
      p = i
   End If
Next i
Print "数组第" & p & "个元素值最小值为" & min
```

3. 一维数组的倒置

其操作是：将第一个元素与最后一个元素交换、第二个元素与倒数第二个元素交换、……、即第 i 个与第 $n-i+1$ 个元素的交换，直到 $i<=n\backslash2$。

```
For i=1 To n\2
   t=S(i) : S(i)=S(n-i+1): S(n-i+1)=t
Next i
```

4.2.4　一维数组的应用

1．排序问题

排序又称分类，即把一批数据任意序列的数据元素（或记录），重新排列成一个按关键字有序排列的序列。例如，对一个班的学生考试成绩排序，对不同的年龄排序等。排序的算法有很多种，常用的有选择法、冒泡法、插入法、合并法等。不同算法的执行效率不同，由于排序要使用数组，需要消耗较多的内存空间，因此在处理数据量很大的排序时，选择适当的排序算法就很重要了，下面就以选择和冒泡排序为例加以介绍。

（1）选择法排序。

选择法排序的算法思路是（升序为例）如下所述。

① 对有 n 个数的序列（存放在数组 $a(n)$ 中），从中选出最小的数，与第 1 个数交换位置。

② 除第 1 个数外，其余 $n-1$ 个数中选最小的数，与第 2 个数交换位置。

③ 依此类推，选择了 $n-1$ 次后，这个数列已按升序排列，算法流程如图 4.2 所示。

选择法排序程序代码段如下：

```
For i = 1 To n - 1
    p = i
    For j = i + 1 To n
        If a(p) > a(j) Then p = j
    Next j
    temp = a(i):  a(i) = a(p):  a(p) = temp
Next i
```

（2）冒泡法排序。

冒泡法基本思想（升序为例）：将相邻两个数比较，小的交换到前头。

① 有 n 个数（存放在数组 $a(n)$ 中），第一趟将相邻两个数比较，小的调到前头，经 $n-1$ 次两两相邻比较后，最大的数已"沉底"，放在最后一个位置，小数上升"浮起"。

② 第二趟对余下的 $n-1$ 个数（最大的数已"沉底"）按上述方法比较，经 $n-2$ 次相邻比较后得次大的数。

③ 依此类推，n 个数共进行 $n-1$ 趟比较，在第 j 趟中要进行 $n-j$ 次两两比较。算法流程如图 4.3 所示。

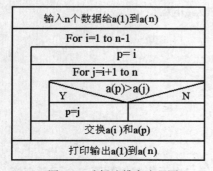

图 4.2　选择法排序流程图

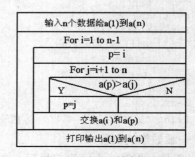

图 4.3　冒泡法排序流程图

冒泡法排序程序段如下。

```
For i = 1 To n - 1
    For j = 1 To n-i
        If a(j) > a(j+1) Then
            temp=a(j):  a(j)=a(j+1):  a(j+1)=temp
        End if
    Next j
Next i
```

2. 查找

查找是在数组中，根据指定的关键值，找到与其值相同的元素。一般有顺序查找和二分查找。下面就以顺序查找为例，给读者做简单介绍。顺序查找又称线性查找，它是一种最简单、最基本的查找方法。

【例 4.1】按学号以数组顺序存储 n 个学生的成绩，要求输出最高成绩及相应的学号。

```
Option Base 1
Private Sub Command1_Click()
Const n = 20
Dim Score(n) As Integer
Dim Max, i, code As Integer
Max = 0
For i = 1 To n
 Score(i) = InputBox("请输入第" & Str(i) & "个学生的成绩")
 If (Score(i) > Max) Then
    Max = Score(i)
    code = i
    End If
Next i
Print
Print "最高分是: "; Max
Print
Print "最高学分的学号为: "; code
End Sub
```

3. 统计问题

统计是编程中经常用到的算法之一，一般是根据分类条件，使用计数器变量进行累加。对于分类较多的情况，使用数组作为计数器，就可使程序大大简化。

【例 4.2】编程求某班 50 个学生某门课程考试的平均成绩及高于平均成绩的学生人数。

将程序代码写在 Form 的单击事件中，数据的输入通过 InputBox 来实现。界面设计略，程序代码如下。

```
Private Sub Form_Click()
    Const NUM = 50              ' 声明代表班上学生人数的符号常量
    Dim a(NUM) As Integer, i As Integer
    Dim Sum As Integer, Aver As Single, N As Integer
    Sum = 0                     ' 给 Sum 赋初值
    For i = 1 To NUM            '输入学生成绩，并求和
        a(i) =Val( InputBox("输入第(" & i & ")学生的成绩"))
        Sum = Sum + a(i)
    Next i
    Aver = Sum / NUM
    N = 0
```

```
      For i = 1 To NUM              ' 统计高于平均成绩的人数
          If a(i) > Aver Then N = N + 1
      Next i
      Print "全班平均成绩：" & Aver & "  共有" & N & "高于平均成绩"
  End Sub
```

思考与讨论

程序中将代表学生人数的量定义为符号常量有什么好处？

4.3 二 维 数 组

数学中矩阵的各个元素要用行、列位置标识，计算机上的每一个屏幕像素要用 X、Y 坐标表示它的位置。类似这种数据结构，就可以用二维数组形式描述，也就是说二维数组可用来处理像二维表格、数学中的矩阵等问题。例如矩阵 S 中：

$$S = \begin{matrix} 1 & 2 & 3 \\ 2 & 4 & 6 \\ 3 & 6 & 9 \end{matrix}$$

每个元素需要两个下标（行、列）来确定位置，如 S 中值为 6 的元素的行是 2，列为 3，它们共同确定了在矩阵 S 中的位置。当用一个数组存储该矩阵时，每个元素的位置都需要用行和列两个下标来描述，例如，S(1,2)表示数组 S 中第 2 行第 3 列的元素，数组 S 是一个二维数组。同理，数组中的元素有 3 个下标的数组称为三维数组。三维以上的数组也称为多维数组。

4.3.1　二维数组的声明

声明格式如下：

```
Public|Private|Static|Dim 数组名([<下界>] to <上界>, [<下界> to ]<上界>) [As <数据类型>]
```
其中的参数与一维数组完全相同。

例如：

```
Dim s(3,3)  As  Single
```
定义了一个单精度类型二维数组。同一维数组一样，如果没有使用 Option Base 1 指定下标从 1 开始，默认下界时都是从 0 开始，所以上面数组 s 的定义 s(0,0) ～s(3,3)共有 16 个元素。

二维数组在内存的存放顺序是"先行后列"。例如，数组 a 的各元素在内存中的存放顺序是：

s(0,0)→s(0,1)→s(0,2)→s(0,3)→s(1,0)→s(1,1)→s(1,2)→s(1,3)→s(2,0)→s(2,1)→s(2,2)→s(2,3) →s(3,0) →s(3,1) →s(3,2) →s(3,3)

4.3.2　二维数组的引用

与一维数组一样，二维数组也是要先声明后，才能使用。引用形式：

      数组名(下标1，下标2)

例如：

```
s(1,2)=10
s(i+1,j) = s(1,3)*2
```
在程序中常常通过二重循环来操作使用二维数组元素。

4.3.3　二维数组的基本操作

例如，设有下面的定义：

```
Dim s(1 to 4,1 to 5) As Integer, i As Integer, j As Integer,k%
```

（1）二维数组 a 输入数据。

```
For i=1 to 4
  For j=1 to 5
    s(i,j)=Val (InputBox( "输入元素 s( " & i & "," & j & " )=?" )),
  Next j
Next i
```

（2）求最大元素及其所在的行和列。

基本思路同一维数组，用变量 max 存放最大值，row、col 存放最大值所在行列号，可用下面程序段实现。

```
Max = s(1, 1): row = 1: Col = 1
For i = 1 To N
    For j = 1 To M
        If s(i, j) > Max Then
            Max = s(i, j)
            row = i
            Col = j
        End If
    Next j
Next i
Print "最大元素是"; Max
Print "在第" & row & "行,"; "第" & Col & "列"
```

（3）两矩阵相乘。

设矩阵 A 有 $M×L$ 个元素，矩阵 B 有 $L×N$ 个元素，则矩阵 $C=A×B$，有 $M×N$ 个元素。矩阵 C 中任一元素：

$$c(i,j) = \sum_{k=1}^{l} (a(i,k) \times b(k,j)) \quad (i=1,2,\dots,m; \quad j=1,2,\dots,n)$$

下面是两矩阵相乘的程序段。

```
For i = 1 To M
    For j = 1 To N
      c(i, j) = 0
      For k =1 To L
        c(i, j) = c(i, j) + a(i, k) * b(k, j)
      Next k
  Next j
Next i
```

（4）矩阵的转置。

如果是方阵，即 A 是 $M×M$ 的二维数组，则可以不必定义另一数组，否则就需要再定义新数组。方阵的转置的程序代码如下。

```
For i = 2 To M
  For j = 1 To i-1
    Temp=a(i,j) : a(i, j) = a(j, i) : a(j, i)=Temp
  Next j
Next i
```

如果不是方阵，则要定义另一个数组。设 A 是 $M×N$ 的矩阵，要重新定义一个 $N×M$ 的二维数组 B,将 A 转置得到 B 的程序代码如下。

```
For i = 1 To M
    For j = 1 To N
        b(j,i) = a(i,j)
    Next j
Next i
```

各位读者可以在理解并掌握这些基本操作的基础上,根据自已的要求设计适当的应用程序界面,定义相应的变量和数组,对上面的基本操作进行调试,力求应用到一些实际的编程中去。

4.3.4 二维数组应用

【例 4.3】设某个班共有 50 个学生,期末考试 6 门课程,请编一程序评定学生的奖学金,要求打印输出一、二等奖学金学生的学号和各门课成绩。(奖学金评定标准是:总成绩超过全班总平均成绩 30%发给一等奖学金,超过全班总平均成绩 20%发给二等奖学金。)

编程分析:此问题需要定义一个存放学生成绩的二维数组,第一维表示某个学生,第二维表示该学生的某门课程,可以将第二维定义比实际课程数多一个,即最后一列存放该学生的总成绩。

```
Option Base 1
Const NUM=50,KCH=6                     ' 定义符号常量
Private Sub Form_Click()
    Dim  x(NUM,KCH+1) As  Single       ' 存放学生成绩,第 7 列为该学生的总成绩
    Dim  i%,j%,k%,sum!,t!,ver!
    t=0                                ' tt 表示全班总成绩
    For i=1 to NUM
        sum=0                          ' 某一(第 i 个)学生的总成绩,累加前赋值为 0
        For j=1 to KCH
            x(i,j)=Val(InputBox("输入第" & i & "位学生的第" & j & "门课程成绩"))
            sum=sum+x(i,j)
        Next j
        x(i,KCH+1)=sum
        t=t+x(i,KCH+1)
    Next i
    ver=t/NUM                          ' 计算全班总平均成绩
    Print "学 号    " & KCH & "考试课程成绩          奖学金等级"
    For i=1 to NUM
        If x(i,KCH+1)>=1.3*ver  Then
            Print  i ;
            For j=1 to KCH
             Print "  ";x(i,j);
            Next j
            Print "获得一等奖学金"
        End IF
    Next i
    For i=1 to NUM
       If x(i,KCH+1)>=1.2*ver and x(i,KCH+1)<1.3*ver  Then
            Print  i ;
            For j=1 to KCH
                Print "  ";x(i,j);
            Next j
            Print "获得二等奖学金"
        End IF
    Next i
End Sub
```

4.4 动 态 数 组

Visual Basic 为适应各种不同的程序设计需要，允许数组有多种定义方式。

4.4.1 定义动态数组

定义数组的目的是为数组开辟所需的内存区域。前面用 Dim 语句说明数组时，都同时确定维数和下标个数，Visual Basic 编译程序在编译时为它们分配了相应的存储空间，并且在应用程序运行期间内，数组都占有这块内存区域，这样的数组称为定长数组。

当数据规模可以预知时，使用定长数组能够增加程序的可读性和提高程序的执行效率。但有时候，数组应定义多大，要在程序运行时才能决定，定义一个"足够大"的数组显然是不经济的。动态数组又叫可调数组，它提供了一种灵活有效的管理内存机制，能够在程序运行的任何时候改变数组的大小。

动态数组是在声明数组时未给出数组的大小（省略括号中的下标），当要使用它时，随时用 ReDim 语句重新指出数组大小。使用动态数组的优点就是可根据用户需要，有效地利用存储空间。它在程序执行到 ReDim 语句时分配存储空间，而静态数组是在程序编译时分配存储空间的。

建立动态数组的方法是使用 Dim、Private 或 Public 语句声明括号内为空的数组，然后在过程中使用 ReDim 语句指定该数组的大小。

形式如下：

ReDim 数组名 （下标1[,下标2…]）

其中，下标可以是常量，也可以是有了确定值的变量。例如：

```
Dim W( ) As Single
    Sub Form_Load( )
    …
      ReDim preserve W(2,3)
   redim W(2,4,5)
      …
    End Sub
```

在窗体级声明了数 W 为可变长数组，在 Form_Load（ ）事件函数中重新指明二维数组的大小为 3 行 4 列。

① 在静态数组声明中的下标只能是常量，而在动态数组 ReDim 语句中的下标可以是常量，也可以是有了确定值的变量。

② 在过程中可多次使用 ReDim 来改变数组的大小，也可改变数组的维数。

③ 每次使用 ReDim 语句都会使原来数组中的值丢失，可以在 ReDim 语句后加 Preserve 参数，用来保留数组中的数据，但使用 Preserve 只能改变最后一维的大小，前面几维大小不能改变。

4.4.2 与数组操作相关的几个函数

1. Lbound 函数、Ubound 函数

Lbound 函数是用来返回数组下标的最小索引值的，Ubound 函数是用来返回数组最大索引值

的。例如，定义如下一个数组：

```
Dim s(10) AS Integer
    Print Lbound(s), Ubound(s)
```

此时的运行结果会输出 0 和 10 两个数，因为在数组 s 中，s 的最小下标索引是 0，最大下标索引是 10。

对于多维数组，也可以使用 Lbound 和 Ubound 函数，但这个函数只能求出多维数组某一维的下标最值。例如下面的例子所示。

```
Option Base 1
Dim s(0 To 9, 3)
Private Sub command1_click()
  Print Ubound(s, 2)    '打印第二维的下标上界
  Print LBound(s, 1)    '打印第一维的下标下界
  Print LBound(s, 2)    '打印第二维的下标下界
End Sub
```

运行结果是输出 3, 0, 1。

综上所述，可以看出，这两个函数的语法格式为：

```
Lbound (数组名称[,要求的数组的维数的标号])
Ubound (数组名称[,要求的数组的维数的标号])
```

如果后面的参数省略不写的话，则默认为求数组的第一维下标的最值。

2. IsArray 函数

IsArray 函数用来判断一个变量是否属于数组，例如：

```
Private Sub Command1_Click()
  Dim w(3) As Integer
  Print IsArray(w)
End Sub
```

运行结果是打印出 True。

或者：

```
Private Sub Command1_Click()
  Dim m As Integer: Print IsArray(m)
End Sub
```

运行结果是打印出 False。

3. Erase 函数

Erase 函数是将某个数组所占的内存空间释放掉，归还给系统。在使用了 Erase 函数后，这个数组的元素就不能够再被引用了，要想重新使用它，就必须使用 ReDim 或 Array 语句重新声明。

例如：下面的程序使用 Array 语句声明一个数组后，用 Erase 函数释放掉该数组所占的内存空间，输出数组元素的值，则系统会提示"下标越界"。如果重新使用 Array 语句声明同名数组并输出数组元素的值，则程序正常运行。

```
Private Sub Command1_Click()
    Data = Array(2, 3)
    Print Data(1)
    Erase Data
    Print Data(1) '当执行到这里系统会提示"下标越界"，必须把它注释掉
    Data = Array(2, 3)
    Print Data(1)
End Sub
```

4.5　控　件　数　组

Visual Basic 中使用的数组和其他高级语言中的数组是没有区别的，只是在 Visual Basic 中含有一种特殊的数组——控件数组。控件数组是由一组相同类型的控件组成的，它们有共同的控件名称，具有大部分相同的属性。建立控件数组时，系统会给每一个元素唯一的索引号 (Index)，通过属性窗口中的 Index 属性，就可以知道该控件的下标是多少。控件数组的第一个元素的下标是 0。控件数组适用于若干个控件执行的命令有相同代码的场合，这样可以使这些控件共享这一段代码（事件过程），从而可以节约程序员编写代码的时间，使程序更加精练，结构更加紧凑。控件数组有两种创建方法。

方法一：

（1）在窗体上画出作为数组元素的各个同类控件。

（2）单击要包含到数组中的某个控件，将其激活。

（3）在属性窗口中选择"（名称）"属性，并键入控件的名称。

（4）对每个要加入到数组中的控件重复步骤（2）、步骤(3),键入与步骤（3）中相同的名称。

当对第二个控件键入与第一个控件相同的名称后，VB 将显示一个对话框，询问是否确定要建立控件数组，单击"是"按钮将建立控件数组，单击"否"按钮将放弃建立操作。

方法二：

（1）在窗体上画出一个控件，将其激活。

（2）执行"编辑"→"复制"命令（快捷键"Ctrl+C"),将该控件放入剪贴板。

（3）执行"编辑"→"粘贴"命令（快捷键"Ctrl+V"），将显示一个对话框，询问是否建立控件数组。

（4）单击"是"按钮，窗体的左上角将出现一个控件，它就是控件数组的第 2 个元素。

（5）继续执行"编辑"→"粘贴"命令（快捷键"Ctrl+V"），建立控件数组的其它元素。

（6）调整各个数组元素的位置，并更改各个数组元素的属性，使之满足预定要求。

下面的例子就是以第二种方法来建立控件数组的。

【例 4.4】创建含有 4 个命令按钮的控件数组，当单击某个按钮时，分别弹出对话框，分别显示"我是四君子中的松、竹、梅、兰"。

（1）在窗体上画出一个命令按钮，如图 4.4 所示。

（2）激活 Command1 ,单击鼠标右键，选中"复制"命令(执行"编辑"→"复制"命令或使用快捷键 Ctrl+C），将 Command1 放入剪贴板。

（3）鼠标移到 Command1 之外其他位置，单击鼠标右键，选中"粘贴"命令（执行"编辑"→"粘贴"命令或使用快捷键"Ctrl+V"），将显示一个对话框，询问是否建立控件数组，如图 4.5 所示；

（4）单击"是"按钮，窗体的左上角将出现一个控件，它就是控件数组的第 2 个元素，如图 4.6 所示。

（5）继续执行"编辑"→"粘贴"命令（快捷键"Ctrl+V"），建立控件数组的其他元素。

（6）调整各个数组元素的位置，并更改各个数组元素的属性，使之满足预定要求，最终结果如图 4.7 所示。

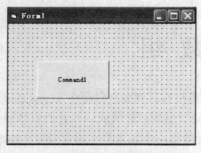

图 4.4　画出的单选按钮

图 4.5　询问对话框

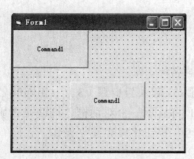

图 4.6　复制单选按钮

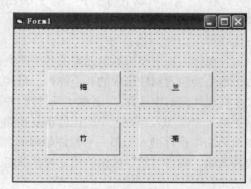

图 4.7　最终效果

代码如下所示。

```
Private Sub Command1_Click(Index As Integer)
Select Case Index
  Case 0
    MsgBox ("我是花中四君子中的梅")
Case 1
    MsgBox ("我是花中四君子中的兰")
  Case 2
    MsgBox ("我是花中四君子中的竹")
  Case 3
    MsgBox ("我是花中四君子中的菊")
End Select
End Sub
```

对于控件数组来说，它只限于一维结构，没有一个明确的上界，而且也不一定要使用连续的索引值，因为它的索引值可以被重新设置。

本章小结

数组是一种有效的数据结构，数组的定义和基本操作是使用数组进行程序设计的基础，对它的掌握程度反映了程序设计者的基本素质。对于静态变量的不足的改进体现在动态数组上。控件数组的使用则完全是为了编码的方便。

习　题　4

一、单项选择题

1. 以下程序运行的结果是_____。

```
Dim a
a=Array(1, 3, 4, 5, 6, 7)
For i = LBound(a) To UBound(a)
   a(i) = a(i) * a(i)
Next i
Print a(i)
```

　A. 49　　　　　　　B. 0　　　　　　　C. 不确定　　　　　　D. 下标越界

2. 以下程序输出的结果是_____。

```
Private Sub Command1 click()
    Dim a%(3,3), i%, j%
    For i=1 to 3
      for j=1 to 3
      If j>1and i>1 then
           a(i,j)=a(a(i-1,j-1),a(i,j-1))+1
      Else
           a(i,j)=i*j
      End if
      Print a(I,j); " ";
    Next j
    Print
    Next I
End Sub
```

　A. 1 2 3　　　　　B. 1 2 3　　　　　C. 1 2 3　　　　　D. 1 1 1

　　2 3 1　　　　　　 1 2 3　　　　　　 2 4 6　　　　　　 2 2 2

　　3 2 3　　　　　　 1 2 3　　　　　　 3 6 9　　　　　　 3 3 3

3. 以下程序运行的结果是_____。

```
Option Base 0
Private Sub Form_Click()
   Dim a
   Dim i As Integer
   a = Array(1, 2, 3, 4, 5, 6, 7, 8, 9)
   For i = 0 To 3
     Print a(5 - i);
   Next i
End Sub
```

　A. 4 3 2 1　　　　B. 5 4 3 2　　　　C. 6 5 4 3　　　　D. 7 6 5 4

4. 在窗体上画一个命令按钮 Command1，然后编写如下代码：

```
Private Sub Command1_Click()
    Dim arr1(10), arr2(10) As Integer
    n = 3
    For i = 1 To 5
        arr1(i) = i
```

```
        arr2(n) = 2 * n + i
    Next i
    Print arr1(n),arr2(n);
End Sub
```

程序运行后，单击命令按钮，输出结果是_____。

  A. 11 3   B. 3 11   C. 13 3   D. 3 13

5. 执行下面程序后，输出的结果是_____。

```
Private Sub Form_Click()
    Dim M(10)
    For k = 1 To 10
        M(k) = 11 - k
    Next k
    x = 6
    Print M(2 + M(x))
End Sub
```

  A. 2   B. 3   C. 4   D. 5

6. 如下数组声明语句，则数组 a 包含元素的个数有_____。

```
Dim a(3 , -2 to 2, 2)
```

  A. 120   B. 75   C. 60   D. 13

7. 定义数组 Array(1 to 5,5)后，下列哪一个数组元素不存在_____。

  A. Array(1,1)   B. Array(0,1)

  C. Array(1,0)   D. Array(5,5)

8. 关于 ReDim 语句，错误的是_____。

  A. ReDim 语句只能出现在过程中

  B. 与 Dim 语句、Static 语句不同，ReDim 语句是一个可执行语句

  C. ReDim 语句的作用是声明动态数组

  D. ReDim 语句的作用是给动态数组分配实际的元素个数

二、填空题

1. 下面的程序用选择法将数组 S 中的 10 个数按降序排列。选择法排序的算法是：将数组的第一个元素与其后所有元素比较，找出最大的（或最小）一个数，然后将该数与第 1 个元素交换位置，再从第 2 个数开始，重复上述过程。

请在横线处填空，使程序完整。

```
Option Base 1
Private Sub Command1_Click()
Dim s
s = Array(32, 21, 49, 26, 17, 74, 51, 99, 84, 65)
For i = _____
k = i
For j = _____
If s(k) < s(j) Then _____
Next j
t = s(i)
s(i) = s(k)
s(k) = t
Next i
For i = 1 To 10
Print s(i)
```

```
Next i
End Sub
```

2. 下面的程序产生并输出一个 4×4 的二维矩阵，将其转置后，再在窗体上输出。

```
Public Sub Form_Click()
    Dim a(4, 4) As Integer
    Dim k As Integer, j As Integer, t As Integer
    For k = 1 To 4
        For j = 1 To 4
            a(k, j) = int(rnd*10)+1
            Form1.Print (a(k, j));
        Next j
    _____
    Next k
    Form1.Print
    For k = 2 To 4
        For j = 1 To _____
    _____
        Next j
    Next k
    For j = 1 To 4
        Form1.Print a(j, 1); a(j, 2); a(j, 3); a(j, 4)
    Next j
End Sub
```

三、简答题

1. 什么是数组？

2. 数组元素的值怎样给定？

3. 动态数组的优点体现在哪里？

4. 在由控件数组构成的应用程序中如何识别是哪一个控件引发的事件？

5. 随机产生 n 个（n 由用户输入）[-10,10]范围内的无序整数，存放到数组中，并显示结果；将数组中相同的数删除，只保留一个，并输出删除后的结果。

第5章
用户界面设计

本章介绍了 Visual Basic 系统中常用的标准控件，包括用来为用户提供选中功能的单选按钮控件和复选按钮控件，与时间有关的计时器控件，用来显示图形图像的图片框和图像框控件，用来显示与输入信息的列表框控件、组合框控件，用来画线或图形的直线控件、形状控件，通用对话框等内容。

5.1 单选按钮、复选框及框架

单选按钮和复选框提供了两种选择的方式：多个单选按钮同处在一个容器中，只能选择其中的一个；而多个复选框可以同时选中多个。框架是一个容器控件，使用框架控件除了可以实现单选按钮的分组功能外，在界面设计时，常常将一些功能相近的控件置于同一个框架控件中，使得界面更加清晰。单选按钮和复选框及框架在 Windows 对话框界面中使用比较多，图 5.1 是 Visual Basic "工具"菜单下的"选项"对话框中的"环境"选项卡，其中就使用了单选按钮、检查框与框架 3 种控件，下面逐一介绍这 3 种控件。

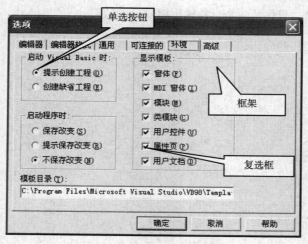

图 5.1 "环境"选项卡

5.1.1 单选按钮

1. 用途

单选按钮（OptionButton）也称作选择按钮。一组单选按钮控件可以提供一组彼此相互排斥的选项，任何时刻用户只能从中选择一个选项，实现一种"单项选择"的功能，被选中项目左侧圆圈中会出现一黑点。单选按钮在工具箱中的图标为 。

> 同一"容器"中的单选按钮提供的选项是相互排斥的，即只要选中某个选项，其余选项就自动取消选中状态。

2. 属性

Value 属性是单选按钮控件最重要的属性，为逻辑型值，当为 True 时，表示已选择了该按钮，为 False（默认值）则表示没有选择该按钮。用户可在设计阶段通过属性窗口或在运行阶段通过程序代码设置该属性值，也可在运行阶段通过鼠标单击某单选按钮控件，将其 Value 属性设置为 True。

3. 方法

SetFocus 方法是单选按钮控件最常用的方法，可以在代码中通过该方法将焦点定位于某单选按钮控件，从而使其 Value 属性设置为 True。与命令按钮控件相同，使用该方法之前，必须要保证单选按钮控件当前处于可见和可用状态（即 Visible 与 Enabled 属性值均为 True）。

4. 事件

单选按钮控件最基本的事件是 Click 事件，从前面的叙述可知，用户无需为单选按钮控件编写用于改变其 Value 值的 Click 事件过程，因为当用户单击单选按钮控件时，它会自动改变 Value 属性值。

【例 5.1】设计一个字体设置程序，界面如图 5.2 所示。要求：程序运行后，单击"宋体"或"黑体"单选按钮，可将所选字体应用于标签，单击"结束"按钮则结束程序。

图 5.2　字体设置

在属性窗口中如表 5.1 所示设置各对象的属性。

表 5.1　　　　　　　　　　　　　各对象的主要属性设置

对象	属性（属性值）	属性（属性值）	属性（属性值）	属性（属性值）	属性（属性值）
窗体	Name（Form1）	Caption（"字体设置"）			
标签	Name（lblDisp）	Caption（"字体演示"）	Alignment（2）	BorderStyle（1）	Fontsize(36)
单选按钮 1	Name（optSong）	Caption（"宋体"）			
单选按钮 2	Name（optHei）	Caption（"黑体"）			
单选按钮 3	Name（optKai）	Caption（"楷体"）			
命令按钮	Name（cmdEnd）	Caption（"结束"）			

程序代码如下所示。

```
Private Sub optSong_Click()              '设置宋体
    lblDisp.FontName = "宋体"
End Sub
Private Sub optHei_Click()               '设置黑体
    lblDisp.FontName = "黑体"
End Sub
Private Sub optKai_Click()               '设置楷体
    lblDisp.FontName = "楷体"
End Sub
Private Sub cmdEnd_Click()               '"结束"按钮的单击事件过程
    End
End Sub
```

5.1.2 复选框

1. 用途

复选框（CheckBox）也称为检查框、选择框。一组复选框控件可以提供多个选项，它们彼此独立工作，所以用户可以同时选择任意多个选项，实现一种"不定项选择"的功能。选择某一选项后，该控件将显示"√"，而清除此选项后，"√"消失。检查框在工具箱中的图标为☑。

2. 属性

Value 属性也是检查框控件最重要的属性，但与单选按钮不同，该控件的 Value 属性为数值型数据，可取 3 种值：0 为未选中（默认值），1 为选中，2 为变灰。同样，用户可在设计阶段通过属性窗口或通过程序代码设置该属性值，也可在运行阶段通过鼠标单击来改变该属性值。

注意　复选框的 Value 属性值为 2，并不意味着用户无法选择该控件，用户依然可以通过鼠标单击或 SetFocus 方法将焦点定位其上，若要禁止用户选择，必须将其 Enabled 属性设置为 False。变灰的复选框往往代表该选项包含进一步的详细内容，而这些内容并未完全选中。

3. 事件

复选框控件最基本的事件也是 Click 事件。同样，用户无需为复选框编写改变其 Value 值的 Click 事件过程，但其对 Value 属性值的改变遵循以下规则。

● 单击未选中的复选框时，复选框变为选中状态，Value 属性值变为 1。

● 单击已选中的复选框时，复选框变为未选中状态，Value 属性值变为 0。

● 单击变灰的复选框时，复选框变为未选中状态，Value 属性值变为 0。

运行时反复单击同一复选框，其只在选中与未选中状态之间进行切换，即 Value 属性值只能在 0 和 1 之间交替变换。

【例 5.2】设计一个字体相关设置程序，界面如图 5.3 所示。要求：程序运行后，单击各复选框，可将所选字形应用于标签。

在属性窗口中按表 5.2 所示设置各对象的属性。

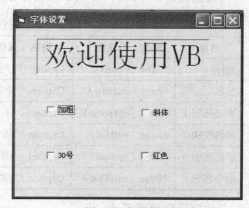
图 5.3　字形设置

表 5.2 各对象的主要属性设置

对象	属性（属性值）	属性（属性值）	属性（属性值）	属性（属性值）	属性（属性值）
窗体	Name（Form1）	Caption（"字形设置"）			
标签	Name（lblDisp）	Caption（"欢迎使用 VB"）	Alignment（2）	Fontsize(10)	BorderStyle（1）
复选框 1	Name（chkBold）	Caption（"加粗"）			
复选框 2	Name（chkItalic）	Caption（"斜体"）			
复选框 3	Name（chk30）	Caption（"30 号"）			
复选框 4	Name（chkred）	Caption（"红色"）			

程序代码如下所示。

```
Private Sub chkBold_Click()          '设置加粗
    If chkBold.Value = 1 Then
        lblDisp.FontBold = True
    Else
        lblDisp.FontBold = False
    End If
End Sub
Private Sub chkItalic_Click()        '设置倾斜
    If chkItalic.Value = 1 Then
        lblDisp.FontItalic = True
    Else
        lblDisp.FontItalic = False
    End If
End Sub
Private Sub chk30_Click()            '设置字号
    If chk30.Value = 1 Then
        lblDisp.Fontsize =30
    Else
        lblDisp.Fontsize = 10
    End If
End Sub
Private Sub chkred_Click()           '设置颜色为红色
    If chkred.Value = 1 Then
        lblDisp。Forecolor = vbred
    Else
        lblDisp.Forecolor= vbblack
    End If
End Sub
```

▶ **思考与讨论**：单选按钮与复选框的 Click 事件的功能有所区别，单击单选按钮将必定选中该控件，而单击复选框，则可能选中也可能清除该控件选择，因此典型的复选框的 Click 事件过程中，常使用选择结构来判断复选框的状态，以决定下一步的操作，而单选按钮的 Click 事件过程中一般无需使用选择结构进行控制。

复选框 Check1 的 Click 事件过程的典型结构如下。

```
Private Sub Check1_Click()
    If Check1.Value = 1 Then
        '选中后要进行的操作
```

```
        Else
            '清除后要进行的操作
        End If
    End Sub
```

5.1.3　框架

同窗体一样，框架（Frame）控件也是一种"容器"，主要用于为其他控件分组，从而在功能上进一步分割一个窗体。例如，将单选按钮分成若干组，这样每组同时只能选择一个单选钮，而整个窗体在同一时刻则可以选择多个单选按钮。框架在工具箱中的图标为 。

　为将控件分组，先要建立"容器"控件，再单击工具箱上的工具按钮，然后在"容器"里面利用拖动方法建立同组的控件。如果希望将已经存在的若干控件放在某个框架中，可以先选择这些控件，将它们剪切到剪贴板上，然后选定框架控件，并把它们粘贴到框架上。除 Caption 属性外，一般情况下框架控件很少使用其他的属性。

【例 5.3】用 6 个单选按钮对 2 组选项进行选择。程序运行界面如图 5.4 所示，要求在文本框内输入姓名，在单选按钮组中选择职业、性别后，单击"确定"按钮，在下面标签中显示输入和选择的结果。单击"退出"按钮，退出应用程序。

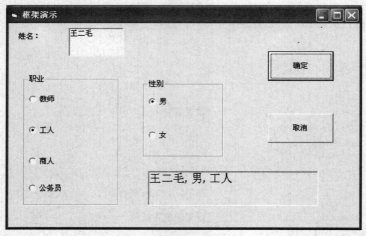

图 5.4　框架演示

在属性窗口中如表 5.3 所示设置各对象的属性。

表 5.3　　　　　　　　　　　　　　各对象的主要属性设置

对象	属性（属性值）	属性（属性值）	属性（属性值）	属性（属性值）
窗体	Name（Form1）	Caption（"框架演示"）		
标签	Name（Label1）	Caption（"姓名："）		
文本框 1	Name（text1）	Text（空白）		
单选钮 1	Name（option1）	Caption（"教师"）	Value(True)	
单选钮 2	Name（option2）	Caption（"工人"）		
单选钮 3	Name（option3）	Caption（"商人"）		

对象	属性（属性值）	属性（属性值）	属性（属性值）	属性（属性值）
单选钮 4	Name（option4）	Caption（"公务员"）		
框架 1	Name（Frame1）	Caption（"职业"）		
框架 2	Name（Frame2）	Caption（"性别"）		
单选钮 5	Name（option5）	Caption（"男"）	Value(True)	
单选钮 6	Name（option6）	Caption（"女"）		
命令按钮 1	Name（Command1）	Caption（"确定"）		
命令按钮 2	Name（Command2）	Caption（"退出"）		

程序代码如下所示。

```
Private Sub Command1_Click()
Dim xm As String, zy As String, xb As String
xm = Text1.Text
If Option1.Value = True Then
zy = "教师"
ElseIf Option2.Value = True Then
zy = "工人"
ElseIf Option3.Value = True Then
zy = "商人"
Else
zy = "公务员"
End If
If Option5.Value = True Then
xb = "男"
Else
xb = "女"
End If
Label2.Caption = xm + "," + xb + "," + zy
End Sub
Private Sub Command2_Click()
End
End Sub
```

5.2　计　时　器

计时器（Timer）控件可以每隔一定的时间就产生一次 Timer 事件，可以根据计时器的这一特点控制某些操作，或用于记录时间。

计时器控件在设计时显示为一个小钟表的图标，运行时则是不可见的，常用于做一些后台处理工作。计时器控件的属性不多，最常用的是 Interval 属性，该属性决定触发 Timer 事件的时间间隔毫秒数。默认值为 0，即计时器不起作用。最大可设置为 65535 毫秒。如果希望每秒钟触发一次 Timer 事件，可把 Interval 的值设置为 1000。计时器的另外一个常用属性是 Enabled,该属性设置为 True 时，计时器工作；设为 False 时，计时器暂停工作。

【例 5.4】计时器演示

设计窗体如图 5.5 所示。程序运行时要求：单击"放大"按钮，则图形每秒长宽各增大 100 像素；单击"缩小"按钮，则图形每秒长宽各减小 100 像素；单击"停止"按钮，则图形停止变化。

步骤 1　设计界面。

按照题目要求设计界面。控件名称均采用默认值，命令按钮的默认顺序为由上而下，标题分为"放大"、"缩小"和"停止"。注意将 Image1 的 BorderStyle 属性设置为 1，Stretch 属性设置为 True，并且装载一幅文件图形；将 Timer1 的 Interval 属性值设置为 1000，Enabled 属性设置为 True。

图 5.5　计时器演示

步骤 2　编写代码。

```
Dim a As Boolean
Private Sub Command1_Click()
Timer1.Enabled = True
a = True
End Sub
Private Sub Command2_Click()
Timer1.Enabled = True
a = False
End Sub
Private Sub Command3_Click()
Timer1.Enabled = False
End Sub
Private Sub Form_Load()
Image1.Picture=LoadPicture("C:\WINDOWS\Web\bliss.bmp")
End Sub
Private Sub Timer1_Timer()
If a = True Then
Image1.Height = Image1.Height + 100
Image1.Width = Image1.Width + 100
If Image1.Height > Form1.Height - 800 Then Timer1.Enabled = False
Else
Image1.Height = Image1.Height - 100
Image1.Width = Image1.Width - 100
If Image1.Height < 800 Then Timer1.Enabled = False
End If
End Sub
```

5.3　列表框、组合框和滚动条

当仅需要用户从少量选项中作出选择时，单选按钮与检查框就完全能够胜任，但是当需要在有限空间里为用户提供大量选项时，就不适于使用单选按钮与检查框了。Visual Basic 为用户提供的列表框与组合框控件是解决这一问题的一种十分有效的方法。

5.3.1　列表框

1. 用途

列表框控件（ListBox）用于显示项目列表，用户可从中选择一个或多个项目。如果项目总数超过了可显示的项目数，Visual Basic 会自动加上滚动条。列表框控件在工具箱中的图标为 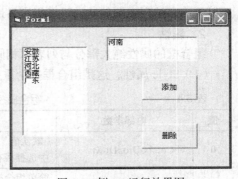。列表框有两种风格：标准和复选列表框，通过它的 Style 属性来设置。

2. 属性

列表框具有部分窗体的属性，包括 Enabled、Visible、FontBold、FontItalic、FontName、FontSize、FontUnderline、Height、Left、Top、Width 等，其用法也相同。列表框和组合框的默认名称分别为 ListX（X 为 1，2，3，…）。

（1）Columns 属性　指定列表框中可见列数。默认值为 0，只显示一列，该值大于 0 时，可显示多列。

（2）List 属性　该属性值是一字符串数组，每个数组元素都是列表框中的一个列表项。例如 List1.List(2) 表示 List1 中的第 3 项。

（3）ListCount 属性　返回列表框中列表项的总项数。

（4）ListIndex 属性　返回当前选项的下标序号。

（5）MultiSelect 属性　该属性决定列表框中是否允许选择多项。

（6）Selected 属性　在程序运行中使用代码来选定列表框中的选项，如 List1.Selected(2).True，使得列表框中的第 3 个选项被选中。

（7）Sorted 属性　设置是否按字母表顺序排序。只能在设计时使用，运行时是只读的。

（8）Style 属性　设置控件的外观。

（9）Text 属性　该属性用来设置或返回列表框中当前选项的值。

3. 方法

（1）AddItem 方法。

用于将项目添加到列表框中，其语法为：

```
Object.AddItem Item[,Index]
```

其中 Item 是要添加到列表框中的字符串表达式；Index 是可选参数，用来指定新项目在列表框中的位置。如果所给出的 Index 值有效，则将放置在列表框相应的位置。如果省略 Index，当 Sorted 为 True 时，Item 将添加到恰当的排序位置，当 Sorted 为 False 时，Item 将添加到列表的尾部。

（2）RemoveItem 方法。

用于从列表中删除一个项目，其语法为：

```
Object. RemoveItem Index
```

其中 Index 用来指定要删除项目在列表框中的位置。

（3）Clear 方法。

用于删除列表框中的所有项目，其语法为：

```
Objiect.Clear
```

【例 5.5】编写一个能对列表框进行添加和删除操作的应用程序，如图 5.6 所示。利用一个文本框（Text1）输入要添加的内容，列表框（List1）的初始选项在 Form_Load 中用 AddItem 方法添加。"添加"（Command1）按钮的功能是将文本框中的内容添加到列表框，"删除"（Command2）按钮的功能是删除列表框中选定的选项。

程序代码如下所示。

图 5.6　例 5.5 运行效果图

```
Private Sub Command1_Click()
List1.AddItem Text1.Text
Text1.Text = ""
End Sub

Private Sub Command2_Click()
List1.RemoveItem List1.ListIndex
End Sub

Private Sub Form_Load()
List1.AddItem "安徽"
List1.AddItem "江苏"
List1.AddItem "河北"
List1.AddItem "西藏"
List1.AddItem "广东"
End Sub
```

4. 常用事件

列表框的常用事件有 Click 和 DblClick 事件。

（1）Click 事件。

当单击某一列表项目时，将触发列表框与组合框控件的 Click 事件。该事件发生时，系统会自动改变列表框与组合框控件的 ListIndex、Selected、Text 等属性，无需另行编写代码。

（2）DblClick 事件。

当双击某一列表项目时，将触发列表框与简单组合框控件的 DblClick 事件。

5.3.2 组合框

1. 用途

组合框控件（ComboBox）将文本框和列表框的功能结合在一起，用户可以在列表中选择某项，或在编辑区域中直接输入文本内容来选定项目。组合框控件在工具箱中的图标为▤。同样，如果项目过多时，组合框也会自动出现滚动条。

通常，组合框适于创建建议性的选项列表，即用户除了可以从列表中进行选择外，还可以通过编辑区域将不在列表中的选项输入列表区域中（需程序实现）。而列表框则适用于将用户的选择限制在列表之内的情况。此外，组合框共 3 种风格：下拉式组合框、简单组合框和下拉式列表框。其中两种下拉风格的组合框，只有单击向下箭头时才会显示全部列表，这样就节省了窗体的空间，所以无法容纳列表框的地方可以很容易地容纳组合框。

2. 属性

组合框的属性绝大部分与列表框相同，不同的主要有如下两个属性。

（1）Style 属性，这是组合框一个重要属性，具体取值及含义如表 5.4 所示。

表 5.4　　　　　　　　　　　　组合框控件的 Style 属性取值及含义

值	内部常数	含义
0	vbComboDropDown	（默认值）下拉式组合框，包括一个下拉式列表和一个文本框，可以从列表中选择或在文本框中输入
1	vbComboSimple	简单组合框，包括一个文本框和一个不能下拉的列表，可以从列表中选择或在文本框中输入
2	vbComboDrop-DownList	下拉式列表框，这种样式仅允许从下拉式列表中选择

（2）Text 属性

Text 属性的值是用户所选择选项的文本或直接从编辑区输入的文本。

3．常用方法

组合框常用的方法有 AddItem、RemoveItem 和 Clear 方法，其语法格式和使用方法与列表框相同。

4．常用事件

组合框所响应的事件依赖其 Style 属性，不过，所有形式的组合框都响应 Click 事件，但只有"简单组合框"才能响应 DblClick 事件。只有"下拉组合框"和"简单组合框"才能响应 Change 事件。

当用户单击组合框向下的箭头时，将触发 Dropdown 事件，该事件实际上对应于向下箭头的单击（Click）事件。

【例 5.6】"同构数"是指这样的整数：它恰好出现在其平方数的右端，例如 5 和 6，就是同构数。现在要求编写一程序，由用户选择或输入一个两位或三位整数，程序能判别它是否是同构数。

分析：2 位数的 n 应满足的条件是：$n=n^2 \bmod 100$;

3 位数的同构数 n 应满足的条件是：$n=n^2 \bmod 1000$。

窗体设计如图 5.7 所示。在窗体上添加一组合框 Combo1，一标签框 Label1 和命令按钮 Command1。组合框的 Style 属性设置为 0。

编写窗体装载事件代码，使得窗体被装载时，在组合框中添加 10 至 999 整数。

```
Private Sub Form_Load()
For i = 10 To 999
   Combo1.AddItem i
Next i
End Sub
```

编写命令按钮 Command1 的单击事件代码如下所示。

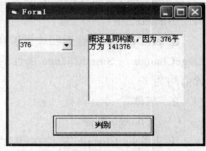

图 5.7　例 5.6 的运行界面

```
Private Sub Command1_Click()
n = Val(Combo1.Text)
If n = n ^ 2 Mod 100 Or n = n ^ 2 Mod 1000 Then
Label1.Caption = "该数是同构数，因为" + Str(n) + "平方为" + Str(n ^ 2)
Else
Label1.Caption = "该数不是同构数"
End If
End Sub
```

程序启动后，用户可以在组合框中选择或输入一个数，单击"判别"按钮，程序就会自动判别该数是否为同构数。

5.3.3　滚动条

滚动条控件（ScrollBar）分为水平滚动条（HscrollBar）和垂直滚动条（VscrollBar）两种，通常附在窗体上协助观察数据或确定位置，也可用作数据输入工具，用来提供某一范围内的数值供用户选择。水平滚动条控件和垂直滚动条控件在工具箱中的图标分别为 和 。具体来说，当项目列表很长或者信息量很大时，可以通过滚动条实现简单的定位功能。此外滚动条还可以按比例指示当前位置，以控制程序输入，作为速度、数量的指示器来使用。例如，可以用它来控制多媒体程序的音量，或者查看定时处理中已用的时间等。

滚动条是一个独立的控件，它有自己的事件、属性和方法集。文本框、列表框和组合框内部在特定情况下都会出现滚动条，但它们属于这些控件的一部分，不是一个独立的控件。

1. 属性

（1）Value 属性。

返回或设置滚动条的当前位置，其返回值始终为介于 Max 和 Min 属性值之间的整数。

（2）Max、Min 属性。

使用滚动条作为数量或速度的指示器，或者作为输入设备时，可以利用 Max 和 Min 属性设置控件的 Value 属性变化范围。

Max 属性：返回或设置当滚动框处于底部或最右位置时，滚动条 Value 属性的最大设置值。取值范围是 -32768～32767 之间的整数，包括 -32768 和 32767，默认设置值为 32767。

Min 属性：返回或设置当滚动框处于顶部或最左位置时，滚动条 Value 属性的最小设置值。取值范围同 Max 属性，默认设置值为 0。

（3）LargeChange、SmallChange 属性。

LargeChange 属性返回或设置当用户单击滚动框和滚动箭头之间的区域时，滚动条控件 Value 属性值的改变量。

SmallChange 属性返回或设置当用户单击滚动箭头时，滚动条控件 Value 属性值的改变量。LargeChange 与 SmallChange 属性的取值范围是 1～32767 之间的整数，包括 1 和 32767，默认设置值均为 1。

2. 事件

（1）Change 事件。

滚动条的 Change 事件在移动滚动框或通过代码改变其 Value 属性值时发生。可通过编写 Change 事件过程来协调各控件间显示的数据或使它们同步。

（2）Scroll 事件。

当滚动框被重新定位，或按水平方向或垂直方向滚动时，Scroll 事件发生。可通过编写 Scroll 事件过程进行计算或操作必须与滚动条变化同步的控件。

Scroll 事件与 Change 事件的区别在于：当滚动条控件滚动时，Scroll 事件一直发生，而 Change 事件只是在滚动结束之后才发生一次。

【例 5.7】设计一应用程序，通过滚动条来改变用户界面上文本框文字的大小和颜色。

用户界面如图 5.8 所示。在窗体上添加一个文本框，一个水平滚动条 Hscroll1 和一个垂直滚动条 Vscroll1。将文本框 1 的 Text 属性值设置为"学习 VB"。水平滚动条 Hscroll1 的 Max 属性设为 72，Min 属性值设为 8，该滚动条用于控制文字大小。垂直滚动条 Vscroll1 的 Max 属性设为 15，Min 属性设为 0，该滚动条用于控制文字颜色。

编写的程序代码如下所示。

```
Private Sub HScroll1_Scroll()
Text1.FontSize = HScroll1.Value
End Sub


Private Sub VScroll1_Change()
Text1.ForeColor = QBColor(VScroll1.Value)
End Sub
```

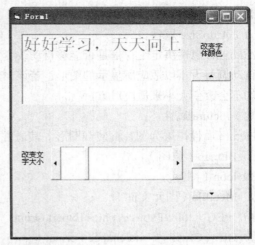

图 5.8　例 5.7 的设计和运行界面

　　程序运行后,用鼠标拖动水平滚动条 HScroll1 中间的小方块,可以改变文本框中文字的大小;但点击该滚动条两边的箭头或在滚动框内点击,并不能使文字的大小发生改变。相反,用鼠标拖动垂直滚动条 VScroll1 中间的小方块,不能使文字的颜色发生改变;而点击该滚动条两头的箭头或在滚动框内点击,却可以使文字的颜色发生改变。这是因为使用了两种不同的事件过程,目的是显示两种事件效果的区别。

　　程序中用到了颜色函数 QBcolor(I),该函数的自变量是一个整数,且取值范围是 0 到 15。

5.4　图　形　控　件

　　Visual Basic 包含了 4 个图形控件:图片框(PictureBox)、图像框(Image)、形状控件(Shape)和直线控件(Line)。

　　图片框和图像框都是 Visual Basic 用来显示图形的两种基本控件,用于在窗体的指定位置显示图形信息。图片框比图像框更灵活,且适用于动态环境,而图像框适用于静态环境,即不需要再修改的位图、图标、Windows 元文件及其他格式的图形文件。在 Visual Basic 的工具箱中,图片框和图像框控件的图标如图 5.9 所示。图片框和图像框的默认名称分别为 PictureX 和 ImageX(X 为 1,2,3,…)。

　　图片框和图像框可以显示位图、图标、图元文件中的图形,也可以处理一些压缩位图格式文件中的图形。

　　图片框和图像框具有部分窗体的属性,包括 Enabled, Name, Visible, FontBold, FrontItalic, FrontName, Height, Left, Top, Width 等属性都可用于图片框和图像框,但 Height, Left, Top, Width 这些属性在窗体和图片框、图像框使用的坐标不同。

图片框　　图像框

图 5.9　图片框和图像框图标

5.4.1　图片框

　　图片框(PictureBox)控件可以用来显示图片,作为其他控件的容器,显示用图形方法输出的图形以及用 Print 方法输出的文本。

1．常用属性

（1）AutoSize 属性。

AutoSize 属性决定图片框是否能够自动改变大小以适应图形尺寸。该属性取值为 True，则图片框自动调整大小以适应所显示的图形；若该属性取值为 False（默认），则图片框和它所显示的图形均不会改变大小来适应对方。

（2）Picture 属性。

Picture 属性用来为图片框装载图形。其通常可支持以下格式的图形文件。

① Bitmap（位图）。

② Icon（图标）。

③ Metafile（图元文件）。

④ JPEG（Joint Photographics Expert Group）。

⑤ GIF（Graphics Interchange Format）。

（3）CurrentX 和 CurrentY 属性。

指定供下一个绘图方法使用的横坐标（X）和纵坐标（Y）。设计时不可用，运行时可读写。

2．常用方法

（1）Print 方法。

Print 方法用于在图片框输出显示各种文本。该方法的语法格式与窗体的语法格式基本相同，只是前面的对象名必须写成一个图片框名称而已。

（2）Cls 方法。

Cls 方法用于清除图片框上的文本和图形。这些文本和图形分别是程序运行时，图片框用 Print 方法显示的文本和使用绘图方法绘制的图形。

语法格式：

```
<图片框名>.Cls
```

3．常用事件

图片框的常用事件有 Click 和 DblClick 事件。

【例 5.8】在窗体上添加一个图片框 Picture1 和两个命令按钮，运行时，单击"显示"按钮，程序把一指定的图片装入图片框，并在图片框中输出一行文字。窗体设计及运行如图 5.10 所示。

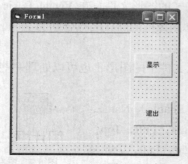

图 5.10　例 5.8 设计及运行界面

编写的程序设计代码如下。

```
Private Sub Command1_Click()
Picture1.Picture = LoadPicture("C:\WINDOWS\Web\Wallpaper\Bliss.bmp")
```

装载指定图片

```
Picture1.FontSize = 20
Picture1.FontName = "黑体"
Picture1.CurrentX = 400
Picture1.CurrentY = 600
Picture1.Print "我爱您-中国！"
End Sub
Private Sub Command2_Click() '退出
End
End Sub
```

5.4.2　图像框

图像框（Image）控件 与 PictureBox 控件相似，但它只用于显示图片，而不能作为其他控件的容器，也不支持绘图方法和 Print 方法。因此，图像框比图片框占用更少的内存。

1．常用属性

（1）BorderStyle 属性。

BorderStyle 属性决定图像框有无边框，这影响到程序运行时图像框能否直接显示。当该属性取值为 0（默认）时，图像框没有边框；当该属性取值为 1 时，图像框有边框。

（2）Stretch 属性。

Stretch 属性设为 False（默认值）时，Image 控件可根据图片调整大小；当 Stretch 属性设为 True 时，根据 Image 控件的大小来调整图片的大小，这可能使图片变形。

（3）Picture 属性。

该属性的含义和使用方法与图片框 Picture 属性相同，也代表图像框实际装载的图形。

2．常用事件

图像框常用的事件有 Click 和 DblClick 事件。

5.4.3　图形的坐标系统

每一个图形操作（包括调整大小、移动和绘图），都要使用绘图区或容器的坐标系统。坐标系统是一个二维网格，可定义屏幕上、窗体中或其他容器中（如图片框或 Printer 对象）的位置。

任何容器的默认坐标系统，都是由容器的左上角（0,0）坐标开始。沿这些坐标轴定义位置的测量单位，统称为刻度。在 VB 中，坐标系统的每个轴都有自己的刻度。VB 的默认坐标系统方向是 X 坐标轴的正方向，是从左向右的，Y 坐标轴的正方向是从上向下的。

坐标轴的方向、起点和坐标系统的刻度，都是可以改变的，一般使用的是默认系统。

1．坐标单位

坐标单位及坐标的刻度，默认的坐标系统采用 Twip 为单位。设置对象的 ScaleMode 属性可以改变坐标系统的单位，例如可以采用像素或毫米为单位。下面的语句代码使窗体的坐标单位改为毫米。

```
Scalemode=vbMillimeters
```

2．坐标方法

使用 Scale 方法也可以设置用户的坐标系统，其语法格式为：

```
［对象.］Scale［(x1,y1)-(x2,y2)］
```

说明：（x1,y1）设置对象的左上角坐标，（x2,y2）设置对象的右下角坐标。使用 Scale 方法将把对象在 x 方向上分为 x2-x1 等分，在 y 方向上分为 y2-y1 等分。使用 Scale 方法将自动把 ScaleMode 属性设置为 0（自定义坐标系统）。

5.4.4 形状控件 shape

形状控件用于在窗体、框架或图片框中绘制预定义的几何形状，如矩形、正方形、圆、椭圆、圆角矩形或圆角正方形。形状控件的 Shape 属性决定了它的图形样式，这个属性的所有可能取值都有对应的形状样式。

1．形状控件 Shape 的常用属性

Shape 的常用属性：

Left、Top、Width 和 Height 属性决定形状控件的位置和大小，也可以用 Move 方法改变它的大小和位置。

BorderWidth 属性设置图形边界宽度。它的值是以像素为单位的边线宽度。

BorderColor 属性设置图形边界颜色。

BorderStyle 属性设置边界线的类型。

FillColor 属性设置图形的前景颜色。

为图形填充颜色(背景)时，首先应该将属性 FillStyle（填充方式）设置成 1（透明），否则 FillColor（前景色）的颜色会覆盖背景色，达不到预期的目的。

2．形状控件 Shape 的特有属性

Shape 属性：该属性用来设置图形的形状，如图 5.11 所示，Shape 属性的参数值如表 5.5 所示。

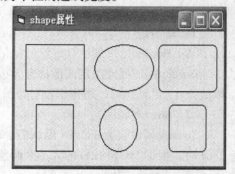

图 5.11　Shape 属性

表 5.5　　　　　　　　Shape 控件的 S hape 属性

形状	Shape 值	常数	形状	Shape 值	常数
矩形	0	vbShapeRectangle	圆形	3	vbShapeCircle
正方形	1	vbShapeSquare	圆角矩形	4	vbShapeRoundedRectangle
椭圆形	2	vbShapeOval	圆角正方形	5	vbShapeRoundedSquare

BackStyle 属性：该属性用来设置图形背景的风格。

0：Transparent（透明）。

1：Opaque（不透明）。

FillStyle 属性：该属性用来设置图形填充的线形（风格或样式）。

5.4.5 直线控件 Line

直线控件用于在窗体、框架或图片框中绘制简单的线段。它没有自己的特殊方法，也不产生任何事件。设计和运行时可以通过它的属性来改变它的位置、粗细和颜色等。

1．直线控件的常用属性

BorderColor 属性设置直线的颜色。

BorderWidth 属性设置直线的粗细。

BorderStyle 属性设置直线样式。有 0～6 种类型，1 为实线，6 为内实线。

2．直线控件的特有属性

x1、x2、y1、y2 属性指定起点和终点的 x 坐标及 y 坐标。可以通过改变 x1、x2、y1、y2 的值，来改变线的位置和长度。

注意
　　　　直线控件没有 Left，Top，Width 和 Height 属性，运行时也不能用 Move 方法决定直线的位置和长短。

5.4.6　常用图形方法

1．Pset 方法

功能：

PSet 方法可以在窗体或图片框的指定位置用给定的色彩画一个"点"。点的大小由对象的 DrawWidth 属性指定。

格式：

［对象.］PSet［Step］(x, y)［,颜色］

说明：

(x，y) 是欲画点的坐标，可以是整数，也可以是小数。

［Step］Step 表示与当前位置的偏移量，即步长（水平、垂直两个方向，可正可负）。

［颜色］用来指定绘制点的颜色，数据类型为 Long。默认时，系统用对象的 ForeColor 属性值作为绘制点的颜色。该参数还可用 QBColor()，RGB()函数指定。如果没有颜色参数，则为前景色。

例如：

在图片框 Picture1 中的(1000,1000)处画一个红色的点。

```
Picture1.PSet(1000,1000),RGB(255,0,0)
```

2．Line 方法

功能：Line 方法用于在窗体或图片框对象上画直线和矩形。在绘制直线时，应给出起点和终点坐标。

格式：

［对象名.］Line［［Step］(x1,y1)］-［Step］(x2,y2)[, color][, B [F]]

(x1,y1)为起点坐标，如果省略则为当前坐标。

(x2,y2)为终点坐标。

[Step]为可选项，第一个 Step 表示它后面的一对坐标是相对于当前坐标的偏移量，第二个 Step 表示后面的一对坐标是相对于第一对坐标的偏移量。

[color]指定要画直线的颜色。可以使用颜色代码或颜色函数。省略时用对象的 ForeColor 属性指定的颜色绘制直线。

[B [F]]如果没有参数 B，为画一条直线；如果有参数 B，则画一个矩形；指定参数 F，表示要画的是一个实心的矩形。

例如，在(300,300)与(2000,3000)之间绘制一条绿色的斜线。

```
Line(300,300)-(2000,3000),vbyellow
```

又如，此时再画出一个内部填充蓝色的实心矩形。

```
Line (300, 300)-(2000, 3000), vbBlue, BF
```

3．Circle 方法

Circle 方法可用于在窗体、图片框或打印机上绘制圆、椭圆、弧等图形。前面介绍的有关属性 DrawWidth，DrawStyle，FillColor，FillStyle 等在 Circle 方法中也同样适用。

（1）圆。

格式：

```
Objectname.Circle [Step](x,y),Radius[,color]
```

(x1,y1)指定圆心的位置。

[Step]指定它后面圆心的坐标值(x,y)是相对于当前位置(CurrentX,CurrentY)。省略 Step 关键字，(x,y)为相对于坐标原点的绝对坐标值。

Radius 用于指定圆的半径。

[color]用于指定绘制圆的颜色，省略时以对象的 ForeColor 属性设置的颜色画圆。

绘制的圆是实心圆、空心圆或者用指定的图案填充，对象的 fillColor 属性（指定的颜色填充）、FillStyle 属性（指定的图案填充）有关设置，可参考矩形的绘制.

（2）椭圆。

绘制椭圆仍使用 Circle 方法，与画圆相比多一个纵横比参数，当纵横比为 1:1 时，即是圆。

格式：

```
Objectname.Circle[Step](x,y),Radius[,color],,,aspect
```

aspect　决定所画椭圆纵轴与横轴的比值。比值大于 1 时，绘制扁形椭圆（垂直方向大于水平方向）；小于 1 时绘制椭圆；等于 1 时绘制圆。

在 aspect 前的 3 个逗号“,,,”不能省略，因为实际上还有两个参数未写出，在画圆弧时要用到这两个参数，待画弧时再作介绍。

其他几个参数与画圆时相同。

（3）弧和扇形。

弧与扇形既有相同点，也有不同点。弧可以视为由圆或椭圆的边线中截取的一部分，而扇形还要在弧的基础上，从弧的两端再分别画一条到圆心的直线，且它是封闭的图形。

格式：

```
Objectname.Circle [Step](x,y),Radius[,color][start,end][,aspect]
```

[start,end]　start 指定弧的起始角，end 指定弧的终止角，它们的单位均是弧度，范围从 0～2π。画弧时，start，end 都用正值。从 start 开始，逆时针画到 end 处结束。

画扇形时，start、end 都取负值，也是从 start 开始，逆时针绘制，到 end 结束。

负值仅表示画扇形，不表示数学上不同的象限。如 0～π/2 画一段弧，而 0～−π/2 仅表示画 0～π/2 的扇形，不表示数学上的 0～−π/2 即 3π/2～0。

【例 5.9】如图 5.12 所示，在窗体上画出圆形、椭圆形、圆弧。

程序代码如下所示。

```
Private Sub Form_Click()
Const PI = 3.14159
Scale (-50, 40)-(50, -40)
DrawWidth = 2
Circle (0, 0), 30, vbRed, -PI, -PI / 2
Circle Step(-15, 15), 15
Circle Step(0, 0), 15, vbBlue, , , 5 / 25
End Sub
```

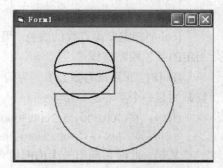

图 5.12　Circle 方法示例

5.5　通用对话框

一些应用程序中常常需要进行打开和保存文件、选择颜色、字体和打印等操作，这就需要应用程序提供相应的对话框以方便使用。虽然用户可以根据自己的需要使用工具箱中的标准控件来定制对话框,但这样做开发效率不高。为提高程序开发效率,减轻程序员负担,Visual Basic 提供了很多种 ActiveX 控件,"通用对话框"控件就是其中的一种。

"通用对话框"(CommonDialog)控件为用户提供了一组标准的系统对话框,可以使用它进行打开或保存文件、设置打印选项、选择各种颜色以及选择字体等操作。另外还可以通过调用 Windows 帮助引擎来显示应用程序的帮助。

5.5.1　添加"通用对话框"控件

"通用对话框"不是标准控件,把"通用对话框"添加到工具箱的方法如下。

(1)选择"工程""部件"菜单命令打开"部件"对话框,如图 5.13 所示。

(2)在"控件"选项卡中选定 Microsoft Common Dialog Control 6.0。

(3)最后单击"确定"按钮,则"通用对话框"控件就添加到了工具箱上,如图 5.14 所示。

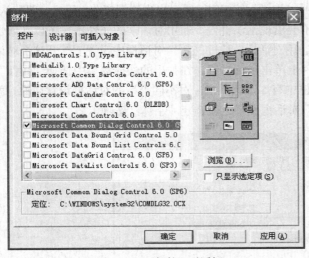
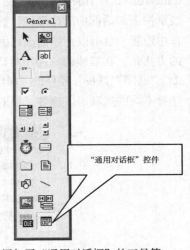

图 5.13　"部件"对话框　　　　图 5.14　添加了"通用对话框"的工具箱

5.5.2　"通用对话框"控件简介

当把"通用对话框"加到工具箱后,就可以像使用标准控件一样把它添加到窗体中。

在设计状态,窗体上显示"通用对话框"图标,但在程序运行时,窗体上不会显示通用对话框,直到在程序中用 Action 属性或 Show 方法激活而调出所需的对话框。"通用对话框"仅用于应用程序与用户之间进行的信息交互,是输入输出的界面,不能实现打开文件、存储文件,设置颜色、字体及打印等操作。如果想要实现这些功能,还得靠编程实现。

"通用对话框"和标准控件一样,具有许多共性,下面先介绍"通用对话框"的基本属性和方法。

1."通用对话框"的基本属性

Name 是"通用对话框"的名称属性;Index 是由多个对话框组成的控件数组的下标;Left 和 Top 表示"通用对话框"的位置。

2. Action 功能属性

该属性直接决定打开何种类型的对话框。其与 Show 方法的对应如表 5.6 所示。

0：None，无对话框显示。

1：Open，"打开"文件对话框。

2：Save As，"另存为"对话框。

3：Color，"颜色"对话框。

4：Font，"字体"对话框。

5：Printer，"打印"对话框。

6：Help，"帮助"对话框。该属性不能在属性窗口内设置，只能在程序中赋值，用于调出相应的对话框。

3. DialogTiltle（对话框标题）属性

该属性是通用对话框的标题属性，可以是任意字符串。

4. CancelError 属性

该属性表示用户在与对话框进行信息交互时，按下"取消"按钮时是否产生出错信息。当 CancelError 为 True 时，表示按下对话框中"取消"按钮时，便会出现错误警告；反之，即默认时，表示按下对话框中的"取消"按钮时，不会出现错误警告。通用对话框的属性不仅可以在属性窗口中设置，也可以在如图 5.15 所示的"通用对话框"控件的属性对话框中设置。打开这个对话框的方法是，在窗体的"通用对话框"控件上单击鼠标右键，在弹出的快捷菜单中选择"属性"命令。"通用对话框"控件的"属性"对话框中有 5 个选项卡。对不同类型的对话框设置属性，就要选择不同的选项卡。例如，要对"字体"对话框设置，就选定"字体"选项卡。

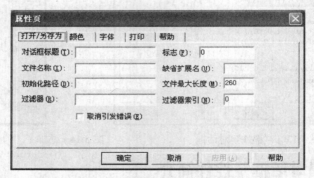

图 5.15 "通用对话框"控件的"属性"对话框

5. "通用对话框"的方法

在应用程序中要使用 CommonDialog 控件，可将其添加到窗体中，并设置其 Action 属性。另外控件所显示的对话框也由 CommonDialog 控件的方法确定。在运行时，当相应的方法被调用时，将显示一个对话框或是执行帮助引擎；在设计时，CommonDialog 控件以图标的形式显示在窗体中，该图标的大小不能改变。

使用如表 5.6 中所示的 6 种方法中的一种，控件能够显示相应的对话框。

表 5.6　　　　　　　　　　　　　　"通用对话框"设置

Action 属性值	对话框类型	方法
1	打开文件（Open）	ShowOpen
2	保存文件（Save As）	ShowSave
3	选择颜色（Color）	ShowColor

续表

Action 属性值	对话框类型	方法
4	选择字体(Font)	ShowFont
5	打印(Print)	ShowPrint
6	帮助文件(Help)	ShowHelp

"通用对话框"的默认名为 CommonDialogX(X 为 1，2，3，…)。

"通用对话框"的类型不是在设计阶段设置，而是在程序运行中进行设置，如：

```
CommonDialog1.Action=1
```

或

```
CommonDialog1.ShowOpen
```

就指定了对话框 CommonDialog1 为"打开文件"类型。

5.5.3　"通用对话框"的应用

1. "打开"对话框

在程序运行时，"通用对话框" Action 属性被设置为 1 或调用 ShowOpen 方法时，就立即弹出"打开"文件对话框。"打开"文件对话框并不能真正打开一个文件，它仅仅提供一个打开文件的用户界面，供用户选择所要打开的文件，打开文件的具体工作还是要通过编程来完成。

对于"打开"文件对话框，除了一些基本属性需要设置以外，还要对 FileName(文件名称)、FileTitle(文件标题)、Filter(过滤器)、FilterIndex(过滤器索引)和 InitDir(初始化路径)等属性进行设置。

FileName(文件名称)属性为文件名字符串，用于设置在"文件名称"文本框中显示的文件名。在程序中可用该属性值设置或返回用户所选定的文件名（包括路径名）。FileName 属性得到的是一个包括路径名和文件名的字符串。

FileTitle(文件标题)属性用于返回或设置用户所要打开的文件的文件名，它不包含路径。当用户在对话框中选中所要打开的文件时，该属性就立即得到了该文件的文件名。它与 FileName 属性不同，FileTitle 中只有文件名，没有路径名，而 FileName 中包含所选定文件的路径。

Filter(过滤器)属性用于确定文件列表框中所显示文件的类型。该属性值可以是由一组元素或用"｜"符号分开的分别表示不同类型文件的多组元素组成。该属性值显示在"文件类型"列表框中。例如，如果想要在"文件类型"列表框中显示下列 3 种文件类型，以供用户选择：

Documents(*.DOC)　　　扩展名为 DOC 的 Word 文件

Text Files(*.TXT)　　　扩展名为 TXT 的文本文件

All Files(*.*)　　　　　所有文件

那么 Filter 属性应设为"Doeument(*.DOC) .DOC｜Text　Files(*.TXT)｜*.txt｜All Files｜*.*"。

FilterIndex(过滤器索引):属性为整型，表示用户在文件类型列表框中选定了第几组文件类型。如果选择了文本文件，那么 FilterIndex 值等于 2，文件列表框只显示当前目录下的文本文件(*.txt)。所以，在上面的例子中，Documents 类型文件的 FilterIndex 为 1，Text Files 类型文件的 FilterIndex 为 2，All Files 类型文件的 FilterIndex 为 3。

InitDir(初始化路径): 属性用来指定"打开"对话框中的初始目录。若要显示当前目录，则该属性不需要设置。

【例 5.10】编写一个应用程序，显示"打开"对话框，然后在信息框中显示所选的文件名。

首先创建一个工程，在窗体 Form1 上添加一个 CommonDialog 控件，再在 Form1 上添加一个命令按钮 Command1。这时窗体设计的情况如图 5.16 所示。

图 5.16　例 5.10 的设计界面　　　　　图 5.17　运行后打开的 "打开" 对话框

在命令按钮 Command1 的 Click 事件中写入下面的代码。

```
Private Sub Command1_Click()
CommonDialog1.CancelError = True
On Error GoTo ErrCl
CommonDialog1.Flags = cdlOFNHideReadOnly
CommonDialog1.Filter="AllFiles(*.*)|*.*|Text.Files(*.txt)|*.txt "
' 设置过滤器
CommonDialog1.FilterIndex = 2
CommonDialog1.ShowOpen  ' 显示 "打开" 对话框
MsgBox CommonDialog1.FileName ' 显示选定文件的名字
Exit Sub ' 用户按了 "取消" 按钮
ErrCl: Exit Sub  '出错处理
End Sub
```

运行程序后，单击命令按钮，效果如图 5.17 所示。

2. "另存为" 对话框

"另存为" 对话框是当 Action 为 2 或使用 ShowOpen 方法打开的 "通用对话框"，它为用户在存储文件时提供一个标准用户界面，供用户选择或输入所要存入文件的驱动器、路径和文件名。同样，它并不能提供真正的存储文件操作，储存文件的操作需要编程来完成。

"另存为" 对话框所涉及的属性基本上和 "打开" 对话框一样，只是还有一个 DefaultExt 属性，它表示所存文件的默认扩展名。

3. "颜色" 对话框

"颜色" 对话框是当 Action 为 3 或调用 ShowOpen 方法时打开的对话框，如图 5.18 所示，供用户选择颜色。

对于 "颜色" 对话框，除了基本属性之外，还有个重要的 Color 属性，它返回或设置选定的颜色。

在调色板中提供了基本颜色（Basic Colors），还提供了用户的自定义颜色（Custom Color），用户可自己调色。当用户在调色板中选中某颜色时，该颜色值赋给 Color 属性。

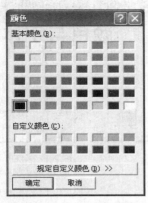

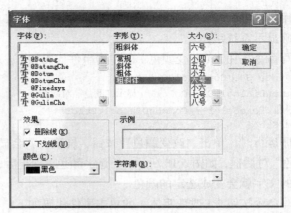

图 5.18　"颜色"对话框　　　　　　图 5.19　"字体"对话框

4. "字体"对话框

"字体"对话框是当 Action 为 4 或调用 ShowFont 方法时打开的对话框，如图 5.19 所示，供用户选择字体。对于"字体"对话框，除了基本属性之外，还有下列重要属性。

Color 属性：选定字体颜色。

FontBold 属性：是否选定了粗体。

FontItalic 属性：是否选定了斜体。

FontStrikethru 属性：是否选定了删除线。

FontUnderline 属性：是否选定了下划线。

FontName 属性：选定字体名称。

FontSize 属性：选定字体的大小。

注意

　　　如要使用 Color，FontStrikethru，FontUnderline 属性，首先要将 flags 属性设置为 cdlCFEffects。

Flags 属性：在显示"字体"对话框前，必须先设置"字体"对话框的 Flags 属性，否则，会发生字体不存在的错误。设置"字体"对话框的 Flags 属性的基本格式是：

```
object.Flags [= value]
```

其中 Value 的设置如表 5.7 所示。

表 5.7　　　　　　　　　　　　　　　　"字体"对话框的 Flags 属性

常数	值	描述
cdlCFScreenFonts	&H1	显示屏幕字体
cdlCFPrinterFonts	&H2	显示打印字体
cdlCFBoth	&H3	使对话框列出可用的打印机和屏幕字体
cdlCFEffects	&H100	在字体对话框显示删除线和下划线复选框，以及颜色组合框

【例 5.11】利用"颜色"对话框和"字体"对话框来改变文本框中文字的颜色和字体。

设计如图 5.20 所示的界面，在窗体上有一个"通用对话框"CommonDialog1，一个文本框 Text1 和两个命令按钮。命令按钮 1 用于颜色控制，命令按钮 2 用于字体控制。注意在"属性"窗口中把"通用对话框"CommonDialog1 的 Flags 属性设为 1，以便正确显示系统字体。

编写命令按钮 1（改变颜色）的单击事件代码如下。

```
Private Sub Command1_Click()
CommonDialog1.ShowColor ' 显示"颜色"对话框
Text1.ForeColor = CommonDialog1.Color
End Sub
```

程序运行时，单击"改变颜色"按钮，屏幕上就会显示"颜色"对话框，如图 5.18 所示，任选一颜色，确定后，文本框的文字就会变成选定的颜色。

图 5.20　例 5.11 设计界面

编写命令按钮 2（改变字体）的单击事件代码如下。

```
Private Sub Command2_Click()
CommonDialog1.CancelError = True
On Error GoTo ErrCl
CommonDialog1.Flags = cdlCFEffects Or cdlCFBoth
CommonDialog1.ShowFont      ' 显示"字体"对话框
Text1.Font.Name = CommonDialog1.FontName
Text1.Font.Size = CommonDialog1.FontSize
Text1.Font.Bold = CommonDialog1.FontBold
Text1.Font.Italic = CommonDialog1.FontItalic
Text1.Font.Underline = CommonDialog1.FontUnderline
Text1.FontStrikethru = CommonDialog1.FontStrikethru
Text1.ForeColor = CommonDialog1.Color
Exit Sub
ErrCl:
Exit Sub        '用户按了"取消"按钮
End Sub
```

程序运行时，单击"改变字体"按钮，就会出现"字体"设置对话框，在该对话框中可以对文字的字体、字号、样式等进行设置。设置完成后，文本框的文字就会按新的设置值显示。

5."打印"对话框

"打印"对话框是当 Action 为 5 或调用 ShowPrint 方法时打开的对话框，是一个标准打印对话窗口，如图 5.21 所示。"打印"对话框并不能处理打印工作，仅仅是一个供用户选择打印参数的界面，所选参数存于各属性中，再通过编程来处理打印操作。

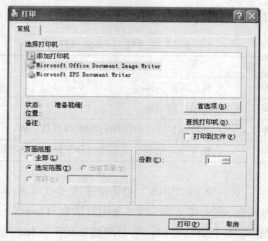

图 5.21　"打印"对话框

对于"打印"对话框,除了基本属性之外,还有 Copies(复制份数)属性和 FromPage(起始页号)、Topage(终止页号)属性。

Copies 属性为整型值,存放指定的打印份数;FromPage 和 Topage 属性用于存放用户指定的打印起始页号和终止页号。

6. "帮助"对话框

"帮助"对话框是当 Action 为 6 或调用 ShowHelp 方法时打开的对话框,是一个标准的帮助窗口,可以用于制作应用程序的在线帮助。"帮助"对话框不能用来制作应用程序的帮助文件,只能将已制作好的帮助文件从磁盘中提取出来,并与界面连接起来,达到显示并检索帮助信息的目的。

制作帮助文件需要用 Microsoft Windows Help　Compiler,即 Help 编辑器,生成帮助文件以后,可直接在界面上利用"帮助"对话框为应用程序提供在线帮助。

对于"帮助"对话框,除了基本属性之外,还有 HelpCommand(帮助命令)、HelpFile(帮助文件)、HelpKey(帮助键)和 HelpContext(帮助上下文)等属性。

HelpCommand(帮助命令)属性用于返回或设置所需要的在线 Help 帮助类型;HelpFile(帮助文件)属性用于指定 Help 文件的路径及其文件名称,即找到帮助文件,再从文件中找到相应的内容,显示在 Help 窗口中。

HelpKey(帮助键)属性用于指定帮助信息的内容,"帮助"窗口中显示由该帮助关键字指定的帮助信息;HelpContext(帮助上下文)属性返回或设置所需要的 HelpTopic 的 Context ID,一般与 HelpCommand 属性(设置为 VbHelpcontents)一起使用,指定要显示的 HelpTopic。

【例 5.12】设计如图 5.22 所示的界面,为"帮助"按钮编写事件过程,通过"帮助"对话框来显示 ActiveX 公用帮助,打开后的效果如图 5.23 所示。

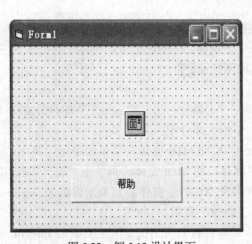

图 5.22　例 5.12 设计界面

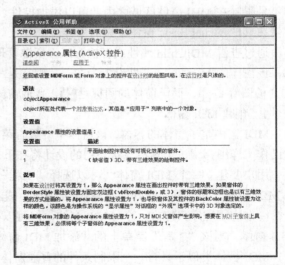

图 5.23　ActiveX 公用帮助

编写"帮助"按钮的单击事件过程如下。

```
Private Sub Command1_Click()
    CommonDialog1.HelpCommand = cdlHelpContents
    CommonDialog1.HelpFile = "c:\windows\help\ VBCMN96.HLP.hlp"
    CommonDialog1.ShowHelp
    'CommonDialog1.Action =6
End Sub
```

5.6 多文档窗体

5.6.1 多文档窗体简介

用户界面是一个应用程序非常重要的部分。对用户而言，界面就是应用程序，它们感觉不到幕后正在执行的代码。用户界面样式主要有两种：单文档界面（SDI，Single Document Interface）和多文档界面（MDI）。前面介绍的都是单文档界面的窗体，本节将介绍在 Visual Basic 中的多文档界面设计。

绝大多数基于 Windows 的大型应用程序都是多文档界面（MDI，Multiple Document Interface），如 Microsoft Excel 和 Microsoft Word 等。多文档界面允许同时打开多个文档，每一个文档都显示在自己被称为子窗口的窗口中。多文档界面由父窗口和子窗口组成，一个父窗口可包含多个子窗口，子窗口最小化后将以图标形式出现在父窗口中，而不会出现在 Windows 的任务栏中。当最小化父窗口时，所有的子窗口也被最小化，只有父窗口的图标出现在任务栏中。在 Visual Basic 中，父窗口就是 MDI 窗体，子窗口是指 MDChild 属性为 True 的普通窗体。

5.6.2 创建多文档界面应用程序

多文档界面的一个应用程序至少需要两个窗体：一个（只能一个）MDI 窗体和一个（或若干个）子窗体。

MDI 子窗体的设计与 MDI 窗体无关，但在运行时总是包含在 MDIForm 中。在设计时，子窗体不是限制在 MDI 窗体区域之内，可以添加控件、设置属性、编写代码以及设计子窗体的功能，就像在其他 Visual Basic 窗体中做的那样。

通过查看 MDIChild 属性或者检查工程资源管理器，可以确定窗体是否是一个 MDI 子窗体。如果该窗体的 MDIChild 属性设置为 True，则它是一个子窗体。从图标也可以一目了然地来区分：MDI 的图标是 ▦，而子窗体的图标是 ▤，普通窗体的图标是 ▦。

1．创建 MDI 窗体

MDI 窗体是子窗体的容器，该窗体中一般有菜单栏、工具栏、状态栏，关于菜单设计在第 10 章已作了详细介绍，工具栏、状态栏的设计将在下一节给大家介绍。

用户要建立一个 MDI 窗体，可以选择"工程"→"添加 MDI 窗体"菜单命令，会弹出"添加 MDI 窗体"对话框，选择"新建 MDI 窗体"或"现存"的 MDI 窗体，再单击"打开"按钮。

一个应用程序只能有一个 MDI 窗体，但可以有多个 MDI 子窗体。如果工程已经有了一个 MDI 窗体，则该"工程"菜单上的"添加 MDI 窗体"命令不可用。

MDI 窗体类似于具有一个限制条件的普通窗体，除非控件具有 Align 属性（如 PictureBox 控件）或者具有不可见界面（如 CommonDialog 控件、Timer 控件），否则不能将控件直接放置在 MDI 窗体上。

2．MDI 窗体的相关属性、方法与事件

（1）ActiveForm 属性。返回活动的 MDI 子窗体对象。多个 MDI 子窗体在同一时刻只能有一个处于活动状态（具有焦点）。

（2）ActiveControl 属性。返回活动的 MDI 子窗体上拥有焦点的控件。

（3）AutoShowChild 属性。返回或设置一个逻辑值，决定在加载 MDI 子窗体时是否自动显示

该子窗体，默认为 True（自动显示）。

（4）Arrange 方法。用于重新排列 MDI 窗体中的子窗体或子窗体的图标，语法格式如下：

```
MDI 窗体名.Arrange 排列方式
```

（5）QueryUnload 事件。当关闭一个 MDI 窗体时，QueryUnload 事件首先在 MDI 窗体发生，然后在所有 MDI 子窗体发生。如果没有窗体取消 QueryUnload 事件，则先卸载所有子窗体，最后卸载 MDI 窗体。QueryUnload 事件过程声明形式如下。

```
Private Sub MDIForm_QueryUnload(Cancel As Integer, UnloadMode As Integer)
```

此事件的典型应用是在关闭一个应用程序之前，确认包含在该应用程序的窗体中是否有未完成的任务。如果还有未完成的任务，可将 QueryUnload 事件过程中的 Cancel 参数设置为 True 来阻止关闭过程。

3. 创建 MDI 子窗体

MDI 子窗体是一个"MDIChild"属性为 True 的普通窗体。因此，要创建一个 MDI 子窗体，应先创建一个新的普通窗体，然后将它的"MDIChild"属性置为 True。若要建立多个子窗体，重复上述操作即可。

也可在代码中创建窗体。在 Visual Basic 中新窗体是一个简单的新工程，要在一个已经存在的窗体的基础上声明一个新窗体，如以 Form1 为原型创建新窗体，先使用 Dim 声明 Form1 类型对象变量（子过程 CreatForm 用来创建子窗体）：

```
Private Sub CreatForm()
    Dim NewForm As New Form1
    NewForm.Show                    ' 创建 Form1 新窗体
End Sub
```

在程序中调用 CreatForm 子程序就可添加一个与 Form1 一样的新窗体。

MDI 子窗体的设计与 MDI 窗体无关，但在运行时总是包含在 MDIForm 中。如图 5.24 所示，就是一个父窗体中包含了两个子窗体。

4. 子窗体的排列

标准的 MDI 应用软件的菜单内一定有"窗口"菜单栏，而此菜单栏内还会有"垂直排列"、"水平排列"、"重叠排列"及"排列图标"等功能项目。

这些功能项目的用途是为了方便管理这些子窗体，使之不至于造成屏幕的混乱。它们的呈现结果有"垂直排列"、"水平排列"、"重叠排列"及"排列图标"几种样式。要想完成这样的操作，要使用 MDIform1 的 Arrange 方法，语法格式为：

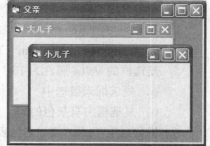

图 5.24　父窗体与子窗体

```
MDIform 名称.Arrange 排列方式
```

排列方式的参数如表 5.8 所示

表 5.8　　　　　　　　　　　　　　　　排列方式参数

VB 常量	值	说明
vbCascade	0	重叠排列方式
vbTileHorizontal	1	非重叠水平排列方式
vbTileVertical	2	非重叠垂直排列方式
vbArrangeIcons	3	最小化后以图标形式重排

例如，用户如果希望希望以最小化后以图标形式排列多个子窗体，就可以在相应时间过程中如下代码即可：

```
MDIForm1.Arrange vbArrangeIcons
```

本章小结

作为一种可视化的工具，VB 提供了许多控件以方便用户进行面向对象程序设计，这些控件既包括工具箱中的标准控件，还包括高级的 ActiveX 控件。本章系统介绍了单选钮、检查框、框架、滚动条、列表框、组合框、时钟等标准控件，同时还介绍了通用对话框的使用。读者在学习这些控件和系统对象时，应当从功能、属性、方法、事件 4 方面入手，注意总结在什么情况下应当考虑使用什么控件的属性、方法或事件来解决相关问题。

习 题 5

一、单项选择题

1. 若要设置定时器控件的定时触发 Timer 事件的时间，可通过_____属性来设置。

    A. Interval   B. Value   C. Enabled   D. Text

2. 若要获知当前列表项的数目，可通过访问_____属性来实现。

    A. List   B. ListIndex   C. ListCount   D. Text

3. 若要向列表框新增列表项，则可使用的方法是_____。

    A. Add   B. Remove   C. Clear   D. AddItem

4. 设组合框 Combo1 中有 3 个项目，则能删除最后一个项的语句是_____。

    A. Combo1.RemoveItem Text   B. Combo1.RemoveItem 2

    C. Combo1.RemoveItem 3   D. Combo1.RemoveItem Combo1.Listcount

5. 复选框的 Value 属性为 1 时，表示_____。

    A. 复选框未被选中   B. 复选框被选中

    C. 复选框内有灰色的勾   D. 复选框操作错误

6. 将数据项"China"添加到列表框 List1 中，成为第一项应使用语句_____。

    A. List1.AddItem "China", 0   B. List1.AddItem "China", 1

    C. List1.AddItem 0, "China"   D. List1.AddItem 1, "China"

7. 假定时钟控件的 Interval 属性为 1000，Enabled 属性为 False，并且有下面的事件过程，计算机将发出_____次 Beep 声。

```
Private Sub Timer1_Timer()
    For i = 1 To 5
      Beep
    Next i
End Sub
```

    A. 1000 次   B. 10000 次   C. 5 次   D. 以上都不对

8. 下列控件可以用作其他控件容器的有_____。

    A. 窗体，标签，图片框   B. 窗体，框架，文本框

C. 窗体，图像，列表框　　　　　　　　D. 窗体，框架，图片框

9. 在窗体上画一个名称为 List1 的列表框，一个名称为 Label1 的标签。列表框中显示若干城市的名称。当单击列表框中的某个城市名时，在标签中显示选中城市的名称。在 List1 的单击事件过程中能正确实现上述功能的语句是_____。

    A. Label1.Caption = List1.ListIndex　　B. Label1.Name = List1. ListIndex

    C. Label1.Name = List1.Text　　　　　　D. Label1.Caption = List1.Text

10. CommonDialog 对话框显示的是_____。

    A. "打开" 或 "另存为" 对话框

    B. "颜色" 或 "字体" 对话框

    C. "打印" 或 "帮助" 对话框

    D. 通过调用不同的方法或取不同的属性值，显示为以上 6 种对话框中的任一种

11. 程序运行时，下列各组控件中_____本身总是不可见的。

    A. TextBox,Label　　　　　　　　　　B. Timer, CommonDialog

    C. ListBox,ComboBox　　　　　　　　D. PictureBox,Image

12. 要在图片框中绘制一个椭圆，则可以使用_____方法来实现。

    A. Circle　　　　　　B. Line　　　　　　C. Point　　　　　　D. Pset

二、填空题

1. 创建一个 MDI 子窗体，只需把一个普通窗体的_____属性设为 True 即可。

2. 如果列表框的 ListCount 属性为 10，则列表框中最后一项的 ListIndex 值为_____。

3. 复选框的_____属性决定复选框是否被选中。

4. 表示滚动条控件取值范围最大值的属性是_____。

5. Visual Basic 提供了列表框控件，当列表框中的项目较多、超过了列表框的长度时，系统会自动在列表框边上加一个_____。

6. 将一般窗体转换为 MDI 窗体的子窗体时，要把 MDIChild 属性的值设置为_____。

7. 设置计时器时间间隔属性的单位是_____。

8. 如果要时钟控件每半分钟发出一个 Timer 事件，则 Interval 属性的值为_____。

9. 图像框和图片框在使用时有所不同，这两个控件中，能作为容器容纳其他控件的是_____控件。

10. 窗体中有一公共对话框 Commondialog1 和一个命令按钮 Command1，当单击按钮时打开 "字体" 对话框，请将程序补充完整。

```
Private Sub Command1_click()
 Commdialog1._____
End sub
```

三、简答题

1. 列表框与组合框的主要区别是什么？

2. 图片框与图像框在使用上有什么相同及不同之处？

3. 利用单选按钮、复选框和框架来设计一个程序，对字体的字形、颜色等属性进行设置。

4. 设计一个倒计时的程序。

5. 在 MDI 窗体和 MDI 子窗体中通常有 "窗口" 菜单，其中包括 "层叠"、"平铺" 和 "排列图标" 命令，这些命令的功能如何实现？

四、编程题

1. 设计一个调色板应用程序，使用 3 个滚动条作为 3 种基本颜色的输入工具，合成的颜色显示在右边的颜色区（一个标签框），用合成的颜色设置其背景色（BackColor 属性）。当完成调色以后，用"设置前景颜色"或"设置背景颜色"按钮设置一文本框的前景和背景颜色，程序设计界面如图 5.25 所示。

2. 设计一个画板程序，程序运行后可以根据选择的线型的粗细、颜色，用鼠标的左键模拟笔在绘图区随意绘图，用鼠标的右键可擦除所绘制的线条。提示如下。

（1）绘图区使用图片框，并将其设置为固定边框，白色背景。

（2）单击"颜色"按钮打开颜色对话框，实现对绘图笔颜色的设置，单击"清除"按钮则清除图片框中的图形。

（3）粗细线型分别设置为 1 磅和 3 磅（设置图片框的 DrawWidth 属性），程序运行界面如图 5.26 所示。

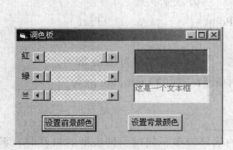

图 5.25　调色板程序

图 5.26　画板程序界面

3. 设计一个程序，要求在窗体适当位置添加控件：一个标签 Label1，标题改为"选修课程"；三个复选框 Check1、Check2、Check3，标题分别改为"VB"、"VC"、"VFP"；两个命令按钮 Command1、Command2，标题分别改为"确定"、"取消"（以上操作在属性窗口中完成）。当程序运行时，单击"确定"按钮可用 Msgbox() 函数输出选中的门数和名称；单击"取消"按钮可结束程序运行。运行效果如图 5.27 所示。

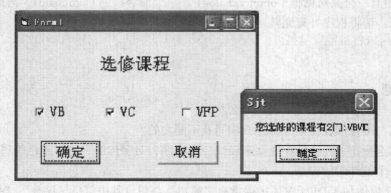

图 5.27　程序运行效果图

第6章
菜单设计

　　一个完整的应用程序应该包括完备的菜单系统，本章介绍如何在 Visual Basic 6.0 中文版中设计菜单，以及弹出式菜单的制作和应用。

6.1　菜单基本组成

　　Windows 中的菜单可分为下拉式菜单和弹出式菜单。下拉式菜单的界面元素如图 6.1 所示。

　　一般情况下，菜单栏在窗体的标题栏下面，并包含一个或多个菜单选项。当单击一个菜单选项（如"文件"），包含菜单选项的列表就被拉下来。菜单选项可以包括命令（如"新建"和"退出"）、分隔条和子菜单标题。

　　有些菜单选项直接执行动作（如"文件"菜单中的"退出"选项，将关闭应用程序）；有些菜单选项显示一个对话框，即要求用户提供应用程序执行动作所需信息的窗口，对于这类窗口，通常在这些菜单选项后加上省略符（…），如当从"文件"菜单中选择"另存为…"选项时，出现"文件另存为"对话框。

　　菜单控件是一个对象，与其他对象一样，它具有定义它的外观与行为的属性。在设计或运行时可以设置 Caption 属性、Enabled 属性、Visible 属性、Checked 属性以及其他属性。菜单控件只包含一个事件，即 Click 事件，当用鼠标或键盘选中该菜单控件时，将调用该事件。

　　弹出式菜单如图 6.2 所示。弹出式菜单是显示于窗体之上，独立于菜单栏的浮动式菜单。显

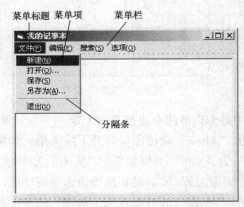

图 6.1　Visual Basic 窗体的菜单界面元素

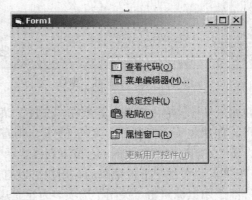

图 6.2　弹出式菜单

示在弹出式菜单上的项取决于鼠标右键按下时指针的位置，因此，弹出式菜单又称为上下文菜单、快捷菜单。

6.2　菜单编辑器窗口简介

应用程序的菜单可以在"菜单编辑器"窗口中进行设计，也可以利用应用程序向导来生成。本章主要介绍利用"菜单编辑器"窗口进行菜单设计。进入"菜单编辑器"窗口可用如下两种方法。

方法一：选择窗体窗口作为当前活动窗口（这样"菜单编辑器"才有效），然后选择"工具"→"菜单编辑器"菜单命令。

方法二：单击工具栏中的"菜单编辑器"快捷按钮。

打开后的"菜单编辑器"窗口如图 6.3 所示。它分为上下两部分，上半部分用来设置属性，下半部分用来显示用户设置的菜单标题和菜单项。

下面用一个设计好的"文件"菜单为例介绍"菜单编辑器"中各组成部分的作用。

1．"标题"文本框

"标题"文本框用来输入用户建立的菜单标题以及菜单中每个菜单项的标题。当输入标题后，菜单标题及各菜单项的标题将在用户建立的菜单中显示出来。在程序运行时可用菜单对象的 Caption 属性设置。

如图 6.4 所示的"文件"菜单中，会看到"新建"选项与"创建快捷方式"选项之间有一个"分隔条"，要建立分隔条，在"菜单编辑器"的"标题"文本框中输入"-"（减号）即可。

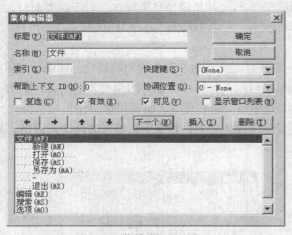

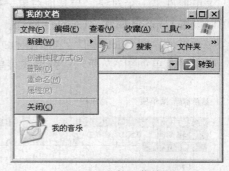

图 6.3　"菜单编辑器"窗口　　　　　　　　　　图 6.4　"文件"菜单

在图 6.4 所示中，还可以看到在"文件"菜单中每个选项的右边都有一个带"_"（下划线）的字母。如果是菜单标题如"文件（F）"，则直接按"Alt+F"快捷便可打开下拉菜单；如果是选项，如"关闭"选项右边的 C，该下划线表示"C"为"文件"下拉菜单中"关闭"选项的"热键"，当进入"文件"下拉菜单后，用户可以直接在键盘上按"C"键来执行该选项的功能，其效果等同于用鼠标点击"关闭"选项。为建立这样的"热键"，可在欲成为"热键"的字母前插入"&"符号。运行时，"&"符号是不可见的，如要在菜单中显示"&"符号，则应在标题中连续输入两个"&"符号。

这里提醒各位读者注意，此处的热键只有在下拉菜单打开后才有效，它不同于某些选项最右边的快捷键，快捷键的使用不需要下拉菜单打开，只有用户最常用的那些选项才定义了快捷键，为的是用户可以在不打开菜单的情况下，直接使用选项的功能。快捷键的定义见"菜单编辑器"的"快捷键"文本框。

2. "名称"文本框

在"名称"文本框可输入各菜单标题及选项的名称，它不会显示出来，在程序中用来标识该菜单标题及选项。

3. "索引"文本框

"索引"文本框用来建立控件数组下标。

4. "快捷键"文本框

"快捷键"文本框为一个列表框，在其右侧有一个下三角按钮，单击这一按钮，会出现一个列表框，列出了可供用户选择的快捷键。

读者可能注意到其中没有包括 Alt+A～Alt+Z，它们被用来作为顶层菜单项的热键。这是因为 VB 6.0 规定顶层菜单项不能加快捷键，图 6.4 中菜单第 1 行的"文件（F）"即为顶层菜单项，其中的"F"就是"Alt+F"。有关菜单热键和快捷键的运用，读者可以通过自己编写小的例子程序来熟悉。

5. "帮助上下文 ID"文本框

"帮助上下文 ID"文本框可以通过输入数字来选择帮助文件中特定的页数或与该菜单上下文相关的帮助文件。

6. "协调位置"列表框

"协调位置"列表框，单击右侧的下三角按钮，会出现一个下拉列表框，用户可以通过这一列表框来确定菜单是怎样出现的，用在链接对象或内嵌对象菜单显示时调整该窗体菜单的位置。

7. "复选"复选框

"复选"复选框允许用户设置某一选项是否可选。在程序中可用菜单对象的 Checked 属性设置，True 为选中，False 为未选中。

8. "有效"复选框

"有效"复选框用来设置该菜单选项是否可执行，即这一菜单选项是否响应某事件。如果被设置为 False，则不能访问这一菜单选项，菜单选项呈灰色显示。在程序中可用菜单对象的 Enabled 属性设置。

9. "可见"复选框

如果设计菜单选项时，"可见"复选框未被选中，则该菜单选项是不可见的。如果设计菜单标题时"可见"复选框未被选中，则该菜单标题下的整个菜单都是不可见的。在程序中可用菜单对象的 Visible 属性设置。

10. "显示窗口列表"复选框

"显示窗口列表"复选框可设置在使用多文档应用程序时，是否使菜单控件中有一个包含打开的多文档文件子窗口的列表框。在窗口的菜单中，只能有一项菜单的该复选框被设置成选中。

11. 箭头按钮

在图 6.3 中，可以看到"菜单编辑器"窗口中间有 4 个箭头按钮。

　　上下箭头按钮可将选中的菜单选项向上或向下移动一位，从而改变菜单中各选项的顺序。也就是说，首先选中一个选项，使这一选项高亮显示，当单击上下箭头按钮时，该选项与上一个选项互换位置，单击向下按钮时，该选项与下一个选项互换位置。

　　左右箭头按钮用来产生或取消内缩符号，内缩符号由 4 个点组成。当建立菜单标题以后，再输入选项时，单击向右的箭头按钮，使菜单选项前产生内缩符号，表示其为子菜单。若某一个选项为一个子菜单，它下面又有若干选项时，则在建立子菜单后，再输入菜单选项时还要单击向右箭头按钮，使其前面再产生内缩符号，VB 6.0 中最多可以产生 5 个内缩符号。关于这些内容，将在以后的例子中介绍。

　　在"菜单编辑器"窗口的中间还有 3 个按钮："下一个"、"插入"和"删除"。

　　"下一个"按钮用于移到下一个选项。设置一个菜单标题或菜单选项的属性后，单击此按钮，可设置下一个菜单选项或菜单选项的属性。

　　"插入"按钮用于插入菜单基。当用户建立多个菜单选项后，若想在中间再添加一个菜单选项，使用"插入"按钮。插入时先选中一个菜单选项，当这一菜单选项被高亮显示后，单击"插入"按钮，选中的菜单将向下移动一行，上面空出一行，用户可在这一行设置新的菜单选项。

　　"删除"按钮用于删除某一菜单标题或菜单选项。首先是选中菜单选项或菜单标题，然后单击"删除"按钮。

　　在"菜单编辑器"窗口的下部是一个空白列表框，列出了用户为某一窗体设计的所有菜单标题和菜单选项。用户设计菜单时，在"菜单编辑器"窗口中编辑好的菜单会立刻在列表框中显示出来。

6.3　建　立　菜　单

6.3.1　建立菜单

　　建立一个菜单，首先要列出菜单的组成，然后在"菜单编辑器"窗口按照菜单组成进行设计，设计完成后，再把各菜单选项与代码连接起来。

　　用户将建立一个窗体，在其上添加菜单，并把菜单和程序代码连接起来。

　　选择"工具"→"菜单编辑器"菜单命令，或单击工具栏中的"菜单编辑器"快捷按钮。

　　在"标题"文本框中输入"文件（&F）"作为菜单标题，这样在"文件"菜单中会有一个带下划线的 F。在"名称"文本框中输入 mnuFile，表示"文件"菜单标题的名称为 mnuFile。然后单击"下一个"按钮，这时"标题"与"名称"文本框又变成空白，光标回到"标题"文本框中。

　　在"标题"文本框中输入"字体变粗（&B）"，在"名称"文本框中输入"mnuBold"。在"快捷键"下拉列表框中选择"Ctrl+B"选项，如图 6.5 所示。选中"复选"、"有效"和"可见" 3 个复选框。因为"字体变粗（&B）"是"文件（&F）"菜单标题的选项，所以单击命令按钮中的"→"向右箭头，使其向右缩进，状态如图 6.6 所示。

　　用户可以按照上面的方法，如表 6.1 所示，将列出的各菜单对象输入到"菜单编辑器"中。

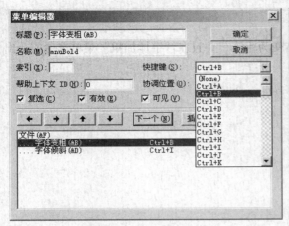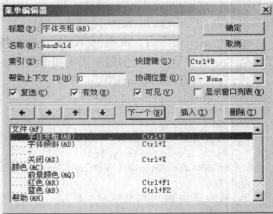

图 6.5   选择快捷键对话框   图 6.6   缩进后的菜单选项

表 6.1   "菜单编辑器"窗口中的菜单对象

菜单对象	快捷键	名称	选中的复选框
文件(&F)		mnuFile	有效、可见
...字体变粗(&B)	Ctrl+B	mnuBold	有效、可见、复选
...字体倾斜(&D)	Ctrl+I	mnuItalic	有效、可见、复选
...—		mnuBlank	有效、可见
...关闭(&X)	Ctrl+X	mnuExit	有效、可见
颜色(&C)		mnuColor	有效、可见
...前景颜色(&Q)		mnuForeColor	有效、可见
... ...红色(&R)	Ctrl+F1	mnuRedColor	有效、可见
... ...蓝色(&B)	Ctrl+F2	mnuBlueColor	有效、可见
帮助(&H)		mnuHelp	有效、可见
... ...关于(&A)	Ctrl+A	mnuAbout	有效、可见

6.3.2   把代码连接到菜单选项上

在 VB 中，每一菜单对象都被看做一个控件。每一菜单选项都可以响应某一事件过程。一般来说，菜单选项可以响应鼠标单击（Click）事件。每当单击菜单选项时，VB 就调用 Click 事件过程，执行这一过程中的代码。下面为各菜单选项添加代码。

编写代码是在代码窗口中进行的。首先在窗体窗口中单击菜单，在下拉菜单中选择要连接代码的菜单选项，然后单击这一菜单选项，在屏幕上会出现代码窗口，并在窗口中出现这一菜单选项的名称和相应事件组成的事件处理过程的过程头与过程尾。用户只要在过程头与过程尾之间输入想执行的某项任务的代码即可。

如果想为其他菜单选项添加代码，可按上面的方法，也可以从代码编辑器对象列表框中选择菜单选项控件名，再在过程列表框中选择 Click 事件，这时代码窗口中出现了这一菜单的过程头与过程尾，在其中添加代码即可。如果有多个菜单选项，需要与代码过程连接，就得多次重复上述步骤。

1. 为"文件"菜单的选项添加代码

选择"文件"→"字体变粗"菜单命令，在 mnuBold_Click() 事件过程中添加代码如下。

```
    Text1.FontBold = True
    mnuBold.Checked = True
```

当执行这一命令后，文本框 Text1 中的字体变为粗体，并且在"字体加粗"菜单选项前会出现一个"√"符号。其他的程序代码如下所示。

```
Private Sub Form_Load()
    mnuBold.Checked = False
    mnuItalic.Checked = False
End Sub
Private Sub mnuItalic _ Click()
    Text1.FontItalic = True
    mnuItalic.Checked = True
End Sub
Private Sub mnuExit_Click()
    End
End Sub
```

2. 为"前景颜色"的子菜单选项添加代码

在"前景颜色"的子菜单选项中分别添加代码，以改变文本框的前景色。

```
Private Sub mnuBlueColor _ Click()
    Text1.ForeColor = QBColor(1)
End Sub

Private Sub mnuRedColor _ Click()
Text1.ForeColor = QBColor(12)
End Sub
```

3. 为"帮助"菜单中的选项添加代码

```
Private Sub mnuAbout_Click()
    MsbBox "菜单设计实例", vbYes , "关于"
End Sub
```

代码编辑完以后，可以将其关闭，回到窗体窗口。注意，菜单选项在运行时才有效。在设计状态下，如果单击某一菜单选项，只是向其中添加代码。

6.4 执行菜单命令

程序运行后，在窗口中选择"文件"→"字体变粗"和"字体倾斜"菜单命令，文本框中的文字变为粗体和斜体。如图 6.7 所示。再选择"帮助"→"关于..."菜单命令，会弹出如图 6.8 所示的对话框。

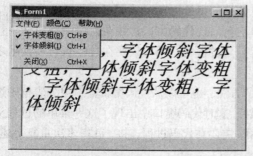

图 6.7 执行"字体变粗"和"字体倾斜"命令后的窗体

图 6.8 执行"关于"命令后弹出的对话框

6.5 快捷菜单

VB 提供了建立快捷菜单的方法。一般菜单出现在窗口的顶部，当用户执行某一菜单选项时，就必须把鼠标指针移向窗口顶部，这对于常用的功能来说很不方便。快捷菜单则只需用户在窗体上单击某一鼠标键，就可立即弹出（一般设置为鼠标右键）。

一般来说，在设计快捷菜单时，将它的"可见"复选框设为不选中，即不可见，这样运行时，快捷菜单就不会显示在窗体的下拉菜单上。不过，不管该菜单是可见还是不可见的，都可以成为快捷菜单。

首先打开"菜单编辑器"窗口，把"文件"菜单的"可见"复选框设为"未选中"。接下来在代码窗口中选择 Form 对象，再在过程列表框中选择 MouseUp 选项，则出现 Form_MouseUp 事件的过程头与过程尾。

```
Private Sub Form_MouseUp(Button As Integer,Shift As Integer, X As Single, Y As Single)
End Sub
```

在事件的过程头与过程尾之间添加如下代码。

```
If Button = 2 Then
  PopupMenu mnuFile
End If
```

这段代码的含义是，当单击鼠标右键（Button = 2），弹出"文件"菜单中各选项。如果设置 Button = 1，那么按下鼠标左键弹出"文件"菜单。

下面运行程序，在窗体上单击鼠标右键，这时窗体界面如图 6.9 所示。请读者注意，在如图 6.9 所示的窗体菜单栏中没有了"文件"菜单。

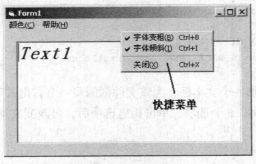

图 6.9 快捷菜单

6.6 菜单应用举例

【例 6.1】设计菜单程序。在菜单栏中有"程序"和"娱乐"两个菜单标题。其中"程序"菜单栏中包含"Word"、"Excel"两个选项。"娱乐"菜单栏中包含有"纸牌"、"扫雷"、"录音机"3 个选项。当用户单击菜单的某一选项时，能启动相应程序。

分析：设计步骤如下所述。

（1）在 VB 中选择"新建工程"。

（2）打开"菜单编辑器"，设计如表 6.2 所示菜单。

表 6.2　　　　　　　　　　　　　　例 6.1 菜单属性

标题	名称	标题	名称
程序(&P)	mnuPro	...　纸牌	mnuPlay1
...&Word	mnuWord	...　扫雷	mnuPlay2
...&Excel	mnuExcel	...　—	mnuPlayLine1
娱乐(&L)	mnuPlay	...　录音机	mnuPlayRec1

（3）编写事件代码。

分别编写各菜单选项的单击事件代码如下所示。

 提示　　Winword.exe，Excel.exe，Sol.exe，Winmine.exe，SNDREC32.exe 的路径需要在用户电脑上查找后再定。

```
Private Sub mnuWord\_Click()
    Shell "C:\Program Files\Microsoft Office\Winword.exe",vbNormalFocus
End Sub
Private Sub mnuExcel\_Click()
    Shell "C:\Program Files\Microsoft Office\Excel.exe",vbNormalFocus
End Sub
Private Sub mnuWord\_Click()
    Shell "C:\Windows\Sol.exe",vbNormalFocus
End Sub
Private Sub mnuWord\_Click()
    Shell "C:\Windows\Winmine.exe",vbNormalFocus
End Sub
Private Sub mnuWord\_Click()
    Shell "C:\Windows\SNDREC32.exe",vbNormalFocus
End Sub
```

【例 6.2】在窗体中增加一个文本框，为该文件框编写一个弹出式菜单，该菜单中包含有"小字体"、"中字体"、"大字体" 3 个选项，单击相应选项后，可改变文本框中文字的大小。

分析：设计步骤如下。

（1）新建工程。

（2）在窗体上添加一个名为 txtShow 的文本框控件。

（3）在"菜单编辑器"中，设计如表 6.3 所示控件。

表 6.3　　　　　　　　　　　　　　例 6.2 菜单属性

标题	名称	可见
字体	mnuFont	False（将"可见"前面的"√"去掉）
...　小字体	mnuFont8	True（默认）
...　中字体	mnuFont10	True
...　大字体	mnuFont16	True

（4）编写程序代码。

文本框鼠标按下时触发的事件代码为：

```
Private Sub txtShow\_MouseDown(Button As Integer,Shift As Integer, X As Single, Y As Single)
    If Button = 2 Then              '如单击右键
        PopupMenu mnuFont
    End If
End Sub
```

"小字体"菜单选项的单击事件代码为：

```
Private Sub mnuFont8\_Click()
    txtShow.FontSize = 9
End Sub
```

"中字体"菜单选项的单击事件代码为：

```
Private Sub mnuFont10\_Click()
    txtShow.FontSize = 10
End Sub
```

"大字体"菜单选项的单击事件代码为：

```
Private Sub mnuFont16\_Click()
    txtShow.FontSize = 16
End Sub
```

本章小结

本章通过对菜单编辑器的简要介绍，并结合一些具体的实例，使用户掌握窗口菜单与快捷菜单建立的方法。通过学习本章的内容，用户能熟练使用菜单编辑器来实现 Windows 应用程序界面的菜单设计。

习 题 6

一、单项选择题

1. 菜单编辑中，_____是用于输入在菜单中显示的文本。

　　A. 标题　　　　　　　B. 名称　　　　　　　C. 索引　　　　　　　D. 访问键

2. 若某一菜单选项还有子菜单，即该菜单选项是一个子菜单标题，它的后面自动添加下列哪一项符号_____。

　　A. …　　　　　　　　B. ─　　　　　　　　C. √　　　　　　　　D. 无任何符号

3. 菜单控件只有一个事件，它是_____。

　　A. MouseUp　　　　　B. Click　　　　　　　C. DblClick　　　　　D. KeyPress

4. 若希望在菜单中显示 "&" 符号，则在标题栏中输入_____。

　　A. &　　　　　　　　B. &&　　　　　　　　C. "&"　　　　　　　　D. "&&"

5. 下列说法正确的是_____。

　　A. 快捷键与访问键均是为菜单选项提供一种键盘访问方法

B. 快捷键和访问键的建立方法一样

C. 快捷键与访问键没有什么区别

D. 一个菜单的选项不能同时拥有快捷键和访问键

6. 菜单设计是在_____窗口中完成的。

 A. "窗体编辑器"   B. "属性"

 C. "菜单编辑器"   D. "工程"

7. 以下关于菜单的叙述中，错误的是_____。

 A. 在程序运行过程中可以增加或减少菜单选项

 B. 如果把一个菜单选项的 Enabled 属性设置为 False，则可删除该菜单选项

 C. 弹出式菜单也在菜单编辑器中设计

 D. 利用控件数组可以实现菜单选项的增加或减少

8. 下面说法不正确的是_____。

 A. 下拉菜单和弹出式菜单都是由菜单编辑器创建的

 B. 每一个创建的主菜单最多可以有 5 级子菜单

 C. 下拉菜单中的菜单选项不可以作为弹出式菜单显示

 D. 控制下拉菜单选项是否可用，由菜单编辑器中的有效属性设置

9. 下面说法不正确的是_____。

 A. 顶层菜单不允许设置快捷键

 B. 要使菜单选项中的文字具有下划线，可在标题文字前加&符号

 C. 有一菜单选项名为 mnuTemp，则语句 mnuTemp.Enabled = False 将使该菜单选项不可见

 D. 若希望在菜单中显示&符号，则在标题栏中输入&&符号

10. 以下叙述中错误的是_____。

 A. 在同一窗体的菜单选项中，不允许出现标题相同的菜单选项

 B. 在菜单的标题栏中，&所引导的字母指明了访问该菜单选项的访问键

 C. 程序运行过程中，可以重新设置菜单的 Visible 属性

 D. 弹出式菜单也在菜单编辑器中定义

11. 选中一个窗体，下列方法中不能启动菜单编辑器的是_____。

 A. 单击工具栏中的 "菜单编辑器" 按钮 B. 选择 "工具" 菜单中的 "菜单编辑器" 命令

 C. 按 "Ctrl+E" 键   D. 按 "Shift+Alt+M" 键

12. 在菜单设计器，使菜单选项的左边设置打钩标记，下面哪种操作是正确的_____。

 A. 在标题项中输入 "&" 然后打钩   B. 在索引项中打钩

 C. 在有效项中打钩   D. 在复选项中打钩

13. 以下叙述中错误的是_____。

 A. 下拉式菜单和弹出式菜单都用菜单编辑器建立

 B. 在多窗体程序中，每个窗体都可以建立自己的菜单系统

 C. 除分隔线外，所有菜单选项都能接收 Click 事件

 D. 如果把一个菜单选项的 Enabled 属性设置为 False，则该菜单项不可见

14. 在使用菜单编辑器设计菜单时，必须输入的项是_____。

 A. 快捷键   B. 标题   C. 索引   D. 名称

15. 在下列关于菜单的说法中，错误的是_____。

A．每个菜单选项都是一个控件，与其他控件一样也有自己的属性和事件

B．除 Click 事件之外，菜单选项还能响应其他事件（如 DblClick 等事件）

C．每个菜单选项都可以设置热键

D．如果菜单选项的 Enabled 属性为 False，则该菜单选项变成灰色，不能被用户选择

二、填空题

1．VB 的菜单可分为＿＿＿＿＿菜单和＿＿＿＿＿菜单。

2．菜单选项中的"热键"可通过在热键字母前插入＿＿＿＿＿符号实现。

3．菜单选项的标题设置为＿＿＿＿＿可使菜单项为分割条。

4．欲使某项菜单在运行时不可见，可设置该菜单对象的＿＿＿＿＿属性为 False。

5．菜单选项对象的＿＿＿＿＿属性控制菜单选项是否变灰（失效）。

6．VB 中，语句 PopupMenu 的功能是＿＿＿＿＿。

三、简答题

1．如何进入菜单编辑器？

2．简述菜单编辑器的基本结构和作用。

四、编程题

1．设计一个窗体，如图 6.10 所示，当单击时间选项，窗体显示时间，而单击日期窗体则显示日期。

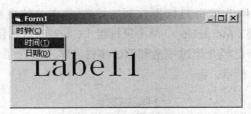

图 6.10　题目要求的设计界面

2．将上题的时钟菜单改变为弹出式菜单。

第 7 章
鼠标与键盘事件

鼠标与键盘是计算机最主要的输入设备，对鼠标和键盘进行编程是程序设计人员必须掌握的基本技术之一。

7.1 鼠标的 MouseDown、MouseUp、MouseMove 事件

当在窗体或大多数控件上进行鼠标操作时，会触发相关的鼠标事件。比如按下鼠标键（MouseDown）、释放鼠标键（MouseUp）、单击鼠标键（Click）、双击鼠标键（DblClick）、移动鼠标（MouseMove）。第 2 章已经介绍过单击和双击事件，本节将介绍 MouseDown，MouseUp，MouseMove 事件，如表 7.1 所示。

表 7.1　　　　　　　　　　　　　　　　3 种鼠标事件

事件	描述
MouseDown	按下任意鼠标键时发生
MouseUp	释放任意鼠标键时发生
MouseMove	每当鼠标指针在窗体或控件上方移动到新的位置时发生

3 种鼠标事件使用的参数说明，如表 7.2 所示。

表 7.2　　　　　　　　　　　　　　3 种鼠标事件的参数说明

事件	描述
Button	一个位域参数，其中最右侧 3 位描述鼠标键的状态。
Shift	一个位域参数，其中最右侧 3 位描述键盘上 Shift、Ctrl、Alt 键的状态
X，Y	鼠标指针的位置，这里用到了接受鼠标事件的对象的坐标系统描述的鼠标指针位置

1. MouseDown 事件

MouseDown 是 3 种鼠标事件中最常使用的事件。按下鼠标按钮时就可触发此事件。注意鼠标事件被用来识别和响应各种鼠标状态，并把这些状态看做独立的事件，不应将此事件与 Click 事件和 DblClick 事件混为一谈。

此事件的定义格式为：

```
Private Sub Form_MouseDown(Button As Integer, Shift As Integer, X As Single, Y As Single)
......
End Sub
```

Button 参数用来确定按下的是哪一个鼠标键，如表 7.3 所示，Shift 参数确定键盘上的 Shift 键、Ctrl 键、Alt 键的状态，如表 7.4 所示。X，Y 参数用来确定鼠标按下时所处的坐标位置。

2. MouseUp 事件

释放鼠标按键时，MouseUp 事件将会发生。其语法格式为：

```
Private Sub Form_MouseUp(Button As Integer, Shift As Integer, X As Single, Y As Single)
......
End Sub
```

3. MouseMove 事件

鼠标指针在对象上移动时就会发生 MouseMove 事件。当鼠标指针处在窗体和控件的边框内时，窗体和控件均能识别 MouseMove 事件。其语法格式为：

```
Private Sub Form_MouseMove(Button As Integer, Shift As Integer, X As Single, Y As Single)
......
End Sub
```

MouseDown、MouseUp 与 MouseMove 事件搭配使用，往往相得益彰。

7.2　检测鼠标按键的 Button 参数

MouseDown，MouseUp 与 MouseMove 事件用 Button 参数判断按下的是哪个鼠标按键或哪些鼠标按键。如表 7.3 所示，列出了当按下鼠标按键时，Button 的参数值及相应的 VB 常数，Button 参数是具有相应于左按键（位 0），右按键（位 1），以及中间按键（位 2）的一个位字段。这些位的值分别等于 1（001）、2（010）和 4（100）。

表 7.3　　　　　　　　　　　　　　　　Button 参数含义

参数值	对应常量	意义
1	vbLeftButton	按下左按键
2	vbRightButton	按下右按键
4	vbMiddleButton	按下中间按键
0	—	未按下任何按键
3	—	同时按下左、右按键
5	—	同时按下左按钮和中间按键
6	—	同时按下右按钮和中间按键
7	—	同时按下 3 个按键

可用简单代码指明哪个按键触发了 MouseDown，MouseUp 与 MouseMove 事件。

【例 7.1】以下过程对 Button 是否等于 1、2 或 4 进行检侧。

```
Private Sub Form_MouseDown(Button As Integer, Shift As Integer, X As Single, Y As Single)
    If Button = 1 Then Print "你按下了左键"
    If Button = 2 Then Print "你按下了右键"
    If Button = 4 Then Print "你按下了中键"
End Sub
```

7.3   检测鼠标和键盘的 Shift 参数

鼠标和键盘事件用 Shift 参数判断是否按下了 Shift、Ctrl 和 Alt 键，或者它们的组合（如果存在）。

如果按 Shift 键，则 Shift 参数为 1（001）；如果按 Ctrl 键，则 Shift 参数为 2（010）；如果按 Alt 键，则 Shift 参数为 4（100）。这些键值的总和代表这些键的组合。例如，同时按下 Shift 和 Alt 键时，Shift 参数的值等于 5（1+4）。可根据 Shift 参数的值判断 Shift、Ctrl 和 Alt 键的状态。如表 7.4 所示，列出了这些值和对应的 VB 常量。

表 7.4   Shift 参数含义

参数值	对应常量	含义
1	vbShiftMask	按下 Shift 键
2	vbCtrlMask	按下 Ctrl 键
3	vbShiftMask+ vbCtrlMask	同时按下 Shift 键和 Ctrl 键
4	vbAltMask	按下 Alt 键
5	vbShiftMask+ vbAltMask	同时按下 Shift 键和 Alt 键
6	vbCtrlMask+ vbAltMask	同时按下 Ctrl 键和 Alt 键
7	vbShiftMask+ vbCtrlMask+ vbAltMask	同时按下 Shift 键、Ctrl 键和 Alt 键

像对鼠标事件的 Button 参数那样，可将 If…Then…ElseIf 语句或 And 操作符与 Select Case 语句组合使用，以判断是否按下 Shift、Ctrl 和 Alt 键，以及什么样的组合（若存在）键。

【例 7.2】以下过程对是否按下 Shift、Ctrl 和 Alt 键检侧。

```
Private Sub Form_MouseDown(Button As Integer, Shift As Integer, X As Single, Y As Single)
    Dim ShiftTest As Integer
    ShiftTest = Shift And 7
    Select Case ShiftTest
        Case 1                          '或 vbShiftMask
            Print "你按了 Shift 键"
        Case 2                          '或 vbCtrlMask
            Print "你按了 Ctrl 键"
        Case 4                          '或 vbAltMask
            Print "你按了 Alt 键"
        Case 3
            Print "你按了 Shift 与 Ctrl 键"
        Case 5
            Print "你按了 Shift 与 Alt 键"
        Case 6
            Print "你按了 Ctrl 与 Alt 键"
        Case Else
            Print "你按了 Shift、Ctrl 和 Alt 键"
    End Select
End Sub
```

【例 7.3】 编写程序在窗体上画圆，要求按下 Shift 键时，以鼠标左键按下时的坐标点为圆心，以鼠标释放时的坐标与圆心点之间的距离为半径画圆。VB 中画圆可使用 Circle 函数。

```
Dim X1 As Single, Y1 As Single, R As Single  '定义模块级变量
'编写 MouseDown 事件过程
Private Sub Form_MouseDown(Button As Integer, Shift As Integer, X As Single, Y As Single)
    X1 = X: Y1 = Y                              '记下圆心位置
    PSet (X1, Y1)                               '画圆心位置
End Sub
'编写 MouseUp 事件过程
Private Sub Form_MouseUp(Button As Integer, Shift As Integer, X As Single, Y As Single)
    If Button = 1 Then                          '若释放左键应按下位置键
        R = ((X - X1) ^ 2 + (Y - Y1) ^ 2) ^ 0.5  '释放位置求出半径
        If Shift = 1 Then                       '若同时伴有 Shift 键画圆
            Circle (X1, Y1), R
        End If
    Else
        MsgBox "请按下左键"
    End If
End Sub
```

7.4　拖　　放

所谓拖放就是在屏幕上用鼠标把一个对象从一个地方"拖拉"（Dragging）到另一个地方再放下（Dropping）。在设计 VB 应用程序时，可能经常要在窗体上拖动控件来改变控件位置，下面介绍与此相关的属性、事件及方法。

（1）DragMode 属性。

该属性用来设置自动或手动拖动模式。它的值为 0（手动方式）或 1（自动方式）。在程序代码中的设置格式为：

```
控件名.DragMode = 值
```

（2）DragIcon 属性。

在拖动对象过程中，对象本身不移动，移动的是控件的灰色轮廓，等放下后此轮廓恢复成原来的控件。DragIcon 就是设置其他的图像来代替此轮廓，其在程序代码中的设置格式为：

```
控件名.DragIcon=LoadPictue（图像文件名）
```

（3）DragDrop 事件。

当拖动对象释放鼠标键时，VB 触发 DragDrop 事件。事件过程格式为：

```
Private Sub Object_DragDrop(Source As Control, X As Single, Y As Single)
……
End Sub
```

该事件提供 3 个参数：Source，X 和 Y。Source 引用被拖动的对象，但有些控件不能被拖动，如 Menu，Timer，Line 和 Shape 等。X 和 Y 则记录松开鼠标时的鼠标位置。

（4）Drag 方法。其语法格式为：

```
Object.Drag Action
```

Action 的取值如表 7.5 所示。

表 7.5　　　　　　　　　　　　　　　　Action 参数的含义

参数值	对应常量	含义
0	vbCancel	取消指示控件拖放
1	vbBeginDrag	允许拖放指示控件
2	vbEndDrag	结束控件的拖动并触发一个 DragDrop 事件

【例 7.4】说明一个名为 textl 的文本框控件通过拖动改变位置。步骤如下所述。

（1）建立一个新工程，在窗体上添加一个文本框控件 Textl。

（2）将 Text1 的 DragMode 值改为 0（手工拖动控件）。

（3）编写程序代码如下。

```
'在代码窗口内声明位置，定义两个变量，以保存 Text1 的起始位置
Dim DragX As Single, DragY As Single
'在文本框的 MouseDown 事件中打开拖动状态，并记录起始位置
Private Sub Text1_MouseDown(Button As Integer, Shift As Integer, X As Single, Y As Single)
    Text1.Drag 1
    DragX = X
    DragY = Y
End Sub
'在窗体 Form 的 DragDrop 事件中移动控件
Private Sub Form_DragDrop(Source As Control, X As Single, Y As Single)
    Source.Move (X - DragX), (Y - DragY)
End Sub
```

【例 7.5】设计一个简单的绘图程序，利用鼠标的几个事件就可轻易地完成一个绘图程序。程序界面如图 7.1 所示，窗体的 Caption 属性设为"简单的绘图程序"；窗体上添加一个框架 Frame1，Caption 属性设为"工具"；3 个图片框 picRed，picGreen，picBlue，BackColor 属性分别设为：红色（&H000000FF&）、绿色（&H0000FF00&）、蓝色（&H00FF0000&）；两个命令按钮 cmdInc、cmdDec，Caption 属性分别设为："+"、"−"；一个标签 lblShow，Caption 属性设为 1。

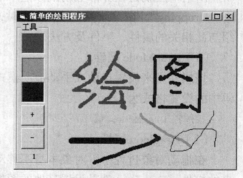

图 7.1　绘图程序界面

分析：本程序允许使用者将绘笔颜色设为红、绿、蓝 3 种颜色之一，并通过窗体的"+""−"按钮来改变笔的粗细，最小为 1，最大为 10。程序代码如下所示。

```
'定义布尔型模块级变量
Dim mblnDraw As Boolean
'设置窗体前景色红、绿、蓝 3 种
Private Sub picRed_Click()
    ForeColor = RGB(255, 0, 0)
End Sub

Private Sub picGreen_Click()
    ForeColor = RGB(0, 255, 0)
End Sub

Private Sub picBlue_Click()
```

```
        ForeColor = RGB(0, 0, 255)
End Sub

'设置绘笔粗细
Private Sub cmdDec_Click()
        If Me.DrawWidth > 1 Then DrawWidth = DrawWidth - 1
        lblShow.Caption = Str(DrawWidth)
End Sub

Private Sub cmdInc_Click()
        If Me.DrawWidth < 10 Then DrawWidth = DrawWidth + 1
        lblShow.Caption = Str(DrawWidth)
End Sub

'实现的绘图功能
Private Sub Form_MouseDown(Button As Integer, Shift As Integer, X As Single, Y As Single)
        mblnDraw = True
        CurrentX = X
        CurrentY = Y
End Sub

Private Sub Form_MouseMove(Button As Integer, Shift As Integer, X As Single, Y As Single)
        If mblnDraw Then Line -(X, Y)
End Sub

Private Sub Form_MouseUp(Button As Integer, Shift As Integer, X As Single, Y As Single)
        mblnDraw = False
End Sub
```

到此，绘图程序编制完毕，不过太简单了，只能画一些粗细不同、颜色有 3 种差异的线，读者若有兴趣，完全可将其改造成具有较强功能的个性化的"画笔"。

7.5　键盘的 KeyDown、KeyUp 和 KeyPress 事件

VB 提供 3 种键盘事件，窗体和接受键盘输入的控件都识别这 3 种事件。如表 7.6 所示，对这些事件作了描述。

表 7.6　　　　　　　　　　　　　　　3 种键盘事件

键盘事件	触发原因
KeyPress	当用户按下和松开键盘上的某个键时发生
KeyDown	当一个对象具有焦点时，按下一个键时发生的
KeyUp	当一个对象具有焦点时，松开一个键时发生的

1．KeyPress 事件

当用户按下和松开键盘上的某个键时，将触发 KeyPress 事件。但对于控制键，KeyPress 事件只识别 Enter（ASCII 码为 13），TAB（ASCII 码为 9）和 BackSpace（ASCII 码为 8）键。其语句格式为：

```
Private Sub Object_KeyPress(KeyAscii As Integer)
        ......
End Sub
```

其中，KeyAscii 参数是所按键的 ASCII 码。在处理标准 ASCII 字符时，应使用 KeyPress 事件。

【例 7.6】在输入时将文本框 Text1 中的所有字符都强制转换为大写字符。

```
Private Sub Text1_KeyPress(KeyAscii As Integer)
    KeyAscii = Asc(UCase(Chr(KeyAscii)))
End Sub
```

KeyAscii 参数返回对应于 ASCII 字符代码的整型数值。上述过程用 Chr 将 ASCII 字符代码转换成对应的字符，然后用 Ucase 将字符转换为大写，并用 Asc 将结果转换回字符代码。

【例 7.7】用 KeyAscii 确定文本框 Textl 中输入的是否是大写字母。

```
Private Sub Text1_KeyPress(KeyAscii As Integer)
    If Not (KeyAscii >= 65 And KeyAscii <= 90) Then
        KeyAscii = 0
        MsgBox "请输入大写字母"
    End If
End Sub
```

2. KeyDown 和 KeyUp 事件

KeyUp 和 KeyDown 事件报告键盘本身准确的物理状态：按下键（KeyDown）及松开键（KeyUp）。与此成对照的是，KeyPress 事件并不直接地报告键盘状态——它只提供键所代表的字符，而不识别键的按下或松开状态。换言之，KeyDown 和 KeyUp 事件返回的是"键"，而 KeyPress 事件返回的是"字符"的 ASCII 码。如表 7.7 所示，提供下列两个参数返回输入字符的信息。

其语句格式为：

```
Private Sub Object _KeyDown(KeyCode As Integer, Shift As Integer)
    ……
End Sub

Private Sub Object _KeyUp(KeyCode As Integer, Shift As Integer)
    ……
End Sub
```

表 7.7　　　　　　　　　　　　　　KeyDown 和 Keyup 事件的参数

参数	描述
KeyCode	指示按下的物理键。这时将 "A" 与 "a" 作为同一个键返回。它们具有相同的值。但是请注意，键盘上的 "1" 和数字小键盘 "1" 被作为不同的键返回，尽管它们生成相同的字符
Shift	指示 Shift 键、Ctrl 键和 Alt 键的状态。只有检查此参数，才能判断输入的是大写字母还是小写字母

（1）Keycode 参数。

Keycode 参数通过 ASCII 值或键代码常数来识别键。字母键的键代码与此字母的大写字符的 ASCII 值相同。所以 "A" 和 "a" 的 Keycode 都是由 Asc("A") 返回的数值。

【例 7.8】用 KeyDown 事件判断文本框 Textl 中是否按下了 "A" 键。

```
Private Sub Text1_KeyDown(KeyCode As Integer, Shift As Integer)
    If KeyCode = vbKeyA Then MsgBox "你按下了A键!"
End Sub
```

按下 Shift+ "A" 或只按下 "A" 后，都将显示消息框。为判断按下的字母是大写还是小写需使用 Shift 参数（下面讨论）。

KeyDown 和 KeyUp 事件可识别标准键盘上的大多数控制键。其中包括功能键（F1~F16）、编辑键（Home，PageUp，Delete 等）、定位键（Right，Left，Up 和 Down Arrow）和数字小键盘上的键。可以通过键代码常数或相应的 Ascii 值检测这些键。

【例 7.9】用 KeyDown 事件判断 Text1 中是否按下了 Home 键。

```
Private Sub Text1_KeyDown(KeyCode As Integer, Shift As Integer)
    If KeyCode = vbKeyHome Then MsgBox "你按下了 Home 键!"
End Sub
```

（2）Shift 参数。

键盘事件使用 Shift 参数的方式见表 7.4。与鼠标事件所用方式相同——将它作为代表 Shift，Ctrl 和 Alt 键的整数值或常数。可将 KeyDown 与 KeyUp 事件及 Shift 参数一同使用，以区分字符的大小写或检测多种鼠标状态。

【例 7.10】以例 7.7 为基础，假设现在键盘输入状态为小写状态，可用 Shift 参数判断是否按下了字母的大写形式。

```
Private Sub Text1_KeyDown(KeyCode As Integer, Shift As Integer)
    If KeyCode = vbKeyA And Shift = 1 Then MsgBox "你按下了大写 A 键"
End Sub
```

与鼠标事件相似，KeyUp 和 KeyDown 事件可将 Shift 键、Ctrl 键和 Alt 键作为单个个体来检测，也可作为组合键检测。

本章小结

本章简要介绍了 Visual Basic 编程时常见的鼠标与键盘事件。鼠标与键盘作为计算机中最为重要的输入设备，对其事件的捕获是获取用户输入内容的重要手段。通过编程可实现键盘的 3 个控制键（Ctrl、Alt、Shift）与鼠标的联合操作，如按下 Ctrl 键时移动鼠标或单击左键，常常只需要编写 MouseMove 或 MouseDown 事件，在代码中使用 Shift 参数即可。当按下键盘并放开，键盘 KeyDown、KeyUp、KeyPress3 个事件都将被触发，可以根据要求来选择编写事件代码。

习 题 7

一、单项选择题

1. 用户单击鼠标左键，触发下列哪项事件_____。

    A. Click   B. DblClick   C. MouseMove   D. MouseDown

2. 在窗体 MouseUp 事件中有下列程序代码。

```
Select Case Button
        Case 1
            Print "ok!"
        Case 2
            Print "Hello!"
        Case 4
            Print "Welcome!"
End Select
```

运行此程序，当单击鼠标右键时，窗体显示_____。

A. Ok!　　　　　　B. Hello!　　　　　C. Welcome!　　　　D. 全都显示

3. 在鼠标和键盘事件中，同时按 Shift 和 Alt 键时，Shift 的值是_____。

    A. 2　　　　　　　B. 4　　　　　　　　C. 5　　　　　　　D. 6

4. 下列哪一个键，KeyPress 事件无法检测出_____。

    A. a　　　　　　　B. Enter　　　　　　C. PAGEUP　　　　D. BACKSPACE

5. 下列说法正确的一项是_____。

    A. Keyascii 和 KeyCode 参数均不区分大键盘上和数字键盘上的相同数字键。

    B. Keyascii 和 KeyCode 参数均区分大键盘上和数字键盘上的相同数字键。

    C. KeyAscii 区分大键盘上和数字键盘上的相同数字键，而 KeyCode 不区分。

    D. KeyCode 区分大键盘上和数字键盘上的相同数字键，而 KeyAscii 不区分。

6. 在程序代码中将命令按钮 Command1 的属性设置成手动拖放模式，代码是_____。

    A. Command1.DragMode=1　　　　　　B. Command1.DragMode=True

    C. Command1.DragIcon=0　　　　　　　D. Command1.DragMode=0

7. 在 DragDrop 事件的过程中，提供了几个参数_____。

    A. 2　　　　　　　B. 3　　　　　　　　C. 4　　　　　　　D. 5

8. Commnd1.Drag 2 的含义是_____。

    A. 取消命令按钮拖放但不发出 DragDrop 事件

    B. 结束命令按钮拖放同时发出 DragDrop 事件

    C. 允许拖放命令按钮

    D. 以上说法都不对

9. 在文本框 Text1 的 KeyPress 事件中有如下代码。

```
Private Sub Text1_KeyPress(KeyAscii As Integer)
   If KeyAscii>=48 AND KeyAscii<=57 Then
     KeyAscii=0
    MsgBox"请输入数字"
   End if
End Sub
```

若在文本框内键入 ab12 时，当键入哪一个字符后，会出现信息框_____。

    A. 输完字母 a　　　B. 输完字母 b　　　C. 输完数字 1　　　D. 全部输完后

10. 在 DragDrop 事件中，下列哪一项控件不能被拖动_____。

    A. Text　　　　　　B. Label　　　　　　C. Command　　　　D. Shape

二、填空题

1. 移动鼠标，连续触发_____事件。

2. 按下鼠标，则触发_____事件。

3. 单击鼠标左键，在相应事件中 Button 变量的取值是_____。

4. 在 MouseDown 事件中，当 Shift 变量值取 2 时，表明是按_____键产生的。

5. 在 MouseDown 事件中，参数 X、Y 的含义是_____。

6. KeyPress 事件中，能够识别的控制键是_____，_____，_____。

7. 在 KeyPress 事件中，KeyAscii 参数的含义是_____。

8. 在 KeyDown 和 KeyUp 事件中，KeyCode 参数的含义是_____。

9. 指定拖动控件显示的图标的属性是_____。

10. 允许改变控件位置的方法是_____，将控件移动到鼠标指定位置上的方法是_____。

11. 下面程序是由鼠标事件在窗体上画图，如果按下鼠标将可以画图，双击窗体可以清除所画图形。补充完整下面的程序。

首先在窗体层定义如下变量。

```
Dim PaintStart As Boolean
```

编写如下事件过程。

```
Private Sub Form_Load()
    DrawWidth=2
    ForeColor=vbGreen
End Sub
Private Sub Form_MouseDown(Button As Integer, Shift As Integer, X As Single, Y As Single)
    _____
End Sub
Private Sub Form_MouseMove(Button As Integer, Shift As Integer, X As Single, Y As Single)
    If PaintStart Then
      PSet (X, Y)
    End If
End Sub
Private Sub Form_MouseUp(Button As Integer, Shift As Integer, X As Single, Y As Single)
    _____
End Sub
Private Sub Form_DblClick()
    _____
End Sub
```

12. 把窗体的 KeyPreView 属性设置为 True，并编写如下两个事件过程。

```
Private Sub Form_KeyDown(KeyCode As Integer, Shift As Integer)
    Print KeyCode
End Sub
Private Sub Form_KeyPress(KeyAscii As Integer)
    Print KeyAscii
End Sub
```

程序运行后，如果按下 B 键，则在窗体上输出的数值是_____和_____。

13. 在 KeyPress 事件过程中，KeyAscii 是所按键的_____值。

14. 在窗体上画两个文本框，其名称分别为 Name1 和 PassWord1，然后编写如下事件过程。

```
Private Sub Form_Load()
    Show
    Name1.Text=""
    Password1.Text=""
    Password1.SetFocus
End Sub
Private Sub Password1_KeyDown(KeyCode As Integer, Shift As Integer)
    Name1.Text=Name1.Text + Chr(KeyCode - 3)
End Sub
```

程序运行后，如果在 Password1 中输入"hit"，则在 Name1 文本框中显示的内容是_____。

15. 在菜单编辑器中建立一个菜单，其主菜单选项的名称为 mnuEdit，Visible 属性为 False。程序运行后，如果用鼠标右键单击窗体，则弹出与 mnuEdit 对应的菜单。以下是实现上述功能的程序，请填空。

```
Private Sub Form_____ (Button As Integer, Shift As Integer, X As Single, Y As Single)
    If Button=2 Then
        _____mnuEdit
```

```
        End If
    End Sub
```

三、判断题

1. 在对象上双击鼠标时，只会触发 DblClick 事件。

2. 用户按下和松开一个字母键时，会触发 KeyDown、KeyPress、KeyUp 等多个事件。

3. 任何时候按下键盘上一个键，将会触发命令按钮的 KeyPress 事件。

4. MouseDown，MouseUp，Click 事件是顺序发生的。

5. 只要将文本框的 DragMode 属性设为 0，就可以将它拖放到另一个地方。

四、程序阅读题

1. 编写如下两个事件过程。

```
Private Sub Form_KeyDown (KeyCode As Integer, Shift As Integer)
    Print Chr(KeyCode)
End Sub
Private Sub Form_KeyPress(KeyAscii As Integer)
    Print Chr(KeyAscii)
End Sub
```

在一般情况下（即不按住 Shift 键和锁定大写键时）运行程序，如果按"A"键，则程序输出的结果是_____。

A. A   B. a   C. A   D. a

    a   A   A   a

2. 设在窗体上有个文本框，然后编写如下的事件过程。

```
Private Sub Text1_KeyDown(KeyCode As Integer, Shift As Integer)
    Const Alt=4
    Const Key_F2=&H71
    altdown%=(Shift And Alt) > 0
    f2down%=(KeyCode=Key_F2)
    If altdown% And f2down% Then
      Text1.Text="BBBBB"
    End If
End Sub
```

上述程序运行后，如果按"Shift+F2"快捷键，则在文本框中显示的是_____。

A. Alt+F2   B. BBBBB

C. 随机出几个数   D. 文本框平均内容无变化

3. 设已经在"菜单编辑器"中设计了窗体的快捷菜单，其顶级菜单为 Bs，取消其"可见"属性，运行时，在以下事件过程中，可以使快捷菜单响应鼠标右键菜单的是_____。

A. Private Sub Form_MouseDown(Button As Integer, Shift As Integer, X As Single, Y As Single)

       If Button=2 Then PopupMenu Bs, 2

    End Sub

B. Private Sub Form_MouseDown(Button As Integer, Shift As Integer, X As Single, Y As Single)

     PopupMenu Bs

    End Sub

C. Private Sub Form_MouseDown(Button As Integer, Shift As Integer, X As Single, Y As Single)

     PopupMenu Bs,0

    End Sub

    D.　Private Sub Form_MouseDown(Button As Integer, Shift As Integer, X As Single, Y As Single)

          If (Button=vbLeftButton) Or (Button=vbRightButton) Then PopupMenu Bs

      End Sub

4. 有如下事件过程，当同时按下转换键 Shift 和功能键 F5 时，其最后输出的信息是_____。

```
Const ShiftKey=1
Const CtrlKey=2
Const Key_F5=&H74
Const Key_F6=&H75
Private Sub Text1_KeyDown(KeyCode As Integer, Shift As Integer)
    If KeyCode=Key_F5 And Shift=ShiftKey Then
        Print "Press Shift+F5"
    ElseIf KeyCode=Key_F6 And Shift=CtrlKey Then
        Print "Press Ctrl+F6"
    End If
End Sub
```

    A.　无任何信息　　　　B.　Press Shift+F5　　C.　Press Ctrl+F6　　　　D.　程序出错

5. 执行下列程序后，鼠标单击窗体，输出结果为_____。

```
Private Sub Form_Click( )
    Print "Click";
End Sub
Private Sub Form_MouseDown(Button As Integer, Shift As Integer, X As Single, Y As Single)
    Print "Donw"
End Sub
Private Sub Form_MouseUp(Button As Integer, Shift As Integer, X As Single, Y As Single)
    Print " Up"
End Sub
```

    A.　DownUpClick　　　B.　ClickDownUp　　C.　DownClickUp　　　D.　UpDownClick

五、编程题

1. 编写程序，在窗体上画线。要求：按住 Ctrl 键在鼠标左键按下时 y 坐标点和鼠标放开时 y 坐标点之间画线（画线命令 Line(x1,y1)-(x2,y2)）。

2. 编写程序，窗体初始界面如图 7.2（a），当鼠标移至命令按钮，并按住左键不放，界面如图 7.2（b），标签提示出现释放左键又恢复图 7.2（a）界面（图像自己选择）。

图 7.2 （a）图

图 7.2 （b）图

第 8 章
文件处理

本章介绍了文件的概念和分类，阐述了顺序文件、随机文件、二进制文件的技术处理手段和部分操作文件常用的语句和函数，并详细介绍了文件系统控件的使用。

8.1　文件系统控件

文件系统控件的作用是显示出关于驱动器、目录和文件的信息，并从中选择以便执行进一步的操作。VB 提供了 3 种文件系统控件：驱动器列表框（DriveListBox）、目录列表框（DirListBox）和文件列表框（FileListBox）。利用它们的组合可以设计出各种处理文件的对话框。

8.1.1　驱动器列表框

驱动器列表框的外观与组合框相似，它提供一个下拉式驱动器清单，可以显示当前系统中所有有效磁盘驱动器。它有一个在设计模式下不可用的 Drive 属性，用来判断用户在驱动器列表框中选择的驱动器名称。使用 ChDrive 语句可以将用户选定的驱动器设为当前驱动器。例如：

```
ChDrive Drive1.Drive
ChDrive"D"                          '将 D 盘设为当前驱动器
```

驱动器的常用事件是 Change 事件。当 Drive 属性发生改变时，就会发生 Change 事件。

8.1.2　目录列表框

目录列表框的作用是显示当前磁盘驱动器的目录。它有一个在设计模式下不可用的 Path 属性，用来读取或指定当前工作目录。如：

```
Dir1.Path = Drive1. Drive        '将用户在驱动器列表框中选取的驱动器设为当前工作目录
Dir1.Path = "c:\windows"         '将当前目录设为 c:\windows
```

目录列表框的常用事件也是 Change 事件。

8.1.3　文件列表框

文件列表框的作用是显示当前目录的文件名。文件列表框的常用属性有：Path，Pattern 和 FileName。Path 属性用来指定文件列表框中被显示文件的目录；Pattern 属性用来限定文件列表框中显示文件的类型；FileName 属性的值是用户在文件列表框中选定的文件名。

文件列表框中常用事件是 Click 事件和 DblClick 事件。

下面通过一个具体实例来说明 3 个列表框的使用。

【**例 8.1**】设计一图形浏览器，界面如图 8.1 所示。要求编写代码使得驱动器列表框 Drive1、目录列表框 Dir1 和文件列表框 File1 同步工作；文件列表框中显示扩展名为 bmp，gif，jpg，wmf 的图形文件；当单击文件列表框中的某个图形文件时，窗体上的图片框 Picture1 中就显示出该图片。

（1）新建一工程，如图 8.1 所示，在窗体上添加一驱动器列表框 Drive1、一目录列表框 Dir1、一文件列表框 File1 和一图片框 Picture1。

（2）编写驱动器列表框 Drive1 的 Change 事件过程，使得驱动器列表框 Drive1 与目录列表框 Dir1 同步。

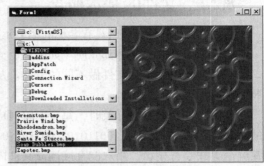

图 8.1　例题 8.1 运行界面

```
Private Sub Drive1 _ Change ( )
     Dir1 . Path = Drive1 . Drive
End Sub
```

为了防止错误可以使用如下语句。

```
Private Sub Drive1_Change( )
    On Error GoTo 10
    Dir1.Path = Drive1.Drive
    Exit Sub
10: MsgBox "驱动器中没有磁盘"
End Sub
```

程序运行时，如果用户在驱动器列表框中选择了新的驱动器，就会发生 Change 事件，从而触发上述过程，该过程把驱动器列表框的 Drive 属性赋值给目录列表框的 Path 属性，使得两者同步。如当驱动器列表框 Drive1 中的当前驱动器由"D:\"变为"C:\"时，目录列表框 Dir1 中的内容也相应发生变化，显示 C:\盘上的目录结构。

（3）编写目录列表框 Dir1 的 Change 事件过程，使得目录列表框 Dir1 与文件列表框 File1 同步。

```
Private Sub Dir1 _ Change ( )
     File1 . Path = Dir1 . Path
End Sub
```

该过程把目录列表框的 Path 属性赋值给文件列表框的 Path 属性，使得两者同步。

（4）编写窗体装载事件过程，用文件列表框的 **Pattern** 属性来限制文件列表框显示文件的类型。

```
Private Sub Form_Load( )
     File1.Pattern = "*.gif;*.bmp;*.jpg;*.wmf"
End Sub
```

执行该过程后，文件列表框中只显示扩展名为"bmp"、"gif"、"jpg"、"wmf"的文件。注意代码中，两种扩展名字符之间是用";"隔开的。

（5）编写文件列表框的单击事件过程，在图片框中显示指定的图片。

```
Private Sub File1_Click( )
    If Right$(File1.Path, 1) = "\" Then
        Picture1.Picture = LoadPicture(File1.Path + File1.FileName)
    Else
        Picture1.Picture = LoadPicture(File1.Path + "\" + File1.FileName)
    End If
End Sub
```

程序启动后，用户在文件列表框中点击某个图形文件，就会触发上述过程，该过程把指定的图形显示在图片框中。

8.2　文件的基本概念及访问类型

8.2.1　文件的基本概念

所谓"文件"是指一组具有名称的相关元素（数据）的集合。这个元素集合的名称叫做文件名。文件通常是驻留在外部介质（如磁盘、光盘）上的，在使用时才调入内存。

从不同的角度可对文件做不同的分类。从文件编码的方式来看，文件可分为文本文件和二进制文件两种。

文本文件在磁盘中存放时，每个字符对应一个字节，用于存放对应的 ASCII 码。例如 5678 的 ASCII 码存储形式为：00110101 00110110 00110111 00111000，共占用 4 个字节。文本文件可在屏幕上按字符显示，用户能直接读懂文件内容。

二进制文件是按二进制编码的方式来存放文件的。二进制文件不仅能存取 ASCII 文件，而且能存取非 ASCII 文件，文件的内容虽然可在屏幕上显示，但其内容无法直接读懂。

8.2.2　文件访问类型

当应用程序访问一个文件时，必须根据文件元素所表示的类型（字符、数据记录、整数、字符串，等等），使用合适的文件访问类型。在 Visual Basic 中，有 3 种文件访问的类型，如下所述。

（1）顺序型，适用于文本文件。

（2）随机型，适用于有固定长度记录结构的文本文件或者二进制文件。

（3）二进制型，适用于任意有结构的文件。

顺序访问主要是用于文本文件的操作。文件中每一个字符都被假设为代表一个文本字符或者文本格式序列（如换行符）。数据被存储为 ANSI 字符。

随机访问主要是用于由相同长度记录集合组成。可用用户定义的类型来创建由各种各样的字段组成的记录，每个字段可以有不同数据类型。数据作为二进制信息存储。

二进制访问允许使用文件来存储所希望的数据。除了没有数据类型或者记录长度的含义之外，它与随机访问很相似。

8.3　顺序型访问

当要处理只包含文本的文件，即文本文件时，使用顺序型访问最好。

8.3.1　打开顺序访问文件

当以顺序型访问打开一个文件时，可执行以下操作。

（1）从文件输入字符（Input）。

（2）向文件输出字符（Output）。

（3）把字符加到文件（Append）。

要用顺序型访问方式打开一个文件，Open 语句的格式为：

```
Open pathname For [Inpu l Output l Append] As # filenumber [Len = buffersize]
```

其中，Open 是命令动词，指明这条语句的功能是打开文件；pathname 是字符串表达式，指出要打开的文件名，该文件名可能包括目录、文件夹及驱动器。For 是指明打开的用途，可以是 Input（输入）、Output（输出）或 Append（追加）等。As 指明打开文件的文件号 filenumber，其范围在 1 到 511 之间，使用 FreeFile 函数可得到下一个可用的文件号；buffersize 可选，是小于或等于 32767（字节）的一个数，表示缓冲字符数。

例如，下面这条语句是打开当前目录下的文件 Test.Dat 用来读入，文件号为 1。

```
Open " Test.Dat" For Input As #1
```

当打开顺序文件作为 Input 时，该文件必须已经存在，否则，会产生一个错误。然而，当打开一个不存在的文件作为 Output 或 Append 时，Open 语句首先创建该文件，再打开它。

当在文件与程序之间复制数据时，选项 Len 参数指定缓冲区的字符数。

在打开一个文件 Input，Output 或 Append 以后，在为其他类型的操作重新打开它之前必须先使用 Close 语句关闭它。

8.3.2　编辑顺序型访问打开的文件

如果要编辑一个顺序型访问打开的文件，先把它的内容读入到程序变量，然后改变这些变量，最后把这些变量写回到该文件。下面讨论如何编辑以顺序型访问打开的文件。

1．读操作

读顺序文件的语句和函数有 3 种。

（1）Input#文件号，变量列表。使用该语句将从文件中读出数据，并将读出的数据分别赋予指定的变量。为了能够用 Input#语句将文件中的数据正确读出，在将数据写入文件时，要使用 Write#语句而不是使用 Print#语句，因为 Write#语句能够将各个数据项正确地区分开。

（2）Line Input#文件号，字符串变量。使用该语句可以从文件中读出一行数据，并将读出的数据赋予指定的字符串变量。读出的数据中不包含回车符及换行符。

（3）Input$（读取的字符数，#文件号）。调用该函数可以读取指定数目的字符。

其他的与文件（包括随机文件，二进制文件）操作有关的重要函数和语句有 4 个：LOF()函数、EOF()函数、Seek()函数和 Seek 语句。

① LOF()函数。LOF()函数将返回文件的字节数。例如，LOF（1）返回#1 文件的长度，如果返回 0，则表示该文件是一个空文件。

② EOF()函数。EOF()函数将返回一个表示文件指针是否到达文件末尾的值。当到文件末尾时，EOF()函数返回 True，否则返回 False。对于顺序文件用 EOF()函数可以测试是否到文件末尾。对于随机文件和二进制文件，当最近一个执行 Get 语句无法读到一个完整记录时返回 True，否则返回 False。

③ Seek()函数。Seek()函数返回当前的读/写位置，返回值的类型是 Long。其使用形式如下。

```
Seek（文件号）
```

④ Seek 语句。Seek 语句设置下一个读/写操作的位置。其使用形式如下。

```
Seek[#] 文件号，位置
```

对于随机文件来说，"位置"是指记录号。

【例 8.2】编程逐行读取文件 Test.Dat 的内容并将其打印在调试窗口。

```
Dim strLines As String, strNextLine As String
Open " Test.Dat" For Input As #1    '设 Text1.Dat 文件存在
Do Until EOF(1)    '循环直到文件结束
    Line Input #1, strNextLine '从文件读取一行内容到变量 strNextLine
```

```
        strLines = strLines + strNextLine + Chr(13) + Chr(10)
    Loop
    Debug.Print strLines
    Close #1
```

Line Input#语句是读取一行内容，当碰到回车换行时结束，当它把该行读入变量时，不包括回车换行。如果要保留该回车换行，代码必须添加 Chr（13）+Chr（10）。

在例 8.2 中，也可以使用 Input 函数从文件向变量拷贝任意数量的字符，所给的变量大小应足够大。将例 8.2 改写如下。

```
Dim strLines As String
Open Test.Dat For Input As #1
    strLines = Input(LOF(1), 1)
    Debug.Print strLines
Close #1
```

它使用 Input()函数把整个文件一次拷贝到变量中。

在读取文件内容时，还可以使用 Input#语句，它读取文件中所写的一列数字或字符串表达式。例如，一个邮件列表包含若干行，每行包括姓名、街道、城市、省、邮编。要从这个邮件列表文件中读取一行，可使用以下语句。

```
Dim 姓名$, 街道$, 城市$, 省$, 邮编$
Input#文件号, 姓名, 街道, 城市, 省, 邮编
```

2．写操作

将数据写入磁盘文件所用的命令是 Write#或 Print#命令。其形式如下。

（1）Print #文件号，[输出列表]。"输出列表"是指 [{Spc（n）|Tab [（n）] }] [表达式列表 [;|,]。

【例 8.3】利用 Print #1 语句把数据写入文件。示例程序如下。

```
Open "TESTFILE" For Output As 1          '打开文件供输出
    Print #1, "This is a test"            '输出一行内容
    Print #1,                             '输出一个空行
    Print #1, "Zone 1"; Tab; "Zone 2"     '在两个打印区中输出
    Print #1, "Hello"; " "; "World"       '用空格分隔字符串
    Print #1, Spc(5); "5 leading spaces"  '先输出 5 个前导空格，再输出字符串
    Print #1, Tab(10); "Hello"            '在第 10 列上输出字符串
Close #1                                  '关闭文件
```

在实际应用中，经常要把一个文本框的内容以文件的形式保存在磁盘上，有下列两种方法。这里假定文本框的名称为 Text1，文件名为 Test.dat。

● 方法一：把整个文本框的内容一次性地写入文件。程序如下。

```
Open "Test.dat" For Output As 1
    Print #1, Text1.Text
Close #1
```

● 方法二：把整个文本框的内容一个字符一个字符地写入文件。程序如下。

```
Open Test.dat For Output As 1
    For I = 1 To Len(Text1.Text)
        Print #1, Mid(Text1.Text, I, 1);
    Next I
Close #1
```

（2）Write #文件号，[输出列表]。"输出列表"是指 "，" 分隔的数值或字符串表达式。Write#的功能基本上与 Print#语句相同，区别在于 Write #是以紧凑格式存放，即在数据项之间插入 "，"，

并给字符串加上双引号。例如语句：

```
Write #1, "One", "Two", 123
```

就把以字符"One"、"Two"和数值 123 写入到文件中。

3. 应用举例

【例 8.4】一个记事本的制作。

分析：

（1）在 VB 菜单中选择"新建工程"。

（2）在窗口上布置一个文本框控件，如图 8.2 所示。属性设置如表 8.1 所示。

图 8.2　简单记事本

表 8.1　　　　　　　　　　　　　文本框属性设置

属性	值
Multiline	True
ScollBars	3-Both
Text1	（置空）

（3）放置一个"通用对话框"控件在窗口上。若现有工具箱中没有"通用对话框"，在"工程"菜单选项下的"部件"中引用"Microsoft Common Dialog Control 6.0"。

（4）打开菜单编辑器，设计如表 8.2 所示的菜单。

表 8.2　　　　　　　　　　　　例 8.4 菜单属性设置

标题	名称	快捷键
文件（&F）	mnu1	
....打开文件（&O）	mnu11	Ctrl+O
.... 另存新文件（&A）	mnu12	Ctrl+S
....-	Line1	
....结束（&X）	mnu13	
编辑（&E）	mnu2	
....剪切（&T）	mnu21	Ctrl+X
....复制（&C）	mnu22	Ctrl+C
....粘贴（&P）	mnu23	Ctrl+V
字体（&F）	mnu3	
....粗体（&B）	mnu31	
....斜体（&I）	mnu32	
....底线（&U）	mnu33	
....删除线（&S）	mnu34	
....-	Line2	
.... 大小	mnu35	
.... 9	mnu351	
........12	mnu352	
........16	mnu353	
........20	mnu354	

（5）编写程序代码。

① 双击窗口，打开编辑器。在通用事件中加入下面代码。

```
Dim Padtext As String '定义变量
```

② 在窗体的 Load 事件中，将菜单"大小"中的选项"9"设为默认选项，代码如下。

```
Private Sub Form_Load( )
    mnu351.Checked = True
End Sub
```

③ 设置"各个菜单项"的 Click 事件，代码如下。

```
Private Sub mnu11_Click( )    '打开文件
    Dim strAllText As String
    CommonDialog1.Filter = "文本文件(*.txt)|*.txt"
    CommonDialog1.ShowOpen
    If CommonDialog1.FileName <> "" Then
        Text1.Text = ""
        Open CommonDialog1.FileName For Input As #1
        Do While Not EOF(1)
            Line Input #1, strAllText
            Text1.Text = Text1.Text & strAllText & Chr(13) & Chr(10)
        Loop
        Close #1
    End If
End Sub

Private Sub mnu12_Click( )
    CommonDialog1.Filter = "文本文件(*.txt)|*.txt"
    CommonDialog1.ShowSave
    If CommonDialog1.FileName <> "" Then
        Open CommonDialog1.FileName For Output As #1
            Print #1, Text1.Text
        Close #1
    End If
End Sub

Private Sub mnu13_Click( )
    End
End Sub

Private Sub mnu21_Click( )
    Padtext = Text1.SelText
    Text1.SelText = ""
    Text1.SetFocus
End Sub

Private Sub mnu22_Click( )
    Padtext = Text1.SelText
End Sub

Private Sub mnu23_Click( )
    Text1.SelText = Padtext
End Sub

Private Sub mnu31_Click( )
    mnu31.Checked = Not mnu31.Checked
    Text1.FontBold = mnu31.Checked
```

```
End Sub

Private Sub mnu32_Click( )
    mnu32.Checked = Not mnu32.Checked
    Text1.FontItalic = mnu32.Checked
End Sub

Private Sub mnu33_Click( )
    mnu33.Checked = Not mnu33.Checked
    Text1.FontUnderline = mnu33.Checked
End Sub

Private Sub mnu34_Click( )
    mnu34.Checked = Not mnu34.Checked
    Text1.FontStrikethru = mnu34.Checked
End Sub

Private Sub mnu351_Click( )
    mnu351.Checked = True
    mnu352.Checked = False
    mnu353.Checked = False
    mnu354.Checked = False
    Text1.FontSize = 9
End Sub

Private Sub mnu352_Click( )
    mnu351.Checked = False
    mnu352.Checked = True
    mnu353.Checked = False
    mnu354.Checked = False
    Text1.FontSize = 12
End Sub

Private Sub mnu353_Click( )
    mnu351.Checked = False
    mnu352.Checked = False
    mnu353.Checked = True
    mnu354.Checked = False
    Text1.FontSize = 16
End Sub

Private Sub mnu354_Click( )
    mnu351.Checked = False
    mnu352.Checked = False
    mnu353.Checked = False
    mnu354.Checked = True
    Text1.FontSize = 20
End Sub
```

④ 运行程序。打开一个文本文件，并选择"字体"下的"粗体"选项。

8.4 随机型访问

随机型访问文件中的元素是记录，每个记录包含一个或多个字段。具有一个字段的记录对应于任一标准类型（如整数或者定长字符串），具有多个字段的记录对应于用户定义类型。例如，下面所定义的 Student 类型创建由 3 个字段组成的 19 个字节的记录。

```
Type Student
    学号 As String * 7
    姓名 As String * 10
    性别 As String * 2
End Type
```

8.4.1　声明变量

在应用程序打开以随机型访问的文件以前，应先声明所有用来处理该文件数据所需的变量。这包括用户定义类型的变量（它对应该文件中的记录）和标准类型的其他变量，这些变量保存为随机型访问而打开的文件，以及处理相关的数据。

8.4.2　定义记录类型

在打开一个文件进行随机访问之前，应定义一个类型，该类型对应于该文件包含或将包含的记录。例如，一个职员记录文件可定义一个称为 Person 的用户定义的数据类型，如下所示。

```
Type Person
    ID As Integer
    MonthlySalary As Currency
    LastReviewDate As Long
    Name As String * 15
    Title As String * 15
    ReviewComments As String * 150
End Type
```

1. 在类型定义中声明字段变量

因为随机访问文件中的所有记录长度都必须相同，所以对用户定义类型中的各字符串元素通常应该是固定长度，就像以上的 Person 类型说明中所示的一样，Name 具有 15 个字符的固定长度，Title，ReviewComments 的长度均固定。

如果实际字符串包含的字符数比它写入的字符串元素的固定长度少，则 Visual Basic 会用空白（字符代码 32）来填充记录中后面的空间；如果字符串比字段的长度长，则它就会被截断。如果使用长度可变的字符串，则任何用 Put 存储的或用 Get 检索的记录总长度都不能超过在 Open 语句的 Len 分句中所指定的记录长度。

2. 声明其他变量

在定义与典型记录对应的类型以后，应接着声明程序需要的任何其他变量，用来处理作为随机访问而打开的文件。例如：

```
Public Employee As Person              '记录变量
Public ingPosition As Long             '跟踪当前记录
Public ingLastRecord As Long           '文件中最后那条记录的编号
```

8.4.3　打开随机访问的文件

要用随机型访问方式打开文件，Open 语句的格式为：

```
Open pathname [For Random] As filenumber Len = reclength
```

因为 Random 是默认的访问类型，所以 For Random 关键字是可选项。

　　表达式 Len=reclength 指定了每个记录的尺寸。如果 redength 比写文件记录的实际长度短，则会产生一个错误。如果 reclength 比记录的实际长度长，则记录可写入，只是会浪费一些磁盘空间。

　　例如，可用以下代码打开：

```
Dim intFileNum As Integer, lngRecLength As Long, Employee As Person
'计算每条记录的长度
lngRecLength = Len(Employee)
'取出下一个可用文件编号
intFileNum = FreeFile
'用 Open 语句打开新文件
Open "MYFILE.FIL" For Random As intFileNum Len = lngRecLength
```

8.4.4　编辑随机型访问打开的文件

　　如要编辑随机型访问打开的文件，应先把记录从文件读到程序变量中，然后改变各变量的值，最后，把变量写回该文件。后面各节讨论如何编辑为随机型访问打开的文件。

　　1. 把记录读入变量

　　使用 Get 语句把记录复制到变量。例如，要把一个记录从雇员记录文件拷贝到 Employee 变量，可使用以下代码。

```
Get intFileNum , lngPosition , Employee
```

　　在这行代码中，intFileNum 是已打开文件的文件号，lngPosition 包含要拷贝的记录数；而 Employee 声明为用户定义类型 Person，它用来接收记录的内容。

　　2. 把变量写入记录

　　使用 Put 语句把记录添加或者替换到随机型访问打开的文件。

　　（1）替换记录。要替换记录，应使用 Put 语句，指定想要替换的记录位置，例如：

```
Put #intFileNum, lngPosition, Employee
```

　　这个代码将用 Employee 变量中的数据来替换由 lngPosition 所指定的编号的记录。

　　（2）添加记录。要向随机访问打开的文件的尾端添加新纪录，应使用前述代码段中所示的 Put 语句。把 lngPosition 变量的值设置为比文件中的记录数多 1。例如，要在一个包含 5 个记录的文件中添加一个记录，把 lngPosition 设置为 6。

　　下述语句把一个记录添加到文件的末尾。

```
lngLastRecord = lngLastRecord + 1
Put #intFileNum, lngLastRecord, Employee
```

　　【例 8.5】 本程序使用自定义数据类型对随机文件进行读写，运行界面如图 8.3 所示。

　　编写程序代码如下所示。

```
Option Explicit
Private Type student
    strname As String * 8
    xuehao As String * 8
    blnsex As Boolean
    zongp As String * 8
End Type
Private lnglastrecord As Long

Private Sub Command1_Click( )
    Dim stu As student
```

图 8.3　例题 8.5 运行界面

```
        Open "C:\student.dat" For Random As #1 Len = Len(stu)
            stu.strname = Text1.Text
            stu.xuehao = Text2.Text
            If Combo1.Text = "男" Then stu.blnsex = True Else stu.blnsex = False
            stu.zongp = Text3.Text
            lnglastrecord = lnglastrecord + 1
            Put #1, lnglastrecord, stu
        Close #1
    End Sub

    Private Sub Command2_Click( )
        Dim stu As student
        Open "C:\student.dat" For Random As 1 Len = Len(stu)
            lnglastrecord = lnglastrecord + 1
            Get #1, lnglastrecord, stu
            Text1.Text = stu.strname
            If stu.blnsex Then Combo1.Text = "男" Else Combo1.Text = "女"
            Text2.Text = stu.xuehao
            Text3.Text = stu.zongp
        Close #1
    End Sub

    Private Sub Command3_Click( )
        End
    End Sub

    Private Sub Form_Load( )
        Combo1.AddItem "男"
        Combo1.AddItem "女"
    End Sub
```

8.5   二进制型访问

二进制访问模式与随机访问模式类似，读写语句也是 Get 和 Put，区别在于二进制模式的访问单位是字节，而随机模式的访问单位是记录。

在二进制访问模式中，可以把文件指针移到文件的任何地方。文件刚刚被打开时，文件指针指向第一个字节，以后将随着文件处理命令的执行而移动。二进制文件与随机文件一样，文件一旦打开，就可以同时进行读写。

下面将结合一个实例说明二进制访问模式。

【例8.6】编写一个复制文件的程序。

程序如下所示。

```
    Dim char As Byte
    Dim FileNum1 As Integer, FileNum2 As Integer
    FileNum1 = FreeFile
    Open "C:\Student.dat" For Binary As #FileNum1
        FileNum2 = FreeFile
        Open "C:\Student.bak" For Binary As #FileNum2
        Do While Not EOF(FileNum1)
```

```
        Get #FileNum1, , char
        Put #FileNum2, , char
    Loop
    Close #FileNum1
Close #FileNum2
```

本章小结

　　程序运行时对原始数据、中间结果、最终结果的存储基本上采用数据库和文件。文件由于其灵活、高效性，是程序设计不可缺少的环节，掌握文件的操作是非常必要的。

习　题　8

一、单项选择题

1. 下面对语句 Open "Rizhi.dat" For Output As #l 功能说明中错误的是_____。
   A. 以顺序输出模式打开文件"Rizhi.dat"
   B. 如果文件"Rizhi.dat"不存在，则建立一个新文件
   C. 如果文件"Rizhi.dat"已存在，则打开该文件，新写入的数据将添加到该文件尾
   D. 如果文件"Rizhi.dat"已存在，则打开该文件，新写入的数据将覆盖原有的数据

2. 下面几个关键字均表示文件打开方式，只能进行读不能写的是_____。
   A. Input　　　　　B. Output　　　　　C. Random　　　　　D. Append

3. 读随机文件中的记录信息，应使用的语句是_____。
   A. Read　　　　　B. Get　　　　　C. Input#　　　　　D. Line Input#

4. 下面不是写文件语句的为_____。
   A. Put　　　　　B. Print #　　　　　C. Write #　　　　　D. Output

5. 执行语句 Open "date.dat" For Random As #1 Len = 50 后，对文件 date.dat 中的数据能够进行的操作是_____。
   A. 只能写不能读　　B. 只能读不能写　　C. 可读也可写　　D. 不能读也不能写

6. 以下哪个不是 VB 的数据文件类型_____。
   A. 顺序文件　　　　B. 随机文件　　　　C. 二进制文件　　　　D. 数据库文件

7. 下列说法错误的是_____。
   A. 当用 Write#语句写顺序文件时，文件必须以 Output 或 Append 方式打开
   B. 当用 Open 语句打开一个文件时，对同一文件可以用几个不同的文件号打开
   C. 用 Output 和 Append 方式打开文件时，不用将文件关闭，就能重新打开
   D. 用 Append 方式打开文件时，进行写操作，写入文件的数据附加到原来文件的后面

8. 改变驱动器列表框的 Drive 属性将触发_____事件。
   A. Click　　　　　B. Change　　　　　C. Keydown　　　　　D. Dblclick

9. 为了使驱动器列表框（Drive1）、目录列表框（Dir1）和文件列表框（File1）同步工作，需_____。

   A. 在 Drivel 的 Change 事件中加入 Dir1. Path = Drive1.Drive，在 Dir1 的 Change 事件中加
     入 File1.Path = Dir1.Path 代码

   B. 在 Drive1 的 Change 事件中加入 Dir1.Path = Drive1.Path，在 Dir1 的 Change 事件中加
     入 File1.Path = Dir1. Drive 代码

   C. 在 Dir1 的 Change 事件中加入 Dir1.Path = Drive1.Drive，在 Drive1 的 Change 事件中加
     入 File1.Path = File1.FileName 代码

   D. 在 Dir1 的 Change 事件中加入 Dirl.Path = Drivel.Drive，在 Drive1 的 Change 事件中加
     入 File1.Path = Dir1.Path 代码

10. 执行语句 File1.Pattern = "*.exe "后，File1 文件列表框中显示_____。

   A. 所有文件   B. 扩展名为.exe 的文件

   C. *.exe 文件   D. 第一个.exe 文件

11. 目录列表框的 Path 属性的功能为_____。

   A. 显示当前驱动器或指定驱动器上的路径

   B. 显示当前驱动器或指定驱动器上某个目录下的文件名

   C. 只显示当前目录下的文件

   D. 显示根目录下的文件

12. 可以判断是否到达文件尾的函数是_____。

   A. BOF   B. LOC   C. EO   D. LOF

13. 下列有关文件的描述正确的是_____。

   A. 向顺序文件中写数据时，必须先打开文件

   B. 对文件进行操作，必须要保证该文件已存在

   C. 顺序文件不是 VB 的文件类型

   D. Seek 函数返回文件的字节数

14. _____不是文件类控件。

   A. Drive List Box 控件   B. Dirlist Box 控件

   C. Filelist Box 控件   D. MsgBox

15. 以下控件具有 FileName 属性的是_____。

   A. 目录列表框   B. 文件列表框

   C. 驱动器列表框   D. 前三者均有

二、程序阅读题

1. 执行下面程序输出结果是_____。

```
Private Sub Command1_Click( )
   Open "d:\zhang.txt" For Output As #1
   Write #1, "welcome to visual basic", Date, Time
   Write #1, "welcome to visual basic", Date, Time
   Write #1, "welcome to visual basic", Date, Time
   Print #1, "welcome to visual basic", Date, Time
   Print #1, "welcome to visual basic", Date, Time
   Print #1, "welcome to visual basic", Date, Time
   Close #1
End Sub

Private Sub Command2_Click( )
```

```
    Dim int01 As Integer
    Dim str01 As String
    Open "d:\zhang.txt" For Input As #1
    For int01 = 1 To 6
        Line Input #1, str01
        Debug.Print str01
    Next
    Close #1
End Sub
```

2. 执行以下程序 Prime.dat 文件中的内容是_____。

```
Private Sub Command1_Click( )
    Dim intnum As Integer, int01 As Integer, int02 As Integer
    Dim flag As Boolean
    Open "d:\prime.dat" For Output As 1
    intnum = 0
    For int01 = 2 To 50
        flag = True
        For int02 = 2 To Sqr(int01)
            If (int01 Mod int02) = 0 Then
            flag = False
            Exit For
            End If
        Next int02
        If flag Then
            intnum = intnum + 1
            Write #1, "第"; intnum; "个数"; int01
            End If
    Next int01
    Close #1
End Sub
```

三、简答题

1. 什么是文件？文件的作用是什么？
2. 文件有哪几种类型？它们的区别是什么？
3. 请说明 Print#和 Write#语句的区别。
4. 请说明 EOF，LOF 和 LOC 3 个函数的功能？
5. 随机文件和二进制文件读写操作有何不同？

四、编程题

1. 在 A:\data 目录下有一个文件 test.dat，文件中存放一个正数。请编写程序，计算该数的阶乘，并将该数的阶乘值追加 test.dat 文件尾。

2. 编写一个程序，将同班同学的通讯地址，写入二进制文件中，程序具有添加和删除功能。

3. 编写一个应用程序，单击"产生"按钮，产生 30 个 1～99 之间的整数，将这些数据写入文件 E:\a.txt，并显示在列表框 List1 中；单击"排序"按钮，将数据从 a.txt 中读出，并按从小到大的顺序显示在列表框 List2 中；单击"写入"按钮，将排序后的数据写入文件 E:\ b.txt 中。程序的运行结果如图 8.4 所示。

图 8.4　应用题第 3 题运行界面

第 9 章
数据库访问技术

数据库的应用无处不在。VB 具有强大的数据库操作功能，提供了包含数据管理器（Data Manager）、数据控件（Data Control）、可视化数据库工具以及 ADO（ActiveX 数据对象）等功能强大的工具。利用 Visual Basic 能够开发各种数据库应用系统，建立多种类型的数据库，并且管理、维护和使用这些数据库。

为了让读者对使用 Visual Basic 访问数据库的方法有一个总体认识，本章给出了一个简易的"学生成绩管理系统"的应用实例，供读者学习参照。读者可以通过上机调试本实例，并进一步完善其功能，从而掌握通过 Visual Basic 访问数据库的方法。

9.1 数据库基础

9.1.1 数据库技术的产生与发展

数据库技术是应数据管理任务的需要而产生的。在日常生活和工作中，人们经常需要对数据进行分类、组织、编码、存储、检索和维护，这就是数据管理。例如，在学生成绩管理中，需要对学生的学号、姓名以及各门课的成绩加以登记、汇总、存档、分类和检索，当有学生插班或退学时，还要对其档案进行更新或删除。

最初的数据管理采用的是人工管理方式，数据的存储结构、存取方法、输入输出方式都需要程序员亲自动手设计，数据管理效率很低。

随着大容量外存储器的出现，专门用于管理数据的软件"文件系统"应运而生，数据可以长期保存，程序员也不必过多考虑物理细节，数据管理的效率有所提高，但还有一个技术问题是文件系统本身无法解决的。这个问题在于：程序与数据相互不独立，数据不能完全独立于程序，一旦数据结构改变，程序也必须随之改变。因此不能充分共享数据，造成数据冗余、存储空间的浪费，而且冗余的数据很难维护，极易造成数据不一致。

20 世纪 60 年代中期出现了数据库技术，解决了这一问题。所谓数据库（DataBase，简称 DB）就是长期存放在计算机内，有组织、可共享的数据集合。一个完整的数据库系统（DataBase System，DBS）由数据库、数据库管理系统（DataBase Management System，DBMS）、数据库应用系统、数据库管理员（DataBase Administrator，DBA）以及用户组成。数据库与计算机系统的关系如图 9.1 所示。

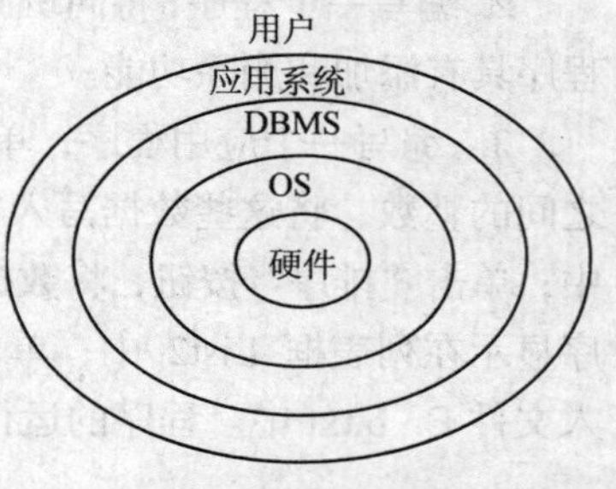

图 9.1 数据库与计算机系统的关系

9.1.2 数据库基本概念

数据模型（Data Model）是数据特征的抽象，是数据库管理的教学形式框架。数据模型所描述的内容包括 3 个部分：数据结构、数据操作、数据约束。根据数据模型，数据库可以分为层次型数据库、网状型数据库和关系型数据库 3 种。关系型数据库建立在严格的数学概念基础上，采用单一的数据结构——关系来描述数据间的联系，还提供了结构化查询语言 SQL 的标准接口，因此具有强大的功能、良好的数据独立性与安全性。目前，关系型数据库已经成为最流行的商业数据库系统，本章所讨论的数据库均为关系型数据库。

下面结合图 9.2 介绍一下关系型数据库的有关概念。

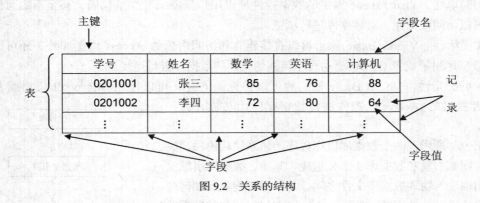

图 9.2 关系的结构

1. 关系（表）

在关系型数据库中，数据以关系的结构组织存储，可以把关系理解成一张二维表（Table）。一个关系数据库可以由一张或多张表组成，每张表都有一个名称，即关系名。

2. 记录（行）

每张二维表均由若干行和列构成，其中每一行称为一条记录（Record）或元组，记录是一组数据项（字段值）的集合，表中不允许出现完全相同的记录，但记录出现的先后次序可以任意。

3. 字段（列）

二维表中的每一列称为一个字段（Field），每一列均有一个名字，称为字段名，各字段名互不相同。列出现的顺序也可以是任意的，但同一列中的数据类型必须相同，且每一列都必须是原子量。

4. 主键

关系中的某一列或若干列的组合能够唯一标识一条记录，则称该列或列的组合为该关系的码，从码中选择一个为该关系的主码（Primary Key），又称为主键。每条记录的主键值是唯一的，这就保证了可以通过主键唯一标识一条记录。

5. 索引

检索数据是对数据库中的数据所做的最频繁的操作。为了提高数据库的访问效率，表中的记录应该按照一定顺序排列，如学生成绩表应按学号排序。但数据库经常要进行更新，如果每次更新都要对表中的数据重新排序，则太浪费时间。为此，通常建立一个较小的表——索引表，该表中只含有索引字段和记录号。通过索引表可以快速地确定要访问记录的位置。

9.1.3 Visual Basic 的数据库应用

从前面的介绍可以看出，一个完整的数据库系统除了包括可以共享的数据库外，还包括用于处理数据的数据库应用系统。习惯上，数据库本身被称为后台，后台数据库通常是若干张表的集合，对于用户而言，它是透明的。而数据库应用系统则被称为前台，它是一个计算机应用程序，通过该程序，可以选择数据库中的数据项，并将所选择的数据项按用户的要求显示出来。它是用户所看到的界面。

Visual Basic 是一个功能强大的数据库开发平台，之所以选择 Visual Basic 作为开发数据库前台应用程序的工具，主要因为 Visual Basic 具有以下优点。

（1）简单性。Visual Basic 提供的数据控件使得用户只需编写少量代码，甚至不编写任何代码，就可以访问数据库，对数据库进行浏览。

（2）灵活性。Visual Basic 除了可以直接建立和访问内部的 Access 数据库外，还可以通过 Access 数据库引擎或者 ODBC 驱动程序与其他类型的数据库进行连接。

（3）可扩充性。Visual Basic 是一种可以扩充的语言，可以使用 Microsoft 公司或者第三方开发者提供的 ActiveX 控件进行数据库应用功能方面的扩充。

如图 9.3 所示，一个数据库应用程序的体系结构由用户界面、数据库引擎和数据库 3 部分组成。其中，数据库引擎位于应用程序与物理数据库文件之间，是一种管理数据如何被存储和检索的软件系统。低版本 Visual Basic 创建的数据访问应用程序使用 Microsoft Access 所使用的 Microsoft Jet 数据库引擎来存储和管理数据，这些应用程序用 Microsoft

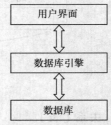

图 9.3　数据库应用程序的体系结构

Data Access Objects（DAO）来对数据进行访问和操作。在 Visual Basic 6.0 中，可以通过 ADO、OLE DB 的接口来轻松地操作多种数据库格式中的数据。由于接口比较复杂，不能在 Visual Basic 中直接访问 OLE DB，而是通过 ActiveX 数据对象（ADO）封装，并且实际上实现了 OLE DB 的所有功能。

一个数据库应用程序的基本工作流程为用户通过用户界面向数据库引擎发出服务请求，再由数据库引擎向数据库发出请求，并将所需的结果返回给应用程序。

9.2　数据库的设计与管理

在进行数据库前台应用程序开发前，首先向读者介绍一些数据库设计与管理方面的知识。

9.2.1　建立数据库

如前所述，Visual Basic 既可使用其他应用程序（如 Orcale，SQL Server，Access，Excel，dBase、FoxPro 等）建立的数据库，也可以直接建立数据库。Visual Basic 提供了两种方法建立数据库，分别是：可视化数据管理器与数据访问对象（DAO）。本节主要介绍如何使用可视化数据管理器建立数据库，数据访问对象的用法将在 9.3 节学习。

使用可视化数据管理器建立的数据库是 Access 数据库（类型名为.mdb），可以被 Access 直接打开和操作。在 Visual Basic 环境下，执行“外接程序”→“可视化数据管理器”菜单命令，即可打开如图 9.4 所示的“可视化数据管理器”窗口。

VisData
文件(F)
窗口(W)
帮助(H)
表类型记录集
动态集类型记录集
快照类型记录集
使用Data的控件
不使用Data的控件
使用DBGrid的控件
待命
用户：admin

图 9.4　“可视化数据管理器”窗口

通过前面的学习知道，一个数据库由一张或多张表组成，所有数据分别均放在表中，建立数据库实际上就是建立构成数据库的表，下面以图 9.2 所示的学生成绩表为例说明如何建立数据表。

1. 确定表结构

首先应给数据表取一个名字，即表名。表名是表的唯一标识，建立表后可以通过表名访问表中数据。

在确定表的结构之前，应先了解表中所要存储的数据，再确定表结构，即表中各字段的名称、类型和长度。

从前面的介绍可以知道，共享数据是使用数据库进行数据管理的一大特色。事实上，在设计表结构时也是以提高共享、减少冗余为目标。

注意　同一个数据表中不能有同名字段。

字段类型有以下几种常用类型，分别是逻辑型（Boolean）、字节型（Byte）、整型（Integer）、长整型（Long）、货币型（Currency）、单精度型（Single）、双精度型（Double）、日期时间型（Date/Time）、文本型（Text）、二进制型（Binary）。

字段长度指该字段可以存放数据的长度（除 Text 类型外，其他类型字段的长度都是由系统指定的）。

学生成绩表的结构如表 9.1 所示。

表 9.1　学生成绩表的结构

字段名	字段类型	字段长度
Sno（学号）	Text	7
Sname（姓名）	Text	10
Cname（课程名）	Text	20
Grade（成绩）	Single	

注意　表名与字段名可以使用汉字，也可以用英文或汉语拼音，汉字可读性强，但在书写查询命令时不方便，建议尽可能使用英文或汉语拼音。

2. 建立数据表

建立上述数据表的步骤如下所述。

（1）在“可视化数据管理器”窗口中执行“文件”→“新建”命令（假设选择 Microsoft Access，版本 7.0 MDB）后，弹出如图 9.5 所示的对话框。

（2）在对话框中选择数据库文件保存的位置，并输入文件名后（保存类型只能是 MDB），单击“保存”按钮，将打开如图 9.6 所示的建立数据表窗口。

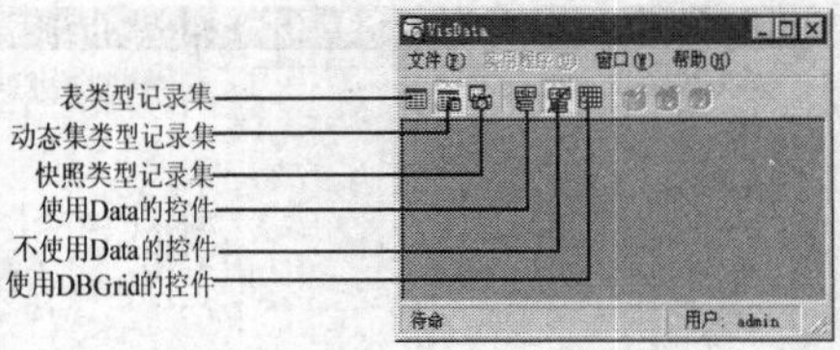

图 9.5 输入数据库文件名

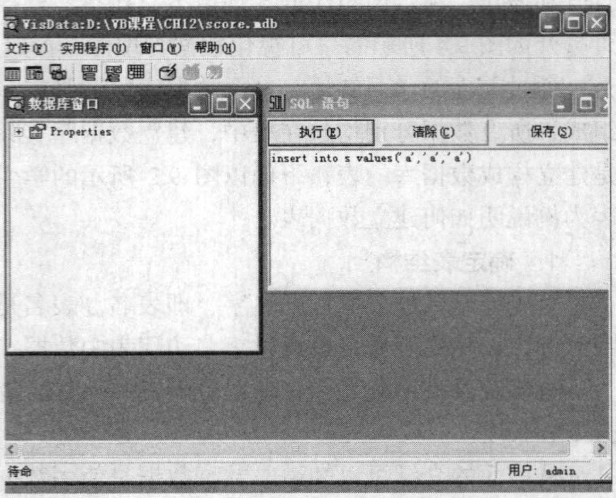

图 9.6 建立数据表窗口

（3）用鼠标右键单击数据库窗口，在弹出的菜单中选择"新建表"命令，打开如图 9.7 所示的"表结构"对话框。

（4）在"表名称"文本框中输入表的名字（score）后，单击"添加字段"按钮，在弹出的如图 9.8 所示的"添加字段"对话框中输入字段名，选择字段类型（Text 类型字段还需输入字段大小）。数据字段的各个参数如表 9.2 所示，根据需要设置各个字段的属性。重复此过程，直至添加完所有字段后，单击"关闭"按钮。

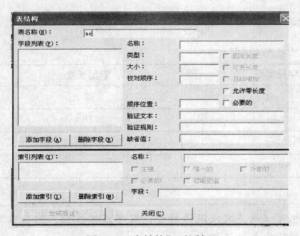

图 9.7 "表结构"对话框

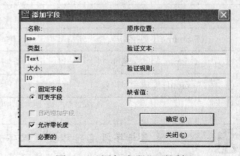

图 9.8 "添加字段"对话框

表 9.2　　　　　　　　　　　　　　"添加字段"对话框中的选项

选项	说明
名称	字段名
顺序位置	字段在表中的位于第几列，其取值范围：0～32767
类型	字段类型

选项	说明
缺省值	生成记录时字段默认的初始值
大小	字段宽度
固定字段	字段必须是定长的
可变字段	字段是不定长的
验证文本	通常显示录入数据的错误提示信息
验证规则	验证输入字段的数值时使用的简单规则
自动增加字段	作为关键字的字段，字段类型设置为 Long 类型时，该选项被激活，每次有新记录加入表中，该字段会自动赋予一个比上一记录的同一字段大 1 的数值
允许零长度	选中该复选框，表示空字符串为有效值，消除时作空值（null）处理
必要的	选中该复选框，表示该字段不允许为空

（5）单击"表结构"对话框的"生成表"按钮，至此数据表建立完毕。

　　此时的数据表只是一个空表，只有结构，没有数据，数据库的数据需在数据表建立完成后另行输入。

3. 建立索引

　　为了提高搜索数据库中数据的速度，需要将数据表中的某些字段设置为索引（Index）。索引的主要功能是快速查找数据库中的数据。字段定义完成以后，就可以添加索引对象了。单击"表结构"对话框的"添加索引"按钮，在弹出的如图 9.9 所示的对话框中输入索引名称，选择索引字段后，单击"确定"按钮即完成了索引的建立过程。索引对象中的各个属性，如表 9.3 所示。

表 9.3　　　　　　　　　　　　　　"添加索引"对话框中的选项

选项	作用
名称	索引名，必须唯一
索引的字段	表中作为索引字段的清单，之间用分号分隔
可用字段	可用字段的列表框
主要的	如果选中这个复选框，则表示该索引字段是该表的主关键字
唯一的	强制该字段具有唯一性。在同一张表中这个字段不能有相同的值
忽略空值	表示该索引中所用的字段能否为空

　　数据表建立完毕后，"可视化数据管理器"的"数据库"窗口如图 9.10 所示。可单击表名左边的"＋"号或"－"号展开或折叠相应的信息，用鼠标右键单击表名，在弹出的菜单中选择"设计"命令，可重新打开"表结构"对话框，对数据表的字段进行修改、添加和删除等操作，如增加一个字段"BZ（备注）"等。

图 9.9　"添加索引"对话框　　　　　　图 9.10　"数据库"窗口

9.2.2　数据库的基本操作

若要对数据库执行输入、编辑、删除、查找等操作，应首先保证此数据库已经打开。如果数据库已关闭，可执行"可视化数据管理器"→"文件"→"打开数据库"命令，将其重新打开。用鼠标右键单击"数据库窗口"中的表名，在弹出的菜单中选择"打开"命令后，即可打开如图 9.11 所示的输入数据窗口。在此窗口中可以完成下列数据库的基本操作。

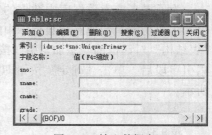

图 9.11　输入数据窗口

1．输入数据

单击"添加"按钮，在弹出的对话框中输入各字段的值后，单击"更新"按钮。重复此过程输入其他记录。

注意

输入数据窗口底部的水平滚动条用于定位记录，但新记录总是被添加到库文件的结尾处，如果要在指定的位置插入记录，可通过移动记录的方法完成。

2．编辑数据

如果要修改某条记录中的某个字段值，应当先通过滚动条将该记录定位为当前记录，然后单击"编辑"按钮，在弹出的对话框中输入新的字段值后，单击"更新"按钮。

3．删除数据

通过滚动条将要删除的记录定位为当前记录，然后单击"删除"按钮，在弹出的对话框中单击"是"按钮即可。

4．排序数据

单击"排序"按钮后，在弹出的对话框中输入要排序的序号后（如要按学号字段对表中记录进行排序，则输入列号 1），单击"确定"按钮即可。

5. 过滤数据

过滤数据类似于 Excel 中的筛选功能，例如，只想显示成绩大于 85 分的记录，则可以单击"过滤器"，在弹出对话框中输入过滤器表达式"grade>85"，再单击"确定"按钮。

过滤器表达式一般由字段名、运算符和值 3 部分组成，常用的运算符有>（大于）、<（小于）、>=（大于等于）、<=（小于等于）、<>（不等于）。

6. 查找数据

数据表建立以后，如果数据表有记录，就可以进行数据查询操作。选择"实用程序"→"查询生成器"菜单命令，或是在数据库窗口区域单击鼠标右键，然后在弹出的菜单中选择"新建查询"命令，即出现"查询生成器"对话框。

例如，要查找成绩在 90 分以上的学生信息，单击"查找"按钮后，再单击如图 9.12 所示的"运行"按钮进行操作。

查找分为"查找第一个"（表中第一条符合条件的记录）、"查找下一个"（从当前记录开始向下搜索到的第一条符合条件的记录）、"查找前一个"（从当

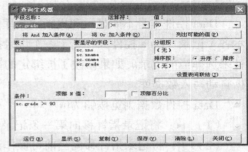

图 9.12　"查询生成器"对话框

前记录开始向上搜索到的第一条符合条件的记录）、"查找最后一个"（表中最后一条符合条件的记录）。

9.3　数据访问控件与数据约束控件

9.3.1　概述

前面提到，Visual Basic 使用数据库引擎来访问数据库中的数据，其本质是将数据库中相关数据构成一个记录集对象（Recordset），再进行相关操作。在实际应用中，Visual Basic 既可以通过代码编程的方式建立连接数据库的记录集，也可以通过可视化数据访问控件的形式建立连接数据库的记录集，考虑到直观性和易接受程度，此处仅介绍使用 Data 和 ADO Data 两种数据访问控件访问数据库的方法。

数据访问控件是 Visual Basic 和数据库的联系桥梁，它们本身并不能显示和修改当前记录。而是通过将数据约束控件与 Data 控件"绑定"（Bounding）后，才能在数据约束控件中自动显示当前记录的相关字段值。所谓"绑定"就是指将数据控件与数据约束控件建立约束关系的过程。在 Visual Basic 的常用控件中，可以作数据约束控件的有：文本框（TextBox）、标签（Label）、复选框（CheckBox）、图片框（PictureBox）、图像框（Image）、列表框（ListBox）、组合框（ComboBox）等控件。此外，DBList，DBCombo，DataList，DataCombo，DataGrid 以及 MSFlexGrid 和 MSHFlexGrid 等 ActiveX 控件，也可以作数据约束控件。

创建一个前台数据库应用程序的基本步骤如下所述。

（1）设计用户界面，并在窗体上添加 Data 控件或 ADO Data 控件。

（2）连接一个本地数据库或远程数据库。

（3）打开数据库中一个指定的表，一条 SQL 查询语句、存储过程，或视图等。

（4）将数据字段的数值传递给绑定的控件，从而可以在这些控件中显示或更新这些数值。

下面介绍 Data 控件和 ADO Data 控件的具体用法。

9.3.2　Data 控件

1．功能

Data（Data）控件是一个数据连接访问对象，它能够将数据库中的数据信息，通过应用程序中的数据约束控件连接起来，从而实现对数据库的各种操作，Data 控件在工具箱中的图标为█。

Data 控件本身不能显示和更新数据库中的记录，只能在与该控件相关联的数据约束控件中显示各个记录。Data 控件只相当于一个记录指针，可以通过单击其左右两边的箭头按钮移动这个指针来选择当前记录。如果修改了被绑定的控件中的数据，只要移动记录指针，就会将修改后的数据自动写入数据库。

Data 控件数据浏览按钮为 |◄ ◄ Data ► ►|，其中

（1）|◄：将记录指针移向第一条记录。

（2）◄：将记录指针移向当前可操作记录的上一条记录。若当前记录为第一条记录，则记录指针仍指向第一条记录。

（3）►：将记录指针移向当前可操作记录的下一条记录。若当前记录为最后一条记录，则记录指针仍指向最后一条记录。

（4）►|：将记录指针移向最后一条记录。

Data 控件只能访问数据库，修改表中数据，不能建立新表和索引，也不能改变表结构，要完成此类操作可使用上节介绍的"可视化数据管理器"或其他数据库管理系统软件来维护。

2．Data 控件常用的属性

（1）Connect 属性。

用于指定打开数据库的类型，其值为一字符串，默认为 Access。

（2）DatabaseName 属性。

创建 Data 控件与数据库之间的联系，它是一个包含完整路径和数据库名的标识符。

（3）RecordsetType 属性。

用于返回或设置一个值，指出记录集合的类型。其中 0-vbRSTypeTable 为表（Table）类型，1-vbRSTypeDynaset 为动态集（Dynaset）类型（默认），2-vbRSTypeSnapshot 为快照（Snapshot）类型。稍后为读者详细介绍 3 种类型的区别。

（4）RecordSource 属性。

指定通过窗体上被绑定的控件访问的记录的来源，它可以是一个表的名称，也可以是一条 SELECT 语句，还可以是存储过程。

（5）ReadOnly 属性。

返回或设置一个逻辑值，用于指定基本的记录集中的数据是否可以修改。该属性设置为 True 时，不允许编辑；设置为 False 时，允许编辑，默认为 False。

（6）BOFAction 属性与 EOFAction 属性。

用于指示在 BOF 或 EOF 属性为 True 时，Data 控件进行什么操作，具体设置如表 9.4 所示。

表 9.4　　　　　　　　　　　BOFAction 属性与 EOFAction 属性的设置

属性	值	系统常量	含义
BOFAction	0	vbBOFActionMoveFirst	默认设置，即当指针到达顶部时，再单击向前移动按钮，则把第一个记录作为当前记录
	1	vbBOFActionBOF	当指针到达顶部时，将向前移动按钮设置为无效
EOFAction	0	vbEOFActionMoveLast	默认设置，即当指针到达尾部时，再单击向前移动按钮，则把最后一个记录作为当前记录
	1	vbEOFActionEOF	当指针到达尾部时，将向后移动按钮设置为无效
	2	vbEOFActionAddNew	表示指针到达尾部时，再单击向后移动按钮，则自动增加一条新记录

3．Data 控件常用的方法

（1）MoveFirst 方法。

格式：<对象>.Recordset.MoveFirst

功能：将记录指针移向第一条记录。

（2）MovePrevious 方法。

格式：<对象>.Recordset. MovePrevious

功能：将记录指针移到当前可操作记录的上一个记录。

（3）MoveNext 方法。

格式：<对象>.Recordset. MoveNext

功能：将记录指针移到当前可操作记录的下一个记录。

（4）MoveLast 方法。

格式：<对象>.Recordset. MoveLast

功能：将记录指针移到最后一个记录。

（5）AddNew 方法。

格式：<对象>.Recordset.AddNew

功能：在表中的最后一个记录后面添加一条新记录。

（6）Delete 方法。

格式：<对象>.Recordset.Delete

功能：删除当前可操作的记录。

（7）Bof 方法。

格式：<对象>.Recordset.Bof

功能：返回记录指针是否移到第一个记录之前。

（8）Eof 方法。

格式：<对象>.Recordset.Eof

功能：返回记录指针是否移到最后一个记录之后。

（9）Close 方法。

Close 方法用来关闭数据库或记录集，并将数据对象设置为空。

（10）Refresh 方法。

Refresh 方法用来刷新与 Data 控件相连接的记录集。若在程序运行过程中修改 Data 控件的一些属性设置，如 DatabaseName，ReadOnly，Exclusive，RecordSource 等属性，则必须用 Refresh

方法刷新记录。刷新的同时把记录集中的第一条记录设置为当前记录。

（11）UpdateControls 方法。

此方法用于从 Data 控件的 Recordset 对象中读取当前记录，并将数据显示在相关的约束控件上。在多用户环境中，其他用户可以更新数据库的当前记录，但相应控件中的值不会自动更新，可以调用此方法将当前记录的值在约束控件中显示出来。另外，当改变约束控件中的数值，但又想取消对数据的修改时，可通过 UpdateControls 方法实现。

（12）UpdateRecord 方法。

当约束控件的内容改变时，如果不移动记录指针，则数据库中的值不会改变，可通过调用 UpdateRecord 方法来确认对记录的修改，将约束控件中的数据强制写入数据库中。

4. 事件

（1）Reposition 事件。

当改变记录集指针使其从一条记录移动到另一条记录时，就会触发 Reposition 事件，通常利用 Reposition 事件显示当前记录指针的位置。

（2）Validate 事件。

通过 Validate 事件可以实现对数据的有效性检查，从而保证输入数据的正确性。如果移动 Data 控件中记录指针，并且约束控件中的内容已被修改，此时数据库当前记录的内容将被更新，同时触发该事件。

在 Validate 事件过程中有两个参数：Action 参数和 Save 参数。Action 参数是一个整型数（具体设置见表 9.5），用以判断是何种操作触发了此事件，也可以在 Validate 事件过程中重新给 Action 参数赋值，从而使得在事件结束后执行新的操作。

表 9.5　　　　　　　　　　Validate 事件的 Action 参数

值	系统常量	作用
0	vbDataActionCancel	取消对数据控件的操作
1	vbDataActionMoveFirst	MoveFirst 方法
2	vbDataActionMovePrevious	MovePrevious 方法
3	vbDataActionMoveNext	MoveNext 方法
4	vbDataActionMoveLast	MoveLast 方法
5	vbDataActionAddNew	AddNew 方法
6	vbDataActionUpdate	Update 方法
7	vbDataActionDelete	Delete 方法
8	vbDataActionFind	Find 方法
9	vbDataActionBookMark	设置 BookMark 属性
10	vbDataActionClose	Close 方法
11	vbDataActionUnload	卸载窗体

Save 参数是一个逻辑值，用以判断是否有约束控件的内容被修改过。如果 Validate 事件过程结束时，Save 参数为 True，则保存修改，为 False 则忽略所做修改。

5. 记录集 Recordset 对象

在 Visual Basic 中，对数据库内的表是不允许直接访问的，而只能通过记录集（Recordset）对象进行记录的操作和浏览。

　　Recordset 对象是数据库在内存中的数据映像，Recordset 对象与关系型数据库的结构很相似，也由行和列构成。可以把 Recordset 对象想象成内存中的数据库，由数据库中的一个或几个表中的数据构成 Recordset 对象。一个 Recordset 对象代表一个数据库表里的记录，或运行一次查询所得的记录的结果。在 Data 控件中可用 3 类 Recordset 对象，即 Table（表类型）、Dynaset（动态类型）和 Snapshot（快照类型），默认为 Dynaset 类型。

　　● 表类型：一个记录集合，代表能用来添加、更新或删除记录的单个数据库表。表类型的 Recordset，对象是单表数据的直接显示，只能对单表进行操作。Table 比其他记录集类型的处理速度都快，但它需要大量的内存开销。

　　● 动态类型：一个记录的动态集合，代表一个数据库表或包含从一个或多个表取出的字段的查询结果。可从 Dynaset 类型的记录集中添加、更新或删除记录，并且任何改变都将会反映在基本表上。动态集类型是功能最强的类型，不过它的搜索速度与其他操作的速度不及 Table。

　　● 快照类型：一个记录集合静态副本，可用于寻找数据或生成报告。一个快照类型的 Recordset，能包含从一个或多个在同一个数据库中的表里取出的字段，但字段不能更改，数据是只读的，它所需要的内存开销最少。

　　使用 Recordset 对象的属性与方法的一般格式为：

```
Data 控件名. Recordset .属性/方法
```

　　下面列出了 Recordset 对象的一些常用属性和方法。

　　（1）AbsolutionPosition 属性。

　　只读属性，返回当前记录指针的值。它的属性值是从 0 开始计数的，如果当前记录为第一条记录，则该属性值为 0。

　　（2）Bof 属性与 Eof 属性。

　　Bof 属性为 True 时，表示记录指针当前位置位于首记录之前，Eof 属性为 True 时，表示记录指针当前位置位于末记录之后。当 EOF 和 BOF 的属性值都为 TRUE 时，则说明该记录集中没有记录。

　　（3）Bookmark 属性。

　　该属性用来返回当前记录集指针的书签，使用 Bookmark 属性可保存当前记录的位置，并随时返回到该记录。

　　（4）Nomatch 属性。

　　Nomatch 属性用来返回数据查询的结果。在记录集中进行查找时，如果找到相匹配的记录，则该属性值为 False，否则为 True。

　　（5）RecordCount 属性。

　　RecordCount 属性用来返回记录集中现存记录的个数，该属性为只读属性。

　　（6）Find 方法。

　　通过 FindFirst，FindLast，FindNext 和 FindPrevious 方法，可以搜索 Recordset 中满足指定条件的第一个、最后一个、下一个或上一个记录。如果找到符合条件的记录，则该记录成为当前记录，否则当前位置将设置在记录集的末尾。

　　Find 方法的语法格式为"数据控件.记录集.Find 方法 条件"，其中"条件"为指定字段值与常量关系的字符串表达式，如：

```
Data1.Recordset.FindFirst "姓名='张三'"
```

　　（7）Seek 方法。

　　通过 Seek 方法，可以在表类型的记录集中从头开始搜索满足指定条件的第一个记录，并使该记录成为当前记录。

Seek 方法的语法格式为"数据控件.表类型记录集.Seek 比较类型，值1，值2…"，其中"比较类型"可以为"="、">="、">"、"<="和"<"，如：

```
Data1.Recordset.Seek "=","张三"。
```

（8）AddNew 方法。

向数据库中添加记录的步骤如下。

① 首先，调用 AddNew 方法，打开一个空白记录。

② 然后，通过相关约束控件给各字段赋值。

③ 最后，单击数据控件上的箭头按钮，移动记录指针，或调用 UpdateRecord 方法，确定所做添加。

（9）Delete 方法。

删除数据库中记录的步骤如下。

① 首先，将要删除的记录定位为当前记录。

② 然后，调用 Delete 方法。

③ 最后，移动记录指针，确定所做的删除操作。

（10）Edit 方法。

编辑数据库中记录的步骤如下。

① 首先，将要修改的记录定位为当前记录。

② 然后，调用 Edit 方法。

③ 通过相关约束控件修改各字段值。

④ 最后，移动记录指针，确定所做的编辑操作。

（11）Close 方法。

用于关闭指定的数据库、记录集，并释放分配的资源。

9.3.3 ADO 控件

1. 概述

ADO（ActiveX Data Objects）控件属于 ActiveX 控件，使用前需在 Visual Basic 环境下执行"工程"→"部件"命令，打开"部件"对话框后，选择 Miscrosoft ADO Data Control 6.0（OLEDB）控件，将其添加到工具箱中。ADO 控件在工具箱中的图标为。

ADO 控件比 Data 控件更灵活，功能更全面。

ADO 控件的核心是 Connection 对象、Recordset 对象和 Command 对象。对数据库进行操作时，首先需要用 Connection 对象与数据库建立联系，然后用 Recordset 对象来操作、维护数据，利用 Command 对象实现存储过程和参数的查询。

ADO 控件与 Data 控件的用法相似，同样需要经过连接数据库和"绑定"两步操作。ADO 控件与 Data 控件的属性大多相同，但它通过 ConnectionString 属性建立与数据源的连接信息，具体的设置方法将在下面详细介绍。

任何具有 DataSource 属性的控件都可以与 ADO 控件"绑定"，此外还可以将 DataList、DataCombo 和 DataGrid 等 ActiveX 控件与 ADO 控件"绑定"。如果要将上述 ActiveX 控件与 ADO 控件"绑定"，应通过在"部件"对话框中选择 Miscrosoft DataList Controls 6.0（OLEDB）和 Miscrosoft DataGrid Control 6.0（OLEDB）控件，将其添加到工具箱中再使用。

2. 使用 ADO Data 控件访问数据库

（1）设置 ConnectionString 属性，用来建立与数据源连接的所有信息。

ConnectionString 属性包含一系列由分号分隔的"参数=值"语句组成的详细连接字符串，用来建立连接到指定数据源的详细信息。ADO 控件支持 ConnectionString 属性的 4 个参数，具体说明见表 9.6。

表 9.6　　　　　　　　　　　　　　　ConnectionString 属性的参数说明

参　数	说　　　明
Provider	指定用来连接的提供者名称
File Name	指定包含预先设置连接信息的特定提供者的文件名称（如持久数据源对象）
Remote Provider	指定打开客户端连接时使用的提供者名称（仅限于 Remote Data Service）
Remote Server	指定打开客户端连接时使用的服务器的路径名称（仅限于 Remote Data Service）

ConnectionString 属性的具体设置过程如下所述。

① 将 ADO 控件添加到窗体后，在属性窗口设置其 ConnectionString 属性，打开如图 9.13 所示的对话框，选择"使用连接字符串"的方式连接数据源，单击"生成"按钮。

② 在如图 9.14 所示的"数据链接属性"对话框的"提供者"选项卡中，选择希望连接到的数据，一般为 Microsoft Jet 3.5.1 OLE DB Provider，单击"下一步"按钮。

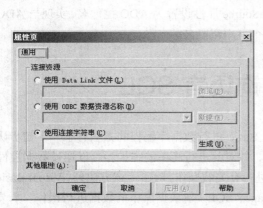

图 9.13　ConnectionString 属性页　　　　　图 9.14　"数据链接属性"对话框

③ 在如图 9.15 所示的"数据链接属性"对话框的"连接"选项卡中，选择要连接的数据库文件，"输入登录数据库的信息"采用默认设置。单击"测试连接"按钮，成功后确定返回，类似于"Provider=Microsoft.Jet.OLEDB.3.51;Persist Security Info=False;Data Source=数据库文件名（含路径）"。

（2）设置 RecordSource 属性，指定访问数据源的命令。

在属性窗口中设置 ADO 控件的 RecordSource 属性，在如图 9.16 所示的对话框中选择访问数据源的命令类型（CommandType 属性），具体说明见表 9.7。

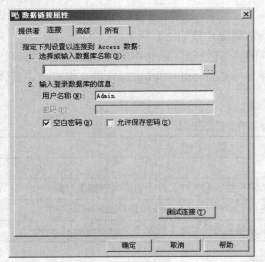

图 9.15 "连接"选项卡

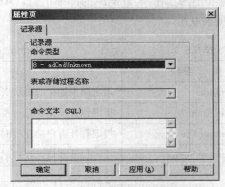

图 9.16 "记录源"属性页

表 9.7 CommandType 属性设置

值	系统常量	说明
1	adCmdText	通过一条文本命令（如一条 SQL）访问记录源
2	adCmdTable	通过一张表的名称访问记录源
4	adCmdStoredProc	通过一个已经定义的存储过程名称访问记录源
8	adCmdUnknown	通过一条未知类型的命令访问记录源

（3）在窗体上添加一个数据约束控件，将其 DataSource 属性设置为 ADO 控件名，实现与 ADO Data 控件的"绑定"，并将 DataField 属性设置为一个可用字段名。

9.4　结构化查询语言 SQL

通过前面几节的学习，读者应该对使用 Visual Basic 进行数据库编程的方法有了一个初步认识：可以使用"可视化数据管理器"来建立数据库，并对其进行简单的维护，可以通过数据控件及相关的数据约束控件来浏览数据库中的记录，并进行有关的操作。除了上述方法外，Visual Basic 还可通过结构化查询语言（Structureed Query Language，SQL）对数据库中的数据进行操作。本节将对 SQL 及其在 Visual Basic 中的应用做一个简单介绍。

9.4.1　SQL 概述

SQL 是一种用来和关系型数据库进行交互通信的数据库语言。它不仅具有查询的功能，还具有修改数据库的结构、改变系统的安全性设置和修改数据库内容等功能。也就是说，SQL 语言兼有数据定义语言（DDL）、数据操作语言（DML）、数据控制语言（DCL）的功能。它具有以下特点。

1.　综合统一

SQL 集数据定义（Data Define）、数据查询（Data Query）、数据操纵（Data Manipulation）和

数据控制（Data Control）功能于一体，可以十分方便地实现对数据库及其数据进行各种操作，包括数据库及对象的建立、维护、修改，数据的查询、排序等功能。

2. 非过程化

传统语言大多是面向过程的，即用户需在程序详细地告诉计算机怎么做，而 SQL 是高度非过程化的语言，使用 SQL 进行数据库操作，用户只需提出"做什么"，而无需说明"怎么做"，这样就大大减轻了用户的负担。

3. 单一的数据结构

SQL 采用单一的数据组织形式，即无论是数据查询操作，还是更新操作，其操作的对象与结果都是一个记录的集合——表。

4. 两种执行方式

SQL 既是一种自主式语言，又是一种嵌入式语言。它既可独立地采用联机交互的方式对数据库进行操作（在"可视化数据管理器"的"SQL 语句"窗口中可直接执行 SQL），也可以嵌入到其他高级语言（VB、.NET 等）程序中。SQL 以同一种语法格式提供了两种不同的操作方式，极大地方便了用户的使用。

9.4.2　SQL 的构成

SQL 由命令、子句、运算符和函数等基本元素构成，通过这些元素组成语句对数据库进行操作。下面简单介绍一下这些组成元素。

1. SQL 命令

SQL 对数据库所进行的数据定义、数据查询、数据操纵和数据控制等操作都是通过 SQL 命令实现的，常用的 SQL 命令如表 9.8 所示。

表 9.8　　　　　　　　　　　　常用的 SQL 命令

命令	功能	命令	功能
CREATE	创建数据库及其表、视图、索引等对象	INSERT	向数据库中添加记录
DROP	删除数据库及其表、视图、索引等对象	UPDATE	修改表中的数据
ALTER	修改数据库及其表、视图、索引等对象	DELETE	从表中删除记录
SELECT	在数据库中查找满足条件的记录		

2. 子句

SQL 命令中的子句是用来修改查询条件的，通过这些可以定义要选择和要操作的数据，常用的 SQL 子句如表 9.9 所示。

表 9.9　　　　　　　　　　　　常用的 SQL 子句

子句	功能	子句	功能
FROM	用来指定需要从中选择记录的表名或视图名	HAVING	用来指定每个分组要满足的条件
WHERE	用来指定查询的条件	ORDER BY	按指定的顺序对数据进行排序
GROUP BY	用来把所选择的记录进行分组		

3. 运算符

SQL 中有两类运算符：逻辑运算符和比较运算符。逻辑运算符有 AND（逻辑与）、OR（逻辑或）和 NOT（逻辑非）3 种，主要用来连接两个表达式，通常出现在 WHERE 子句中。

如表 9.10 所示，比较运算符有 9 种，主要用来比较两个表达式的关系值，以决定应当执行什么操作。

表 9.10   比较运算符

运算符	功能	运算符	功能
<	小于	<>	不等于
<=	小于或等于	BETWEEN AND	用来判断表达式的值是否在指定值的范围(闭区间)，如：英语 BETWEEN 85 TO 100
>	大于	LIKE	在模糊匹配中使用
>=	大于或等于	IN	用来判断表达式的值是否在指定列表中出现，如：性别 IN（"男"，"女"）
=	等于		

其中 LIKE 运算符的用法如表 9.11 所示。

表 9.11   LIKE 运算符

匹配符	含义
%	任意个任意字符
_ （下划线）	任意个单个字符
[ ]	中括号内的任意字符
[^]	不在中括号内的任意字符

4. 函数

SQL 中比较常用的函数是统计函数，利用统计函数可以对记录组进行操作，并返回单一的计算结果，SQL 提供的统计函数如表 9.12 所示。

表 9.12   统计函数

函数	功能	函数	功能
AVG	用于计算指定字段中值的平均数	MAX	用于返回指定字段中的最大值
COUNT	用于计算所选择记录的个数	MIN	用于返回指定字段中的最小值
SUM	用于返回指定字段中值的总和		

9.4.3   SQL 的查询语句

在 Visual Basic 中 SQL 可以实现以下功能：从一个或多个数据库的一个或多个表中获取数据；对记录进行插入、删除或更新操作；对表中数据进行统计，如求和、计数、求平均等；建立、修改或删除数据库中的表；建立或删除数据库中表的索引。

1. SELECT 语句常用格式

SELECT <字段列表> FROM <表或视图名> [WHERE 查询条件] [ORDER BY 排序字段名]

常用格式给出了 SELECT 语句的主要选项框架。

● 字段列表是语句中所要查询的数据表字段表达式的列表，多个字段表达式必须用逗号隔开。如果在多个表中提取字段，最好在字段前面冠以该字段所属的表名做前缀，如：学生.姓名，成绩.学号。如果选取的是需要加工处理的字段表达式，那么在字段表达式中可以使用的函数包括：AVG（求平均值）、COUNT（计数）、SUM（求和）、MAX（求最大）、MIN（求最小），同时最好选用[AS 列标题]选项。

- 表或视图名是语句中查询所涉及的数据表列，多个表必须用逗号隔开。
- 选取条件是语句的查询条件（逻辑表达式），如果是从单一表文件中提取数据，此查询条件表示筛选记录的条件。
- 排序字段名。该语句中有此项，则对查询结果进行排序，可以是单个字段，也可以是多个字段，用逗号间隔。ASC 表示按字段升序排序，默认值，DESC 表示按字段降序排序。默认该选项，则按各记录在数据表中原先的先后次序排列。

2. SELECT 语句的基本用法

SELECT 语句可以看作记录集的定义语句，它从一个或多个表中获取指定字段，生成一个较小的记录集。下面通过一组对前面建立的学生成绩数据库的查询操作，来介绍 SELECT 语句的基本用法。

（1）选取表中部分列。例如：

SELECT SNAME、CNAME、GRADE FROM score /*查询学生成绩表中的姓名、课程名及该门课的成绩 */

（2）选取表中所有列。例如：

SELECT * FROM score /*查询学生成绩表中的所有信息*/

（3）WHERE 子句。例如：

SELECT * FROM score WHERE SNAME='王芳' /*查询王芳的考试成绩信息*/

（4）复合条件。例如：

SELECT * FROM score WHERE 姓名="王芳"OR GRADE<60 /*查询王芳或者成绩不及格的学生信息*/

（5）ORDER BY 子句。例如：

SELECT * FROM score WHERE GRADE>=60 ORDER BY 学号 DESC

/*查询学生成绩表中的所有成绩及格的学生信息，并将查询结果按学号降序排列*/

（6）统计信息。例如：

SELECT COUNT（*）AS 人数 FROM score WHERE GRADE<60 /*查询成绩不及格的人数*/

SELECT AVG（GRADE）AS 平均分, MAX（GRADE）AS 最高分 FROM score

/*查询成绩表中的平均分及最高分 */

（7）GROUP BY 子句。例如：

SELECT SNAME, AVG（GRADE）AS 平均分 FROM score GROUP BY SNAME

/*查询每个学生的平均分*/

（8）HAVING 子句。例如：

SELECT CNAME, COUNT（*）AS 人数 FROM score WHERE GRADE<60 GROUP BY CNAME HAVING COUNT（*）>10 /*查询成绩不及格的人数大于 10 人的课程名及相应人数*/

（9）多表查询。例如：

SELECT score . 学号, score . 姓名, score . 成绩, student . 籍贯 FROM score, student WHERE score . 学号= student . 学号

/*查询学生的学号、姓名、成绩和籍贯（假设有一个 student 表，其中包含了学生的学号、籍贯等信息）*/

如前所述，数据控件的 RecordSource 属性除了可以设置成表名外，还可以设置为一条 SQL，格式如下：

数据控件名. RecordSource="SQL 语句"

9.5　一个简易的学生成绩管理系统

本节将围绕一个简易的"学生成绩管理系统",为读者介绍一下使用 Visual Basic 开发数据库应用程序的一般思路,同时对前面几节所学内容加以总结。

9.5.1　系统分析

数据库应用系统是一个信息管理系统(Management Information System,MIS),其核心是数据库,系统设计以提高数据共享程度、降低数据冗余度、提高数据查询效率为主要目标。数据库应用系统的开发步骤:需求分析、设计、编码和测试。

开发的第一步是需求分析,一方面分析整个系统需要哪些数据,另一方面还要分析系统应用具备哪些功能,这一步直接决定将来设计出的数据库,以及在此基础上开发的应用程序的适用性。以"学生成绩管理系统"为例,它需要获得学号、姓名、性别和相关课程的成绩等数据,应具备浏览、输入、修改、删除、查询、统计等功能。

总地来说,设计一个数据库应用系统,主要包括数据库设计和程序设计两大部分内容。关系数据库有一套规范化的理论,来帮助用户优化自己的数据库设计,限于篇幅本书不再展开讨论,有兴趣的读者可参阅相关资料。

本节所用示例数据库为 mydb.mdb(假定其保存位置与工程文件位于同一目录中),该数据库共包含 3 张表,分别为"学生"、"课程"和"成绩",其结构如表 9.13 所示。其中,"学生"表中的"性别"字段值为 True 时表示"男"、False 时表示"女"。

表 9.13(a)　　　　　　　　　　学生表结构

字段名	字段类型	字段长度
学号	Text	9
姓名	Text	10
性别	Boolean	1

表 9.13(b)　　　　　　　　　　课程表结构

字段名	字段类型	字段长度
课程号	Text	6
课程名	Text	20
学时	Integer	2
学分	Integer	2

表 9.13(c)　　　　　　　　　　成绩表结构

字段名	字段类型	字段长度
学号	Text	9
课程号	Text	6
成绩	Integer	2

学生表的主键为"学号"字段，课程表的主键为"课程号"字段，成绩表的主键为"学号" 字段和"课程号"字段的组合，3 张表之间的关联方式如图 9.17 所示。读者可根据前面章节的内容，通过"可视化数据管理器"建立该示例数据库。

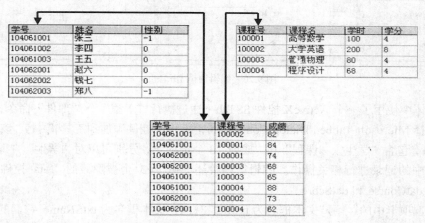

图 9.17 "学生"、"课程"和"成绩"表之间的关联方式

9.5.2 设计实现

程序设计主要用于实现上一步分析出的系统功能，主要窗体设计实现方式如下所述。程序的主界面为一 MDI 窗体，如图 9.18 所示，通过执行相应的菜单命令，打开 MDI 子窗体，实现相关功能。为确保系统信息的安全性，只有授权用户方可使用本系统。因此，程序运行后，首先需要执行"登录"菜单命令，打开如图 9.19 所示的登录窗体。当输入正确的用户名和密码后，方可使用系统的编辑和查询命令。

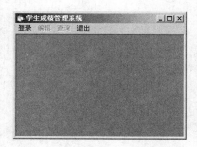

图 9.18 主窗体 MDIfrmMain

图 9.19 登录窗体 frmLogin

本例程序较长，限于篇幅，下面将重点讨论编辑模块和查询模块的实现，读者可从作者网站（www.csluo.com）上下载程序源代码，然后上机调试，并将程序进一步修改完善。例如，将用户名和密码也存放在数据库中，登录程序通过数据库中的信息来判断用户的身份。

1. 编辑窗体 frmEdit

用户可以在编辑窗体中对数据库中的"学生"、"课程"和"成绩"3 张表中的记录进行浏览、添加、修改和删除操作。编辑窗体 frmEdit 的 MDIChild 属性设置为 True，执行主窗体中的"编辑"命令后，系统界面如图 9.20 所示。

 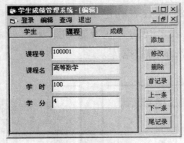 

图 9.20　编辑窗体 frmEdit

编辑窗体中使用了一个 ActiveX 控件 SSTab（通过执行"工程"→"部件"命令，在"部件"对话框中选择 Microsoft Tabbed Dialog Control 6.0，可将该控件添加到工具箱中）。该 SSTab 控件名为 SSTab1，包含"学生"、"课程"和"成绩" 3 个选项卡，分别可以对"学生"、"课程"和"成绩" 3 张表中的记录进行相关操作。编辑窗体中还使用了 3 个被隐藏的 Data 控件，分别名为 datStudent、datCourse 和 datScore。

"学生"选项卡中的"学号"文本框名为 txtSID、"姓名"文本框名为 txtSName，它们的 DataSource 属性均设置为 datStudent。此外，"学生"选项卡中还包含"男"和"女"两个单选按钮，分别名为 optMale 和 optFemale。

"课程"选项卡中的"课程号"文本框名为 txtCID、"课程名"文本框名为 txtCName、"学时"文本框名为 txtPeriod、"学分"文本框名为 txtCredit，它们的 DataSource 属性均设置为 datCourse。

"成绩"选项卡中的"学号"文本框名为 txtSSID、"课程号"文本框名为 txtSCID、"成绩"文本框名为 txtScore，它们的 DataSource 属性均设置为 datScore。

"添加"、"修改"、"删除"、"首记录"、"上一条"、"下一条"和"尾记录" 7 个按钮的名称分别为 cmdAdd、cmdEdit、cmdDel、cmdFirst、cmdPrev、cmdNext 和 cmdLast。单击这些按钮可以对当前选项卡所对应的表进行相关操作。

代码如下所示。

```
'初始化编辑窗体
Private Sub Form_Load()
    datStudent.Visible = False
    '连接数据库
    If Right(App.Path, 1) = "\" Then
        datStudent.DatabaseName = App.Path + "mydb.mdb"
    Else
        datStudent.DatabaseName = App.Path + "\mydb.mdb"
    End If
    '设置记录源
    datStudent.RecordSource = "学生"
    datStudent.Refresh
    '绑定控件
    txtSID.DataField = "学号"
    txtSName.DataField = "姓名"
    optMale.Value = datStudent.Recordset.Fields("性别").Value
    datCourse.Visible = False
    datCourse.DatabaseName = datStudent.DatabaseName
    datCourse.RecordSource = "课程"
```

```
        datCourse.Refresh
        txtCID.DataField = "课程号"
        txtCName.DataField = "课程名"
        txtPeriod.DataField = "学时"
        txtCredit.DataField = "学分"
        datScore.Visible = False
        datScore.DatabaseName = datStudent.DatabaseName
        datScore.RecordSource = "成绩"
        datScore.Refresh
        txtSSID.DataField = "学号"
        txtSCID.DataField = "课程号"
        txtScore.DataField = "成绩"
        SSTab1.Tab = 0    '设置当前选项卡为"学生"选项卡
End Sub
'"添加"按钮的单击事件过程
Private Sub cmdAdd_Click()
    '根据当前按钮的标题进行不同的操作
    Select Case cmdAdd.Caption
        Case "添加"
            '向当前选项卡所对应表中添加记录
            Select Case SSTab1.Tab
                Case 0
                    datStudent.Recordset.AddNew
                Case 1
                    datCourse.Recordset.AddNew
                Case 2
                    datScore.Recordset.AddNew
            End Select
            '在添加操作完成前禁止进行其他操作
            SSTab1.TabEnabled(0) = False
            SSTab1.TabEnabled(1) = False
            SSTab1.TabEnabled(2) = False
            cmdAdd.Caption = "确定"
            cmdEdit.Enabled = False
            cmdDel.Enabled = False
            cmdFirst.Enabled = False
            cmdPrev.Enabled = False
            cmdNext.Enabled = False
            cmdLast.Enabled = False
        Case "确定"
            Select Case SSTab1.Tab
                Case 0
                    datStudent.UpdateRecord
                Case 1
                    datCourse.UpdateRecord
                Case 2
                    datScore.UpdateRecord
            End Select
            SSTab1.TabEnabled(0) = True
            SSTab1.TabEnabled(1) = True
            SSTab1.TabEnabled(2) = True
```

```
                cmdAdd.Caption = "添加"
                cmdEdit.Enabled = True
                cmdDel.Enabled = True
                cmdFirst.Enabled = True
                cmdPrev.Enabled = True
                cmdNext.Enabled = True
                cmdLast.Enabled = True
        End Select
End Sub
'"修改"按钮的单击事件过程
Private Sub cmdEdit_Click()
    '根据当前按钮的标题进行不同的操作
    Select Case cmdEdit.Caption
        Case "修改"
            '修改当前选项卡所对应表中的记录
            Select Case SSTab1.Tab
                Case 0
                    datStudent.Recordset.Edit
                Case 1
                    datCourse.Recordset.Edit
                Case 2
                    datScore.Recordset.Edit
            End Select
            '在修改操作完成前禁止进行其他操作
            SSTab1.TabEnabled(0) = False
            SSTab1.TabEnabled(1) = False
            SSTab1.TabEnabled(2) = False
            cmdEdit.Caption = "确定"
            cmdAdd.Enabled = False
            cmdDel.Enabled = False
            cmdFirst.Enabled = False
            cmdPrev.Enabled = False
            cmdNext.Enabled = False
            cmdLast.Enabled = False
        Case "确定"
            Select Case SSTab1.Tab
                Case 0
                    datStudent.UpdateRecord
                Case 1
                    datCourse.UpdateRecord
                Case 2
                    datScore.UpdateRecord
            End Select
            SSTab1.TabEnabled(0) = True
            SSTab1.TabEnabled(1) = True
            SSTab1.TabEnabled(2) = True
            cmdEdit.Caption = "修改"
            cmdAdd.Enabled = True
            cmdDel.Enabled = True
            cmdFirst.Enabled = True
            cmdPrev.Enabled = True
            cmdNext.Enabled = True
            cmdLast.Enabled = True
```

```
        End Select
End Sub
'"删除"按钮的单击事件过程
Private Sub cmdDel_Click()
    Dim i As Integer
    i = MsgBox("确定要删除此记录?", vbYesNo + vbExclamation + vbDefaultButton1, "编辑")
    If i = vbYes Then
        '删除当前选项卡所对应表中的记录
        Select Case SSTab1.Tab
            Case 0
                datStudent.Recordset.Delete
                datStudent.Refresh
            Case 1
                datCourse.Recordset.Delete
                datCourse.Refresh
            Case 2
                datScore.Recordset.Delete
                datScore.Refresh
        End Select
    End If
End Sub
'"首记录"按钮的单击事件过程
Private Sub cmdFirst_Click()
    Select Case SSTab1.Tab
        Case 0
            datStudent.Recordset.MoveFirst
        Case 1
            datCourse.Recordset.MoveFirst
        Case 2
            datScore.Recordset.MoveFirst
    End Select
    cmdFirst.Enabled = False
    cmdPrev.Enabled = False
    cmdNext.Enabled = True
    cmdLast.Enabled = True
End Sub
'"上一条"按钮的单击事件过程
Private Sub cmdPrev_Click()
    Select Case SSTab1.Tab
        Case 0
            datStudent.Recordset.MovePrevious
            If datStudent.Recordset.BOF Then
                datStudent.Recordset.MoveFirst
                cmdFirst.Enabled = False
                cmdPrev.Enabled = False
                cmdNext.Enabled = True
                cmdLast.Enabled = True
            End If
        Case 1
            datCourse.Recordset.MovePrevious
            If datCourse.Recordset.BOF Then
                datCourse.Recordset.MoveFirst
                cmdFirst.Enabled = False
                cmdPrev.Enabled = False
```

```
                cmdNext.Enabled = True
                cmdLast.Enabled = True
            End If
        Case 2
            datScore.Recordset.MovePrevious
            If datScore.Recordset.BOF Then
                datScore.Recordset.MoveFirst
                cmdFirst.Enabled = False
                cmdPrev.Enabled = False
                cmdNext.Enabled = True
                cmdLast.Enabled = True
            End If
    End Select
End Sub
'"下一条"按钮的单击事件过程
Private Sub cmdNext_Click()
    Select Case SSTab1.Tab
        Case 0
            datStudent.Recordset.MoveNext
            If datStudent.Recordset.EOF Then
                datStudent.Recordset.MoveLast
                cmdFirst.Enabled = True
                cmdPrev.Enabled = True
                cmdNext.Enabled = False
                cmdLast.Enabled = False
            End If
        Case 1
            datCourse.Recordset.MoveNext
            If datCourse.Recordset.EOF Then
                datCourse.Recordset.MoveLast
                cmdFirst.Enabled = True
                cmdPrev.Enabled = True
                cmdNext.Enabled = False
                cmdLast.Enabled = False
            End If
        Case 2
            datScore.Recordset.MoveNext
            If datScore.Recordset.EOF Then
                datScore.Recordset.MoveLast
                cmdFirst.Enabled = True
                cmdPrev.Enabled = True
                cmdNext.Enabled = False
                cmdLast.Enabled = False
            End If
    End Select
End Sub
'"尾记录"按钮的单击事件过程
Private Sub cmdLast_Click()
    Select Case SSTab1.Tab
        Case 0
            datStudent.Recordset.MoveLast
        Case 1
            datCourse.Recordset.MoveLast
        Case 2
            datScore.Recordset.MoveLast
    End Select
```

```
    cmdFirst.Enabled = True
    cmdPrev.Enabled = True
    cmdNext.Enabled = False
    cmdLast.Enabled = False
End Sub
```

注意   如果要将 Data 控件作为数据源使用，只能在设计时设置绑定控件的 DataSource 属性，而不能在运行时将一个数据约束控件的 DataSource 属性设置为一个 Data 控件。

2. 查询窗体 frmQuery

用户可以在查询窗体中按学号或者按课程号查询学生成绩，查询窗体 frmQuery 的 MDIChild 属性设置为 True，执行主窗体中的"查询"命令后，系统界面如图 9.21 所示。

窗体中两个单选按钮构成一个控件数组 optChoice，两个文本框构成另一个控件数组 txtID。"确定"按钮名为 cmdOK，"取消"按钮名为 cmdCancel。窗体中使用了一个 ActiveX 控件 DataGrid（通过执行"工程"→"部件"菜单命令，在"部件"对话框中选择 Microsoft DataGrid Control 6.0，可将该控件添加到工具箱中），该控件名为 DataGrid1。此外，窗体中还使用了一个隐藏的 ADO 控件，该控件名为 Adodc1。

按照 9.3.3 小节介绍的方法，将 ADO 控件与数据库文件 mydb.mdb 连接，并将记录源的命令类型设置为 1-adCmdText，如图 9.22 所示，在命令文本中输入如下 SQL 命令：

select 学生.学号,学生.姓名,课程.课程名,成绩.成绩 from 学生,课程,成绩 where 学生.学号=成绩.学号 and 课程.课程号=成绩.课程号

图 9.21　查询窗体 frmQuery

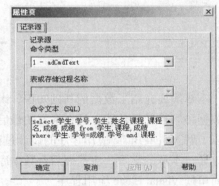

图 9.22　ADO 控件的记录源

程序代码如下。

```
'初始化查询窗体
Private Sub Form_Load()
    Adodc1.Visible = False
    Set DataGrid1.DataSource = Adodc1    '绑定操作
    DataGrid1.AllowUpdate = False        '禁止更新
End Sub
'处理单选按钮的焦点切换
Private Sub optChoice_Click(Index As Integer)
    txtID(Index).SetFocus
End Sub
'处理文本框的焦点切换
```

```
Private Sub txtID_GotFocus(Index As Integer)
    optChoice(Index).Value = True
End Sub
'"确定" 按钮的单击事件过程
Private Sub cmdOK_Click()
    Dim sql As String, fld As String, condition As String
    '显示的字段列表
    fld = "学生.学号,学生.姓名,课程.课程名,成绩.成绩"
    '查询条件
    condition = "学生.学号=成绩.学号 and 课程.课程号=成绩.课程号 "
    If optChoice(0).Value Then
        condition = condition + "and 学生.学号='" +txtID(0).Text + "'"
    Else
        condition = condition+"and 课程.课程号='"+txtID(1).Text+ "'"
    End If
    sql = "select " + fld + " from 学生,课程,成绩 where " + condition
    '改变记录源
    Adodc1.RecordSource = sql
    Adodc1.Refresh
End Sub
'"取消" 按钮的单击事件过程
Private Sub cmdCancel_Click()
    txtID(0).Text = ""
    txtID(1).Text = ""
End Sub
```

本章小结

　　本章简要介绍了数据的基础知识，讲述了几种不同的数据库连接方法，介绍了数据绑定控件与数据访问控件的功能，且在本章的最后给出一个完整的 Visual Basic 应用程序，通过该实例，可以了解 Visual Basic 应用程序的设计过程及实现方法。

　　通过本章的学习，应掌握后台数据库与 Visual Basic 所设计的前台界面连接方法，并能设计出简单的 Visual Basic 应用程序。

习　题　9

一、单项选择题

1. 以下说法错误的是_____。

　　A. 一个表可以构成一个数据库

　　B. 多个表可以构成一个数据库

　　C. 数据库只能由表构成。

　　D. 同一个字段的数据具有相同的类型

2. 以下关于索引的说法，错误的是_____。

A．一个表可以建立一个到多个索引　　B．每个表至少要建立一个索引

C．索引字段可以是多个字段的组合　　D．利用索引可以加快查找速度

3．Micrisift Access 数据库文件的扩展名是_____。

A．.dbf　　　　　　B．.acc　　　　　　C．.mdb　　　　　　D．.db

4．Select　Tno，Tname，Deptment　From Teacher　Where Deptment = " 计算机系 "，所查询的表名称是_____。

A．所有表　　　　　B．职工　　　　　C．信电系　　　　D．Tno，Tname，Deptment

5．语句 "Select*From Student　Where Ssex = "男" 中的 "*" 号表示_____。

A．所有表　　　　　　　　　　　B．所有指定条件的记录

C．所有记录　　　　　　　　　　D．指定表中的所有字段

6．当 Eof 属性为 True 时，表示_____。当 Bof 属性为 True 时，表示_____。

A．当前记录位置位于 Recordset 对象的第一条记录

B．当前记录位置位于 Recordset 对象的第一条记录之前

C．当前记录位置位于 Recordset 对象的最后一条记录

D．当前记录位置位于 Recordset 对象的最后一条记录之后

7．当使用 Seek 方法或 Find 方法进行查找时，可以根据记录集的_____属性判断是否找到了匹配的记录。

A．Match　　　　　B．NoMath　　　　C．Found　　　　D．Nofound

8．以下说法正确的是_____。

A．使用 Data 控件可以直接显示数据库中的数据

B．使用数据绑定控件可以直接访问数据库中的数据

C．使用 Data 控件可以对数据库中的数据进行操作，却不能显示数据库中的数据

D．Data 控件只有通过数据绑定控件，才可以访问数据库中的数据

二、填空题

1．数据库的简称是_____，数据库管理系统的简称 DBMS 是_____。

2．数据库设计包括两个方面的设计内容，它们是_____，_____。

3．一个数据库可以有_____个表，表中的_____称为记录，表中的_____称为字段。

4．Visual Basic 允许对 3 种类型的记录集进行访问，即_____、_____和_____。以_____方式打开的表或由查询返回的数据是只读的。

5．SQL 语句 Select*From 学生基本信息 Where 姓名　LIKE　'王%' 的功能是_____。

6．从 "工资" 表中查询所有 "年龄>=45"" 的职工的 "姓名" 和 "应发工资"，相应的 Select 语句为_____。

7．某 "学生成绩" 表包括 "学号"、"姓名" 和 "成绩" 字段，要将学号为 "0204016"、姓名为 "张颖"、成绩为 "88" 的学生信息插入 "学生成绩" 表中，相应的 Insert 语句为：

_____。

8．删除 "学生成绩" 表中 "成绩" 字段值小于 60 分的记录，相应的 Delete 语句为：

_____。

9．要设置 Data 控连接的数据库的名称，需要设置其_____属性。要设置 Data 控连接的数据库类型，需要置其_____属性。

10．要设置记录集当前记录的序号位置，需要通过_____属性。例如，要定位于在由 Datal

控件所确定的记录集的第 5 条记录，应使用语句：

_____。

11. 记录集的_____属性用于指示 Recordset 对象中记录的总数。

12. 在由数据控件 Data1 所确定的记录集中，将当前记录的"姓名"字段值改成"王军"，应使用语句：

13. 在由数据控件 Data1 所确定的记录集中，要将名称为"XM"的索引设置为记录集的当前索引，应使用语句：_____。

14. 在由数据控件 Data1 所确定的记录集中，要将当前记录从第 8 条移到第 2 条，应使用语句：_____。

15. 在由数据控件 Data1 所确定的记录集中，查找"姓名"字段值为"王颖"的第一条记录，应使用语句：_____。

16. 要使数据绑定控件能够显示数据库记录集中的数据，必须首先在设计时或在运行时设置这些控件的两个属性，即使用_____属性设置数据源，使用_____属性设置要连接的数据源字段的名称。

三、简答题

1. 什么是数据库？什么是数据库管理系统？关系型数据库的特点？

2. 记录、字段、表与数据库之间的关系如何？

3. 怎样使用"可视化数据管理器"建立数据库？建立数据表？

4. DATA 控件与 ADO 控件有什么区别？

5. 如何使文本框与数据控件实现"绑定"？

6. 数据库设计的步骤是什么？

7. 使用 Find 方法查找记录时，如何判断查找是否成功？

8. 什么是 SQL？如何在 VB 中使用 SQL 语句？

9. 在 Visual Basic 中可以访问哪些类型的数据库？

10. 说明 ADO 的概念以及 Connection，Command，Recordset 和 Field 对象的含义。

四、编程题

1. 使用可视化数据库管理器建立一个 Access 数据库 Mydb.mdb，其中含表 Student，其结构如表 9.14 所示。

表 9.14　　　　　　　　　　　　　　　学生信息表结构

名称	类型	大小
学号	Text	10
姓名	Text	10
年龄	Integer	
性别	Text	2
出生日期	Date/Time	
辅导员姓名	Text	10
联系电话	Text	11

程序设计要求如下。

（1）设计一个窗体，编写程序能够对 Mydb.mdb 数据库中 Student 表进行编辑、添加、删除等操作。

（2）设计一个窗体，编写程序浏览学生基本信息，查询某指定学生的基本信息。

2．使用 VB 控件，结合数据库知识设计一个"通信录"程序。程序启动后，显示如图 9.23 所示的界面，用户可以使用"姓名"或"地址"下拉列表框查询需要的记录。单击"更新"按钮时，显示图 9.24 所示的"验证口令"对话框。

图 9.23　程序启动时的界面

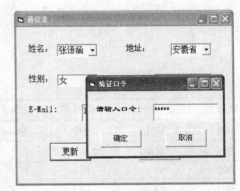
图 9.24　"验证口令"对话框

用户在输入正确的口令之后，显示可以实现更新、添加、删除记录的界面。修改完毕后单击"更新"按钮，将新数据写入数据库，输入新的数据可以添加记录，单击"删除"按钮，将删除当前记录，并将光标移到最后的空白记录处。

ASCII 值	控制字符	ASCII 值	控制字符	ASCII 值	控制字符	ASCII 值	控制字符
000	NUL	032	空格符	064	@	096	`
001	SOH	033	!	065	A	097	a
002	STX	034	"	066	B	098	b
003	ETX	035	#	067	C	099	c
004	EOT	036	$	068	D	100	d
005	ENQ	037	%	069	E	101	e
006	ACK	038	&	070	F	102	f
007	BEL	039	‘	071	G	103	g
008	BS	040	(	072	H	104	h
009	HT	041	)	073	I	105	i
010	LF	042	*	074	J	106	j
011	VT	043	+	075	K	107	k
012	FF	044	,	076	L	108	l
013	CR	045	-	077	M	109	m
014	SO	046	.	078	N	110	n
015	SI	047	/	079	O	111	o
016	DLE	048	0	080	P	112	p
017	DCI	049	1	081	Q	113	q
018	DC2	050	2	082	R	114	r
019	DC3	051	3	083	S	115	s
020	DC4	052	4	084	T	116	t
021	NAK	053	5	085	U	117	u
022	SYN	054	6	086	V	118	v
023	ETB	055	7	087	W	119	w
024	CAN	056	8	088	X	120	x
025	EM	057	9	089	Y	121	y
026	SUB	058	:	090	Z	122	z
027	ESC	059	;	091	[	123	{
028	FS	060	<	092	\	124		
029	GS	061	=	093	]	125	}
030	RS	062	>	094	^	126	~
031	US	063	?	095	_	127	DEL

附录 B
Visual Basic 的文件分类

Visual Basic 在创建和编译工程时要产生许多文件。这些文件分类如下：设计时文件、杂项文件和运行时文件。

设计时文件是工程的建造块：例如基本模块（bas）和窗体模块（frm）。

杂项文件是由 Visual Basic 开发环境中的各种不同的进程和函数产生的。例如打包和部署向导从属文件（dep）。

1．设计时文件和杂项文件

开发应用程序会产生各种设计时文件和其他杂项文件，如表 B.1 所示。

表 B.1   VB 设计时的文件

扩展名	描述
.bas	基本模块
.cls	类模块
.ctl	用户控件文件
.ctx	用户控件的二进制文件
.dca	活动的设计器的调整缓存
.ddf	打包和部署向导
.cab	信息文件
.dep	打包和部署向导从属文件
.dobActiveX	文档窗体文件
.doxActiveX	文档二进制窗体文件
.dsr	活动的设计器文件
.dsx	活动的设计器的二进制文件
.dws	部署向导脚本文件
.frm	窗体文件
.frx	二进制窗体文件
.log	加载错误的日期文件
.oca	控件类型库缓存文件
.pag	属性页文件
.pgx	二进制属性页文件

续表

扩展名	描述
.res	资源文件
.tlb	远程自动化类型库文件
.vbg	VB 组工程文件
.vbl	控件许可文件
.vbp	VB 工程文件
.vbr	远程自动化注册文件
.vbw	VB 工程工作空间文件
.vbz	向导发射文件
.vbt	WebClass TML 模块

2. 运行时文件

编译应用程序时，所有必须的设计时文件都被包括在运行时可执行文件中，运行时文件在表 B.2 中列出。

表 B.2　　　　　　　　　　　　　　　VB 运行时文件

扩展名	描述
.dll	运行中的 ActiveX 部件
.exe	可执行文件或 ActiveX 部件
.ocx	ActiveX 控件
.vbd	ActiveX 文档状态文件
.wct	WebClass HTML 模块

附录 C
Windows API 函数应用

API 中包含了成千上万的函数、例程、类型和常数定义，在 Visual Basic 工程中可以声明并使用它们。灵活使用这些函数，会更大地发挥 VB 的作用，使开发出的软件更专业，功能更强大。

Visual Basic 中使用它们之前必须先进行声明。最简单的办法是使用 Visual Basic 专门提供的预定义 Windows API 声明。这些声明包含在 Visual Basic 主目录下的\Winapi\Win32api.txt 中。要使用该文件中的函数、类型等定义时，只需将其从该文件复制到 Visual Basic 模块中即可。要查看并复制 Win32api.txt 中的过程，可以使用 API Viewer 应用程序，也可以使用其他的文本编辑器。

1. 使用 API Viewer 应用程序

API Viewer 应用程序功能之一是可以用来浏览本地文件 Win32api.txt 中包含的声明语句、常数、类型。找到自己需要的过程之后，可将代码复制到剪贴板上，然后将其粘贴到 Visual Basic 应用程序中。

要想启动 API Viewer 应用程序，可通过单击任务栏中的开始→程序→Microsoft Visual Basic 6.0 中文版→Microsoft Visual Basic 6.0 中文版工具→API 文本浏览器即可，如图 C.1 所示。

启动后的 API Viewer 应用程序如图 C.2 所示。

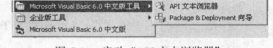

图 C.1　启动"API 文本浏览器"

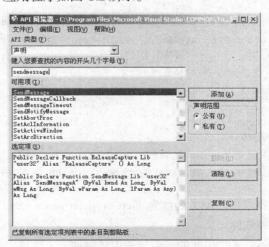

图 C.2　API Viewer 应用程序

要加载 Win32api.txt 文件，可以从"文件"菜单中选择"加载文本文件"。选择加载了 Win32api.txt 文件之后，就可以见到若干项。可以使用"搜索"按钮在文件中查找特定的项。

2. 在 Visual Basic 代码中添加过程声明

在找到所需要的过程之后，选择"添加"按钮将其加入到"选定项"框中，可以选定任意多个要从"选定项"框中删除的基本项，可以先选定它，然后选择"删除"按钮。确信"选定项"框中包含所有欲选择的过程声明后，可选择"复制"按钮，将列表中的所有项全部复制到剪贴板上。然后，打开 Visual Basic 工程，进入需要加入 API 信息的模块。先设置粘贴声明语句、常数或类型的插入点，然后从"编辑"菜单中选择"粘贴"。

注意：不要将 Win32api.txt 文件整个加载到模块中。因为该文件相当大，它将用掉相当可观的内存。而应用程序中实际用到的声明通常并不很多，因此只需要选择性地复制需要的声明。

以下是一些常用 API 函数的应用，要了解更多 API 函数的应用可以从网上下载 API-Guide 软件，那上面有 API 函数使用说明，并有实例，你也可以下载其他 API 函数使用说明，如 VBAPI.chm 等。

3. 几个常用 API 函数的应用

（1）判定 Windows 版本。API 函数为 GetVersion。 函数声明与调用示例见 API-Guide 等软件。

（2）判断 Windows 的安装目录。API 函数为 GetSystemDirectory 或 GetWindowsDirectory。函数声明与调用示例如下：

```
Private Declare Function GetSystemDirectory Lib "kernel32" Alias "GetSystemDirectoryA"
(ByVal lpBuffer As String, ByVal nSize As Long) As Long
Private Sub Form_Load()
    Dim sSave As String, Ret As Long
    sSave = Space(255)                          '创建一个缓冲区
    Ret = GetSystemDirectory(sSave, 255)        '得到系统目录
    sSave = Left$(sSave, Ret)                   '移出所有的不必要的 chr$(0)
    MsgBox "Windows 系统目录: " + sSave          '显示 Windows 目录
End Sub
```

（3）结束 Shell 启动的程序。API 函数为 TerminateProcess。函数声明与调用示例见 API-Guide 等软件。

（4）得到磁盘上剩余空间的值。API 函数为 GetDiskFreeSpace。函数声明与调用示例见 API-Guide 等软件。

（5）得到屏幕分辨率。API 函数为 GetSystemMetrics。函数声明与调用示例如下。

```
Private Declare Function GetSystemMetrics Lib "user32" (ByVal nIndex As Long) As Long
Const SM_CXSCREEN = 0        '屏幕的 X 尺寸
Const SM_CYSCREEN = 1        '屏幕的 Y 尺寸
Private Sub Form_Load()
    '设置图形模式
    Me.AutoRedraw = True
    '搜索信息并且打印到窗体
    Me.Print "屏幕的 X 尺寸:" + Str$(GetSystemMetrics(SM_CXSCREEN))
    Me.Print "屏幕的 Y 尺寸:" + Str$(GetSystemMetrics(SM_CYSCREEN))
End Sub
```

（6）获取和修改计算机名字。API 函数为 GetComputerName、SetComputerName。函数声明与调用示例见 API-Guide 等软件。

（7）在菜单上增加图标。API 函数的声明与调用示例如下。

示例要求：在 Form1 中增加一个 PictureBox1，AutoSize 设为 True，放一个小 Bmp(不是 ICON! 推荐 13*13)，建立一个菜单标题和一个菜单项。

```
Option Explicit
```

```
Private Declare Function GetMenu Lib "user32" (ByVal hwnd As Long) As Long
Private Declare Function GetSubMenu Lib "user32" (ByVal hMenu As Long, ByVal nPos As
Long) As Long
Private Declare Function GetMenuItemID Lib "user32" (ByVal hMenu As Long, ByVal nPos
As Long) As Long
Private Const MF_BITMAP = &H4&
Private Declare Function SetMenuItemBitmaps Lib "user32" (ByVal hMenu As Long, ByVal
nPosition As Long, ByVal wFlags As Long, ByVal hBitmapUnchecked As Long, ByVal
hBitmapChecked As Long) As Long
Private Sub Form_Load()
    Dim hMenu&, hSubMenu&, hID&
    hMenu& = GetMenu(Form1.hWnd)              '得到第 1 个菜单句柄
    hSubMenu& = GetSubMenu(hMenu&, 0)         '得到第 1 个子菜单句柄
    hID& = GetMenuItemID(hSubMenu&, 0)        '得到第 1 个菜单项的 ID
    SetMenuItemBitmaps hSubMenu&, hID&, MF_BITMAP, Picture1, Picture1
End Sub
```

（8）让窗口一直在最前面。API 函数 SetWindowsPos。函数的声明与调用示例如下。

```
Const HWND_TOPMOST = -1
Const HWND_NOTOPMOST = -2
Const SWP_NOSIZE = &H1
Const SWP_NOMOVE = &H2
Const SWP_NOACTIVATE = &H10
Const SWP_SHOWWINDOW = &H40
Private Declare Function SetWindowPos Lib "user32" (ByVal hwnd As Long, ByVal
hWndInsertAfter As Long, ByVal x As Long, ByVal y As Long, ByVal cx As Long, ByVal cy
As Long, ByVal wFlags As Long) As Long
Private Sub Form_Activate()
    SetWindowPos Me.hwnd, HWND_TOPMOST, 0, 0, 0, 0, _
    SWP_NOACTIVATE Or swp_showwindows Or SWP_NOMOVE Or SWP_NOSIZE
End Sub
```

（9）创建不规则（椭圆形）窗口。API 函数 CreateEllipticRgn、SetWindowRgn。函数的声明与调用示例如下。

```
Private Declare Function CreateEllipticRgn Lib "gdi32" (ByVal X1 As Long, ByVal Y1 As
Long, ByVal X2 As Long, ByVal Y2 As Long) As Long
Private Declare Function SetWindowRgn Lib "user32" (ByVal hWnd As Long, ByVal hRgn As
Long, ByVal bRedraw As Boolean) As Long
Private Sub Form_Load()
    Me.Show
    SetWindowRgn hWnd, CreateEllipticRgn(0, 0, 300, 200), True
End Sub
```

（10）移动没有标题栏的窗口。一般是用鼠标按住窗口的标题栏，然后移动窗口，当窗口没有标题栏时，我们可以用下面的方法来移动窗口：API 函数 ReleaseCapture、SendMessage。函数的声明与调用示例如下。

```
Private Declare Function ReleaseCapture Lib "user32" () As Long
Private Declare Function SendMessage Lib "user32" Alias "SendMessageA" (ByVal hwnd As
Long, ByVal wMsg As Long, ByVal wParam As Long, lParam As Any) As Long
Private Const HTCAPTION = 2
Private Const WM_NCLBUTTONDOWN = &HA1
Private Sub Form_MouseDown(Button As Integer, Shift As Integer, X As Single, Y As Single)
    ReleaseCapture
    SendMessage hwnd, WM_NCLBUTTONDOWN, HTCAPTION, 0
End Sub
```

[1] 孙家启. Visual Basic 程序设计教程. 合肥：安徽大学出版社，2007

[2] 龚沛曾，陆慰民，杨志强. Visual Basic 实验指导与测试（第 3 版）. 北京：高等教育出版社，2007

[3] 罗朝盛. Visual Basic6.0 程序设计教程（第二版）. 北京：人民邮电出版社，2005

[4] 罗朝盛. Visual Basic6.0 程序设计基础教程. 北京：人民邮电出版社，2005

[5] 许薇. Visual Basic 程序设计. 北京：清华大学出版社，2008

[6] 罗朝盛，胡同森. Visual Basic6.0 程序设计实用教程（第二版）. 北京：清华大学出版社，2008

[7] 罗朝盛. Visual Basic 学习与实践指导. 杭州：浙江科学技术出版社，2008

[8] 王栋. Visual Basic 程序设计实用教程（第二版）. 北京：清华大学出版社，2006